四川省矿产资源潜力评价项目系列丛书(8)

# 四川省重要非金属矿产成矿规律
# （磷、硫、芒硝、石墨、钾盐）

郭　强　马红煴　胡朝云
　　　　　　　　　　等　编著
赖贤友　李斌斌　朱　旭

科学出版社
北　京

## 内 容 简 介

本书利用四川省矿产资源潜力评价成果，并参考有关资料，总结四川省具有比较优势的磷、硫、芒硝、石墨、钾盐等非金属矿产的主要特征。对各矿种不同类型的典型矿床和代表性矿床的地质矿产特征、成矿模式和成矿规律进行介绍，初步建立矿床成矿模式，重点突出各非金属矿床类型的共同特征及关键成矿地质条件，在此基础上，总结各非金属矿床的成矿规律，具有比较重要的理论和实践意义。

本书可供从事地质工作的生产、科研和教学人员，特别是在四川从事非金属矿产地质工作人员参考。

**图书在版编目(CIP)数据**

四川省重要非金属矿产成矿规律：磷、硫、芒硝、石墨、钾盐/郭强等编著. —北京：科学出版社，2016.3
（四川省矿产资源潜力评价项目系列丛书）
ISBN 978-7-03-047963-1

Ⅰ.①四… Ⅱ.①郭… Ⅲ.①非金属矿床-成矿规律-四川省 Ⅳ.①P619.204

中国版本图书馆 CIP 数据核字 (2016) 第 063243 号

责任编辑：张 展 罗 莉 / 责任校对：王 翔
责任印制：余少力 / 封面设计：墨创文化

**科学出版社** 出版

北京东黄城根北街16号
邮政编码：100717
http://www.sciencep.com

四川煤田地质制图印刷厂印刷
科学出版社发行 各地新华书店经销

\*

2016年6月第 一 版 开本：787×1092 1/16
2016年6月第一次印刷 印张：14 3/4
字数：345 千字
定价：99.00 元

"四川省矿产资源潜力评价"是"全国矿产资源潜力评价"的工作项目之一。

　　按照国土资源部统一部署，项目由中国地质调查局和四川省国土资源厅领导，并提供国土资源大调查和四川省财政专项经费支持。

　　项目成果是全省地质行业集体劳动的结晶！谨以此书献给耕耘在地质勘查、科学研究岗位上的广大地质工作者！

# "四川省矿产资源潜力评价项目"
# 系列丛书编委会

# 四川省矿产预测评价工作领导小组

组　　长：宋光齐

副组长：刘永湘　张　玲　王　平

成　　员：范崇荣　刘　荣　李茂竹

　　　　　李庆阳　陈东辉　邓国芳

　　　　　伍昌弟　姚大国　王　浩

# 领导小组办公室

办公室主任：王　平

副　主　任：陈东辉　岳昌桐　贾志强

成　　员：赖贤友　李仕荣　徐锡惠

　　　　　巫小兵　王丰平　胡世华

四川省矿产资源潜力评价项目系列丛书(8)

# 四川省重要非金属矿产成矿规律
# （磷、硫、芒硝、石墨、钾盐）

郭　强　　马红熳　　胡朝云

赖贤友　　李斌斌　　朱　旭


张　君　　范敏莉　　肖　懿

张　萍　　黄与能　　杨　奎

竹云波　　吴甫元　　廖阮颖子

宋俊琳　　宋如岗　　李文武

谭　煜　　夏文俊　　李晓娥

邱　帆　　黄春燕

# 前　言

2007～2013 年，"四川省矿产资源潜力评价"项目对铁、锰、煤、铜、铅、锌等 21 个矿种进行了综合研究和潜力预测，其中，包括磷、硫、芒硝、石墨、钾盐(硼)等非金属矿种，它们也是四川省具有比较优势的矿种。本书以该项目磷、硫、芒硝、石墨、钾盐(硼)等单矿种矿产资源潜力评价成果为基础，补充有关资料，对各矿种的典型矿床和区域成矿规律进行综合整理而成。

四川省磷矿仅为全国查明资源储量的 8.5%，但磷矿在四川省矿产资源中占据比较重要的地位，具有分布相对集中、成群成带产出的特点。

四川省硫铁矿分布广泛，是我国重要的硫铁矿产地之一。四川硫铁矿资源量占全国的 16.84%，排名第一位，但是高品位热液型硫铁矿查明资源储量所占比例极小，大量的矿石以中低品位为主，且多与煤、铁、铅、锌、铜等矿种共、伴生，特别是与煤共生的硫铁矿占全省查明硫铁矿资源量的 95% 以上。

四川省芒硝资源十分丰富、储量大、矿床集中，是四川省优势矿产之一。四川查明的芒硝资源量占全国的 71.21%，居全国第一位。

四川省石墨矿产分布集中、质量优良，矿石类型以晶质鳞片石墨为主，四川晶质石墨在全国查明资源储量中排第二位。

中国是相对缺钾的国家，我国以现代盐湖钾盐为主。四川拥有的主要是含钾卤水和固体钾盐矿，钾盐是四川省具有特色的一类矿产。

本书按矿种分为 5 章，各章分别对硫、磷、芒硝、石墨、钾盐等 5 个矿种资源概况、典型矿床、区域成矿规律进行介绍和总结。

第一章磷矿由郭强、赖贤友、朱旭执笔统纂；参加磷矿资源潜力评价、提供相关资料的有郭强、张君、赖贤友、马红煜、刘应平、张建东、李斌斌、范敏莉、孙渝江、徐韬、李明雄、黄与能。

第二章硫铁矿由郭强、赖贤友、李斌斌执笔统纂；参加硫矿资源潜力评价、提供相关资料的有郭强、杨奎、李斌斌、竹云波、吴甫元、廖阮颖子、宋俊琳、宋如岗、李文武、谭煜、夏文俊、李晓娥、邱帆、黄春燕。

第三章芒硝由郭强、李斌斌执笔统纂；参加芒硝矿资源潜力评价、提供相关资料的有郭强、夏文俊、李斌斌、竹云波、杨奎、谭煜、曹新群。

第四章石墨由郭强、李斌斌执笔统纂；参加石墨矿资源潜力评价、提供相关资料的有冉启瑜、张加飞、廖阮颖子、许家斌、胡毅、宋俊林、陈东国、杨先光、任东昌、田喜朴、张大春、冯波、黄曦。

第五章钾盐由马红熠、胡朝云执笔统纂；参加钾盐矿资源潜力评价、提供相关资料的有赖贤友、肖懿、马红熠、张萍、黄与能、张建东、文辉、孙渝江、杨阳、杨荣、王静、刘应平、周雪梅、李明雄、刘啸虎。

全书由郭强、马红熠、胡朝云统纂定稿。

本书在各单矿种成果报告的基础上，经补充部分资料提炼而成，是集体劳动成果的结晶。参加《四川省磷矿资源潜力评价成果报告》编写的有郭强、张君、赖贤友、马红熠、刘应平、张建东、李斌斌、范敏莉、孙渝江、徐韬、李明雄、胡世华、黄与能。参加《四川省硫矿资源潜力评价成果报告》编写的有郭强、杨奎、李斌斌、竹云波、吴甫元、廖阮颖子、宋俊琳、宋如岗、李文武、谭煜、夏文俊、李晓娥、胡世华、张建东、刘应平、马红熠、赖贤友、孙渝江、徐韬、李明雄、黄与能、邱帆、黄春燕。参加《四川省芒硝资源潜力评价成果报告》编写的有郭强、夏文俊、李斌斌、竹云波、杨奎、谭煜、马红熠、李明雄、赖贤友、张建东、文辉、孙渝江、黄与能、胡世华、刘应平、曹新群。参加《四川省石墨矿单矿种资源潜力评价成果报告》编写的有冉启瑜、张加飞、廖阮颖子、许家斌、胡毅、宋俊林、陈东国、杨先光、任东昌、田喜朴、张大春、胡世华、张建东、刘应平、马红熠、赖贤友、孙渝江、徐韬、李明雄、黄与能、冯波、黄曦。参加《四川省钾盐资源潜力评价成果报告》编写的有赖贤友、肖懿、马红熠、张萍、黄与能、张建东、文辉、孙渝江、杨阳、杨荣、王静、刘应平、周雪梅、胡世华、李明雄、刘啸虎。

"四川省矿产资源潜力评价"项目得到了国土资源部、中国地质调查局、全国矿产资源潜力评价项目办公室、西南矿产资源潜力评价项目办公室、四川省国土资源厅、四川省地质矿产勘查开发局、四川省冶金地质勘查局、四川省煤田地质局、四川省化工地质勘查院等单位领导和同仁的大力支持和帮助，在此表示衷心的感谢！本书为"四川省矿产资源潜力评价项目系列丛书"之一，希望通过对四川省主要非金属矿产的总结，有利于矿产资源潜力评价工作成果推广应用。作者虽然力求全面、系统地总结磷、硫、芒硝、石墨、钾盐等矿种成矿规律，但由于时间和水平所限，难免存在谬误之处，有的认识还很肤浅，某些问题还有待深入研究，敬请各位专家和同仁不吝赐教、批评指正！

# 目 录

# 第一章 磷 矿

磷矿主要由磷灰石组成，其主要用途为制造磷肥，也是重要的化工原料。世界上磷矿资源主要分布在摩洛哥、中国、南非、美国等国家，中国磷矿储量居世界第二位（矿产资源工业要求手册编委会，2010）。据《中国矿产资源报告2014》，截至2014年年底，中国探明磷矿资源量214.5亿吨。

## 第一节 四川省磷矿资源概述

磷矿是四川省优势矿产之一，据《四川省矿产资源年报》，截至2014年年底，四川省查明磷矿资源储量26.2亿吨，在全国排第4位。

### 一、主要磷矿矿产地规模

#### 1. 磷矿床数量

根据《四川省矿产资源年报》，截至2014年年底，四川省共有磷矿上表矿区86个。根据"全国矿产资源利用现状调查"、《四川省磷矿资源潜力评价成果报告》（郭强等，2011）等资料，合并同一矿床内不同矿山，补充未上表单元及闭坑矿床，统计有磷矿矿产地79个（矿床72个、矿点7个），其成矿地质特征如表1-1所示。

表1-1 四川省磷矿主要矿产地成矿特征一览表

| 序号 | 矿产地名称 | 规模 | 成因类型 | 成矿地质特征 |
|---|---|---|---|---|
| 1 | 南江县新立 | 小型 | 宁强式早寒武世磷块岩 | 含矿岩系为灯影组宽川铺段。矿体呈大透镜状，钻孔揭示深部已闭合。主矿体长2 200 m，厚0.7～3.4 m。磷块岩为砂屑/粉砂屑结构，具块状/条带状构造。矿石品位低（平均品位低于目前最低工业品位） |
| 2 | 万源市杨家坝 | 中型 | 荆襄式早震旦世磷锰矿 | 磷锰含矿岩系为陡山沱组，区域上磷、锰交替产出，呈消长关系。受褶皱影响，矿体四次重复出露，倾角较陡。矿体呈层状/似层状，长10 000 m，平均厚1.31 m。磷块岩为隐晶质/胶状/微粒/团粒结构，具条带状/致密块状/薄层状构造。矿石以Ⅲ级品为主 |
| 3 | 绵竹市板棚子石笋西 | 中型 | 什邡式泥盆纪磷块岩 | 含矿岩系为沙窝子组。矿段处于大水闸背斜北东倾没端，矿体长450 m，延伸1 500 m，平均厚7.39 m。自上而下为含磷黏土岩-含磷硅质岩-硫磷铝锶矿-砾屑磷块岩。矿石以Ⅱ级品为主 |

| 序号 | 矿产地名称 | 规模 | 成因类型 | 成矿地质特征 |
|---|---|---|---|---|
| 4 | 绵竹市板棚子三星岩 | 小型 | 什邡式泥盆纪磷块岩 | 含矿岩系为沙窝子组。矿体呈层状/似层状,长500 m,平均厚7.09 m。自上而下为硫磷铝锶矿-硅质磷块岩-砾屑磷块岩。磷块岩与硅质磷块岩矿石呈过渡关系,以含磷段底部砾屑磷块岩为主矿层。磷块岩为角砾状/致密/砂屑/重结晶/交代结构,具块状构造,层理不明显;硫磷铝锶矿为团絮/扁豆状结构,具块状/层状构造。矿石以Ⅱ级品为主 |
| 5 | 绵竹市板棚子黄土坑 | 中型 | 什邡式泥盆纪磷块岩 | 含矿岩系为沙窝子组。矿体呈层状/似层状,长1 200 m,平均厚6 m,薄化带发育。自上而下为硫磷铝锶矿-硅质磷块岩-砾屑磷块岩,以砾屑磷块岩为主矿层。磷块岩为角砾状/致密/砂屑/重结晶/交代结构,具块状构造,层理不明显;硫磷铝锶矿为团絮状/扁豆状结构,具块状/层状构造。矿石以Ⅱ级品为主,有Ⅰ级品 |
| 6 | 安县石笋梁子 | 中型 | 什邡式泥盆纪磷块岩 | 含矿岩系为沙窝子组。矿段处于大水闸背斜北东倾没端,矿体呈似层状,薄化带发育,共划分出6个矿体。中东部含矿层以硅质磷块岩-含磷硅质岩组合为常见。磷块岩为角砾状/砂微砾屑/显微晶质/重结晶/交代结构,具块状/角砾-团块状构造,偶见显微层状构造,层理不明显。矿石以Ⅱ级品为主 |
| 7 | 安县五郎庙 | 中型 | 清平式早寒武世磷块岩 | 含矿岩系为长江沟组。矿体呈层状,由断裂分割为5个矿体,Ⅳ矿体为主矿体(长1 140 m,平均厚35.62 m)。胶磷矿、方解石呈粒状嵌布于岩石中,其余矿物多沿层面平行排列,矿物组分变化大。主要具致密块状构造,部分具条带条纹状构造。矿石以Ⅲ级品为主 |
| 8 | 绵竹市杨家沟 | 小型 | 什邡式泥盆纪磷块岩 | 含矿岩系为沙窝子组。矿段处于大水闸背斜北东倾没端,磷块岩为角砾状/粉砂砂屑/显微晶质/交代结构,具块状/角砾-团块状构造,偶见显微层状构造,层理不明显;硫磷铝锶矿为团絮状/豆状结构,具块状/层状构造。矿石以Ⅱ级品为主 |
| 9 | 绵竹市红绸 | 小型 | 什邡式泥盆纪磷块岩 | 含矿岩系为沙窝子组(观音崖组?)。矿体呈层状、似层状产出。Ⅰ矿体长1 800 m,Ⅱ矿体长1 600 m,平均厚2.78 m。磷块岩为角砾状结构,具块状构造,层理不明显。矿石以Ⅱ级品为主 |
| 10 | 安县南天门 | 中型 | 什邡式泥盆纪磷块岩 | 含矿岩系为沙窝子组。矿段处于大水闸背斜南东翼。受褶皱、王家坪逆断层及薄化区影响,分为3个矿体。Ⅴ号(主)矿体长1 065 m,平均厚20.98 m。磷块岩为角砾状结构,具块状构造,底部偶见冲刷构造,层理不明显;硫磷铝锶矿为团絮状/豆状结构,具块状/层状构造。矿石以Ⅱ级品为主 |
| 11 | 绵竹市长河坝 | 中型 | 什邡式泥盆纪磷块岩 | 含矿岩系为沙窝子组。受五爪山逆断层影响矿体分为北西盘Ⅰ矿体(10 500 m)、南东盘Ⅰ矿体(9 500 m),厚2.04~15.3 m。在Ⅰ矿体南东索棚子一带,近期新发现逆断层及新矿体。工业矿体间有薄化区。磷块岩主要为角砾状/砂屑结构,次为致密/重结晶/交代结构,具块状构造为主,底部偶见角砾状构造。局部有硫磷铝锶矿。矿石以Ⅱ级品为主 |
| 12 | 安县祁山庙 | 中型 | 清平式早寒武世磷块岩 | 含矿岩系为长江沟组。受断层影响分为3个矿体,Ⅲ号(主)矿体长1 220 m,平均厚20.44 m。磷矿石呈灰黑色/灰色,晶晶磷灰石以颗粒和胶结物形式出现,又可称胶磷矿。矿石为砂屑/粉砂屑/团粒/(假)鲕粒/生物碎屑结构,具致密块状构造,部分具条带条纹状。矿石以Ⅲ级品为主 |
| 13 | 绵竹市桃花坪 | 中型 | 什邡式泥盆纪磷块岩 | 含矿岩系为沙窝子组。受断层和倒转向斜影响分为3个矿体,Ⅲ号(主)矿体长1 800 m,平均厚6.94 m。磷块岩为角砾状/砂屑结构,具块状构造,底部偶见有冲刷构造;硫磷铝锶矿为团絮状/豆状结构,具块状/层状构造。矿石以Ⅱ级品为主 |
| 14 | 绵竹市芍药沟 | 小型 | 什邡式泥盆纪磷块岩 | 含矿岩系为沙窝子组。矿体分为4个,最长770 m,最小200 m,厚1.00~10.82 m,平均厚4.40 m。磷块岩为角砾/砂屑砾屑/显微晶质/重结晶/交代结构,具块状/角砾-团块状构造,偶见显微层状构造,层理不明显。矿石以Ⅱ级品为主 |
| 15 | 绵竹市龙王庙天井沟(即火石沟) | 大型 | 清平式早寒武世磷块岩 | 含矿岩系为长江沟组。矿体强烈褶皱,并受断层影响一分为二,Ⅰ号矿长6 000 m,Ⅱ号矿长1 780 m,厚4.40~56.85 m。磷矿石呈灰黑色及灰色。以内碎屑结构为主,砂屑结构占到95%以上,仅有少量粉屑结构,具块状构造。矿石以Ⅲ级品为主 |
| 16 | 绵竹市罗茨梁子 | 小型 | 什邡式泥盆纪磷块岩 | 含矿岩系为沙窝子组。矿体长1 140 m,平均厚5.86 m。矿体厚度由南向北增大,由浅至深变薄。存在两个较大薄化区。磷块岩为角砾/砂屑砾屑结构具块状/角砾-团块状构造;硫磷铝锶矿为团絮/豆状结构,具块状/层状构造。矿石以Ⅱ级品为主 |

| 序号 | 矿产地名称 | 规模 | 成因类型 | 成矿地质特征 |
|---|---|---|---|---|
| 17 | 绵竹市王家坪燕子崖 | 中型 | 什邡式泥盆纪磷块岩 | 含矿岩系为沙窝子组。矿段内断裂发育，常切割矿体，使褶皱残缺。矿体倾角60°～85°，长3 250 m，平均厚7.86 m。磷块岩为角砾状结构，具块状/角砾-团块状构造；硫磷铝锶为团絮/豆状结构，具块状/层状构造。矿石以Ⅱ级品为主，磷块岩酸溶 $w(P_2O_5)$ 28.45%、$w(SiO_2)$ 5.34%、$w(Al_2O_3)$ 6.07%、$w(CaO)$ 35.97%、$w(Fe_2O_3)$ 4.43%、$w(CO_2)$ 1.62%、$w(MgO)$ 1.14%；硫磷铝锶矿碱溶 $w(P_2O_5)$ 18.12%、$w(SrO)$ 6.15%。伴生铝、锶、稀土、碘及硫铁矿 |
| 18 | 绵竹市王家坪黑沟 | 小型 | 什邡式泥盆纪磷块岩 | 含矿岩系为沙窝子组。矿段内断裂发育，矿体长2 400 m，平均厚6.42 m。矿体倾角大，为60°～78°。含磷段由上而下为含磷黏土岩-硫磷铝锶矿-磷块岩。矿石以Ⅱ级品为主 |
| 19 | 绵竹市龙王庙烂泥沟 | 中型 | 清平式早寒武世磷块岩 | 含矿岩系为长江沟组，含磷段包括白云质-硅质磷块岩、碳质页岩、海绿石砂岩，长1 140 m，平均厚31.93 m。矿体倾角较大，为46°～59°。矿石矿物以(低碳)氟磷灰石为主要成分，有少部分碳氟磷灰石和氯磷灰石。矿石以Ⅲ级品为主 |
| 20 | 绵竹市王家坪邓家火地 | 中型 | 什邡式泥盆纪磷块岩 | 含矿岩系为沙窝子组。矿段内断裂发育，矿体分为两个，主矿体长1 050 m，平均厚11.50 m。磷块岩为角砾状/砂屑砾屑/重结晶/交代结构，具块状/角砾-团块状构造；硫磷铝锶矿为团絮状/豆状结构，具块状构造/层状构造。矿石以Ⅱ级品为主 |
| 21 | 绵竹市龙王庙花石沟 | 中型 | 清平式早寒武世磷块岩 | 含矿岩系为长江沟组。矿体强烈褶皱，长3 500 m，厚6.58～16.23 m。磷矿石呈灰黑色/灰色，泥晶磷灰石以颗粒和胶结物形式出现，又可称胶磷矿。为砂屑/粉砂屑/团粒/(假)鲕粒/生物碎屑等结构，具致密块状构造，部分为条带条纹状构造。矿石以Ⅲ级品为主 |
| 22 | 绵竹市王家坪丝瓜架 | 小型 | 什邡式泥盆纪磷块岩 | 龙门山基底逆推带/龙门后山基底推覆带。龙门山—大巴山成矿带/安县—都江堰成矿带。含矿岩系为沙窝子组。隐伏矿床，处于大水闸背斜南东翼。矿体长1 000 m，平均厚5.68 m。含磷段由上而下为含磷黏土岩-硫磷铝锶矿-磷块岩 |
| 23 | 绵竹市王家坪马家坪 | 大型 | 什邡式泥盆纪磷块岩 | 含矿岩系为沙窝子组。受倒转背斜影响，正翼倾角较缓反翼较陡，31线以西矿体逐渐呈单斜层状产出。矿体长3 820 m，平均厚9.66 m。磷块岩为角砾/砂屑砾屑结构，具块状/角砾-团块状构造，偶见显微层状构造；硫磷铝锶矿为团絮状/豆状/粉屑砂屑结构，具块状/层状构造。矿石以Ⅱ级品为主，磷块岩酸溶 $w(P_2O_5)$ 28.28%、$w(SiO_2)$ 4.05%、$w(Al_2O_3)$ 5.7%，硫磷铝锶矿碱溶 $w(P_2O_5)$ 16.02%、$w(TS)$ 8.23%。伴生铝、锶、稀土、碘 |
| 24 | 绵竹市英雄崖 | 中型 | 什邡式泥盆纪磷块岩 | 含矿岩系为沙窝子组。受地形、断层切割，分为北、南两个矿段。矿体内有薄化及尖灭区，南矿段(主矿体)长，走向由东西向-北东向。磷块岩为角砾/砂屑砾屑结构，具块状/角砾-团块状构造，层理不明显；硫磷铝锶矿为团絮/豆状/粉屑砂屑结构，具块状/层状构造。矿石以Ⅲ级品为主 |
| 25 | 什邡市岳家山 | 中型 | 什邡式泥盆纪磷块岩 | 含矿岩系为沙窝子组。矿体倾角70°～85°，长4 525 m，厚0.14～40.00 m，平均厚8.19 m。磷块岩为角砾状结构，具块状、角砾-团块状构造，偶见显微层状构造，层理不明显；硫磷铝锶矿为团絮状结构，具块状构造/层状构造。矿石以Ⅰ级品为主 |
| 26 | 绵竹市马槽滩河东 | 中型 | 什邡式泥盆纪磷块岩 | 含矿岩系为沙窝子组。矿段处于大水闸背斜南东翼。受倒转背斜影响形成正反两层矿。矿体底板起伏不平，形态及厚度变化大。正层矿长2 289 m，平均厚8.06 m。磷块岩和硫磷铝锶矿共生。磷块岩为角砾结构，具块状构造。矿石以Ⅱ级品为主 |
| 27 | 绵竹市马槽滩兰家坪 | 中型 | 什邡式泥盆纪磷块岩 | 含矿岩系为沙窝子组。矿段处于大水闸背斜南东翼。矿体倾角15°～55°，长1 600 m，平均厚6.00 m。受倒转背斜控制隐伏矿床正翼缓，反翼陡，并形成正反两层矿，均有一定规模，其中正层矿形态较为复杂。磷块岩为角砾状结构，具块状/角砾-团块状构造，层理不明显。矿石以Ⅱ级品为主 |
| 28 | 什邡市马槽滩河西(闭坑) | 中型 | 什邡式泥盆纪磷块岩 | 含矿岩系为沙窝子组。矿段处于大水闸背斜南东翼。矿体倾角11°～20°，长1 350 m，平均厚6.81 m。受倒转背斜影响形成正反两层矿，正层矿规模较大。磷块岩为角砾/砂屑砾屑结构，块状/角砾-团块状构造，层理不明显；硫磷铝锶矿为团絮/豆状结构，具块状/层状构造。矿石以Ⅱ级品为主 |

| 序号 | 矿产地名称 | 规模 | 成因类型 | 成矿地质特征 |
|---|---|---|---|---|
| 29 | 峨眉山市高桥大峨寺(闭坑) | 小型 | 昆阳式早寒武世磷块岩 | 扬子陆块南部碳酸盐台地/峨眉山断块。上扬子中东部成矿带/汉源—甘洛—峨眉成矿带。含矿岩系为灯影组麦地坪段。矿体倾角35°~45°,长550 m,平均厚3.35 m。矿石以Ⅲ级品为主 |
| 30 | 峨眉山市九老硐(闭坑) | 小型 | 昆阳式早寒武世磷块岩 | 扬子陆块南部碳酸盐台地/峨眉山断块。上扬子中东部成矿带/汉源—甘洛—峨眉成矿带。含矿岩系为灯影组麦地坪段。矿体倾角0°~12°,长900 m,平均厚2.25 m。矿石以Ⅲ级品为主 |
| 31 | 峨眉山市高桥麦地坪(闭坑) | 矿点 | 昆阳式早寒武世磷块岩 | 扬子陆块南部碳酸盐台地/峨眉山断块。上扬子中东部成矿带/汉源—甘洛—峨眉成矿带。含矿岩系为灯影组麦地坪段。矿体倾角35°~45°,长485 m,平均厚2.61 m。矿石以Ⅲ级品为主 |
| 32 | 峨眉山市大石板(闭坑) | 小型 | 昆阳式早寒武世磷块岩 | 扬子陆块南部碳酸盐台地/峨眉山断块。上扬子中东部成矿带/汉源—甘洛—峨眉成矿带。含矿岩系为灯影组麦地坪段。矿体倾角0°~23°,长700 m,平均厚1.8 m。矿石以Ⅲ级品为主 |
| 33 | 峨眉山市小坪子(闭坑) | 小型 | 昆阳式早寒武世磷块岩 | 扬子陆块南部碳酸盐台地/峨眉山断块。上扬子中东部成矿带/汉源—甘洛—峨眉成矿带。含矿岩系为灯影组麦地坪段。矿体倾角0°~17°,长600 m,平均厚1.6 m。矿石以Ⅲ级品为主 |
| 34 | 乐山市金口河老丞山 | 中型 | 昆阳式早寒武世磷块岩 | 扬子陆块南部碳酸盐台地/峨眉山断块。上扬子中东部成矿带/汉源—甘洛—峨眉成矿带。含矿岩系为灯影组麦地坪段。矿体倾角11°~13°,长2 700 m,平均厚2.79 m。矿石以Ⅲ级品为主 |
| 35 | 汉源县万里椅子山 | 中型 | 汉源式早寒武世磷块岩 | 含矿岩系为筇竹寺组。矿体倾角9°~43°,长6 500 m,厚7.36~9.83 m。呈层状产出,西部受断层影响,矿层重复出露,F8断层以东为主矿体。属磷钾复合矿石,磷矿物为胶磷矿,正长石微斜长石是主要含钾矿物。矿石呈灰黑色,为假鲕/鲕状/生物碎屑/粒状结构,具块状/条带状构造。矿石以Ⅲ级品为主,磷块岩$w(P_2O_5)$22.19%,伴生钾$w(K_2O)$2.49%~4.08% |
| 36 | 汉源县富泉 | 大型 | 汉源式早寒武世磷块岩 | 含矿岩系为筇竹寺组。矿体倾角0°~25°,长8 000 m,平均厚9.81 m。含钾磷矿为层状(中矿层)/似层状(上矿层),全矿区发育上、中矿层,以中矿层为主矿层。磷块岩为假鲕/碎屑状结构,具块状/条带状/条纹状/角砾状构造。矿石以Ⅲ级品为主,磷块岩$w(P_2O_5)$12.89%,伴生钾$w(K_2O)$6.93% |
| 37 | 汉源县水桶沟 | 大型 | 汉源式早寒武世磷块岩 | 含矿岩系为筇竹寺组。北部为向斜构造,南部为单斜构造。矿石以Ⅲ级品为主,磷块岩$w(P_2O_5)$18.49%,伴生钾$w(K_2O)$3.66% |
| 38 | 汉源县市荣 | 中型 | 汉源式早寒武世磷块岩 | 含矿岩系为筇竹寺组。矿体倾角10°~20°,长2 500 m,平均厚6.38 m。发育中、下矿层,以中矿层为主矿层。磷块岩为砂屑结构,次为生物砂屑结构,具条带/条纹状/块状构造。矿石以Ⅲ级品为主,磷块岩$w(P_2O_5)$11.69%,伴生钾$w(K_2O)$4.44%~5.72% |
| 39 | 甘洛县大桥乡 | 中型 | 昆阳式早寒武世磷块岩 | 含矿岩系为灯影组麦地坪段。矿体倾角2°~14°,长4 375 m,厚0.57~3.59 m,平均厚1.45 m。矿石以Ⅱ级品为主,磷块岩$w(P_2O_5)$8.96%~36.56%,平均24.87%。伴生碘 |
| 40 | 峨边县万家坪 | 小型 | 昆阳式早寒武世磷块岩 | 扬子陆块南部碳酸盐台地/叙永—筠连叠加褶皱带。上扬子中东部成矿带/昭觉—峨边—长宁成矿带。含矿岩系为灯影组麦地坪段 |
| 41 | 峨边县华竹沟 | 中型 | 昆阳式早寒武世磷块岩 | 含矿岩系为灯影组麦地坪段。单一层状矿体,平均厚1.85 m。矿石以Ⅲ级品为主,地表$w(P_2O_5)$29.36%,深部$w(P_2O_5)$20.03% |
| 42 | 峨边县锣鼓坪 | 中型 | 昆阳式早寒武世磷块岩 | 含矿岩系为灯影组麦地坪段。矿体长800 m,平均厚5.66 m,层位稳定、连续性好,可分为上、中、下三个分层。磷块岩为砾屑/砂屑凝胶/鲕粒状结构,具块状/条纹条带/斑点状构造。矿石以Ⅱ级品为主,磷块岩$w(P_2O_5)$29.87%,$w(MgO)$2.3%,酸不溶物13.9% |
| 43 | 峨边县大竹坝 | 小型 | 昆阳式早寒武世磷块岩 | 含矿岩系为灯影组麦地坪段。矿体倾角45°~54°,厚1.02~2.12 m。矿石以Ⅲ级品为主,磷块岩$w(P_2O_5)$18.96% |
| 44 | 峨边县阿力哈别 | 中型 | 昆阳式早寒武世磷块岩 | 含矿岩系为灯影组麦地坪段。矿体长1 400 m,厚3.5~3.8 m,层位稳定。矿石以Ⅰ、Ⅱ级品为主,磷块岩$w(P_2O_5)$32% |
| 45 | 马边县陈子岩 | 中型 | 昆阳式早寒武世磷块岩 | 含矿岩系为灯影组麦地坪段。有两层矿,受构造影响分为3个矿段,长1 120~3 000 m,厚1.15~2.20 m。矿石以Ⅲ级品为主,磷块岩$w(P_2O_5)$19.70% |

| 序号 | 矿产地名称 | 规模 | 成因类型 | 成矿地质特征 |
|---|---|---|---|---|
| 46 | 马边县六股水 | 大型 | 昆阳式早寒武世磷块岩 | 含矿岩系为灯影组麦地坪段。有两层矿，分为上、下(主)矿层。受断裂影响又分为3个矿段，Ⅰ矿段长1 200 m，平均厚5.79 m；Ⅱ矿段长650 m，平均厚5.01 m；Ⅲ矿段长2 700 m，平均厚6.49 m。磷块岩为胶状/粒屑结构，具块状/条纹/条带状构造。矿石以Ⅲ级品为主，磷块岩 $w(P_2O_5)$ 23.67% |
| 47 | 马边县拟科角 | 中型 | 昆阳式早寒武世磷块岩 | 含矿岩系为灯影组麦地坪段。矿体顺层产出，厚2.09～5.45 m，磷块岩 $w(P_2O_5)$ 17.7%～25.77%。矿石以Ⅲ级品为主，$w(P_2O_5)$ 平均19.50% |
| 48 | 甘洛县则洛 | 中型 | 汉源式早寒武世磷块岩 | 含矿岩系为筇竹寺组。矿体长9 800 m，平均厚2.81 m。分上、下矿层，上矿层为主矿层，呈似层状，下矿层呈透镜状。磷块岩为细粒砂状/假鲕状/角砾状/生物碎屑结构，具块状/条带/条纹状构造。矿石以Ⅲ级品为主，磷块岩 $w(P_2O_5)$ 14.62%，伴生钾 $w(K_2O)$ 4.92%～5.55% |
| 49 | 越西县顺河 | 中型 | 汉源式早寒武世磷块岩 | 含矿岩系为筇竹寺组。矿体倾角30°～44°，长4 000 m，平均厚1.48 m。分上、下矿层，上矿层为主矿层。磷块岩为中粒/细粒结构，具条带条纹状/块状构造。矿石以Ⅲ级品为主，磷块岩 $w(P_2O_5)$ 14.64%，伴生钾 $w(K_2O)$ 4.07% |
| 50 | 马边县老河坝二坝 | 大型 | 昆阳式早寒武世磷块岩 | 含矿岩系为灯影组麦地坪段。矿体倾角35°～42°。分为两个矿层，Ⅰ矿层长4 130 m，平均厚5.12 m，磷块岩 $w(P_2O_5)$ 24.59%；Ⅱ层矿长1 500 m，平均厚7.42 m，磷块岩 $w(P_2O_5)$ 25.59%。磷块岩为砂状/砂屑凝胶/砂屑粉至细晶结构，具致密块状/豆荚状/条纹条带状/多孔状/粉状构造。矿石以Ⅱ级品为主 |
| 51 | 马边县老河坝铜厂埂勘探区 | 大型 | 昆阳式早寒武世磷块岩 | 含矿岩系为灯影组麦地坪段。矿体倾角18°～24°，长3 300 m，平均厚10.82 m。矿石有Ⅰ、Ⅲ级品，磷块岩 $w(P_2O_5)$ 24.09% |
| 52 | 马边县老河坝铜厂埂碉采区 | 大型 | 昆阳式早寒武世磷块岩 | 含矿岩系为灯影组麦地坪段。矿体埋深0～420 m，倾角14°～23°，长度700 m，平均厚12.61 m。矿石有Ⅰ、Ⅲ级品 |
| 53 | 马边县老河坝铜厂埂露采区 | 中型 | 昆阳式早寒武世磷块岩 | 含矿岩系为灯影组麦地坪段。矿体倾角18°～30°，长1 475 m，平均厚17.26 m。矿石以Ⅲ级品为主 |
| 54 | 马边县暴风坪补衣作碉采段 | 大型 | 昆阳式早寒武世磷块岩 | 含矿岩系为灯影组麦地坪段。矿体倾角13°～34°，长2 500 m，平均厚12.61 m。矿石有Ⅰ、Ⅲ级品 |
| 55 | 马边县暴风坪补衣作露采区 | 中型 | 昆阳式早寒武世磷块岩 | 含矿岩系为灯影组麦地坪段。矿体埋深0～100 m，倾角24°～26°，长度540 m，厚度13.14 m。磷块岩矿石，Ⅲ级品为主 |
| 56 | 马边县老河坝暴风坪 | 大型 | 昆阳式早寒武世磷块岩 | 含矿岩系为灯影组麦地坪段。矿体呈层状产出，有上、下两层矿，下矿层(主矿层)长3 230 m，平均厚10.58 m。矿石工业类型为硅镁质/镁质磷块岩。矿石以Ⅲ级品为主，磷块岩 $w(P_2O_5)$ 23.76%，酸不溶物7.53%，$w(MgO)$ 6.99% |
| 57 | 马边县暴风坪阿罗觉巴 | 小型 | 昆阳式早寒武世磷块岩 | 含矿岩系为灯影组麦地坪段。矿体倾角5°～65°，长460 m，平均厚12.98 m。矿石有Ⅰ、Ⅲ级品 |
| 58 | 马边县老河坝哈罗罗 | 中型 | 昆阳式早寒武世磷块岩 | 含矿岩系为灯影组麦地坪段。矿体平均厚13.94 m。矿石以Ⅲ级品为主，磷块岩 $w(P_2O_5)$ 23.09% |
| 59 | 马边县分银沟 | 矿点 | 昆阳式早寒武世磷块岩 | 含矿岩系为灯影组麦地坪段。位于银沟背斜中部，有1～2层矿，呈透镜状，平均厚1.5 m。磷块岩为条带状构造。矿石以Ⅲ级品为主，$w(P_2O_5)$ 18.73% |
| 60 | 马边县麦子坪 | 大型 | 昆阳式早寒武世磷块岩 | 含矿岩系为灯影组麦地坪段。位于大院子(矿点)南方，受断层影响，分南、北矿段，南矿段长1 400 m，厚9.62～11.91 m，磷块岩 $w(P_2O_5)$ 22.46%；北矿段长1 350 m，平均厚6.88 m，$w(P_2O_5)$ 22.36%。磷块岩为砂屑微晶/粉晶结构，具致密块状/条纹/条带状构造。矿石以Ⅲ级品为主 |

| 序号 | 矿产地名称 | 规模 | 成因类型 | 成矿地质特征 |
|---|---|---|---|---|
| 61 | 雷波县马颈子 | 大型 | 昆阳式早寒武世磷块岩 | 含矿岩系为灯影组麦地坪段。矿体倾角 22°~64°,长 1 730 m,平均厚32.13 m。矿石以Ⅲ级品为主 |
| 62 | 雷波县毛坝子 | 中型 | 昆阳式早寒武世磷块岩 | 含矿岩系为灯影组麦地坪段。位于芦营寨子背斜南段东西两翼,西翼长约2 100 m,东翼长约 2 500 m,平均厚 12.83 m。磷块岩为砂屑/砾屑凝胶结构,具致密块状/条纹条带状/多孔状构造。矿石以Ⅱ级品为主,磷块岩$w(P_2O_5)$平均 17.00% |
| 63 | 雷波县龙头沟 | 中型 | 昆阳式早寒武世磷块岩 | 含矿岩系为灯影组麦地坪段。分为两个矿体,Ⅲ-1 矿体长 4 000 m,平均厚6.64 m,磷块岩$w(P_2O_5)$21.98%;Ⅲ-2 矿体长 3 500 m,平均厚 7.76 m,磷块岩$w(P_2O_5)$21.98%。矿石以Ⅲ级品为主 |
| 64 | 雷波县芦云寨子 | 矿点 | 昆阳式早寒武世磷块岩 | 含矿岩系为灯影组麦地坪段。矿体露头线长 3 200 m,平均厚 27.38 m。矿石以Ⅲ级品为主,磷块岩$w(P_2O_5)$16.09% |
| 65 | 雷波县石板滩 | 小型 | 昆阳式早寒武世磷块岩 | 含矿岩系为灯影组麦地坪段。矿体倾角 20°~60°,长 2 800 m,平均厚 9.83 m。矿石以Ⅲ级品为主,磷块岩$w(P_2O_5)$16.09% |
| 66 | 雷波县簸箕梁子 | 矿点 | 昆阳式早寒武世磷块岩 | 扬子陆块南部碳酸盐台地/叙永-筠连叠加褶皱带。上扬子中东部成矿带/宁南—金阳—雷波成矿带。含矿岩系为灯影组麦地坪段。矿体露头线长7 900 m,平均厚 14.21 m。矿石以Ⅲ级品为主,磷块岩$w(P_2O_5)$17.87% |
| 67 | 雷波县小沟 | 大型 | 昆阳式早寒武世磷块岩 | 含矿岩系为灯影组麦地坪段。位于司机坪背斜两翼,划分 5 个矿段。西翼矿层平均厚 6.64 m,东翼矿层平均厚 7.20 m。磷块岩为砂屑微晶-粉晶结构/凝胶砂屑结构,具致密块状/条纹条带状/后生多孔状构造。矿石以Ⅲ级品为主,磷块岩$w(P_2O_5)$21.98% |
| 68 | 雷波县莫红 | 小型 | 昆阳式早寒武世磷块岩 | 含矿岩系为灯影组麦地坪段。矿体赋存于莫红背斜西翼近转折端,呈层状/似层状,倾角 21°~26°,长 808 m,平均厚 1.00 m。矿石以Ⅱ级品为主,磷块岩$w(P_2O_5)$25.70% |
| 69 | 雷波县牛牛寨 | 中型 | 昆阳式早寒武世磷块岩 | 矿体位于牛牛寨背斜西翼,长度大于 5 000 m,分两层矿,自下而上为Ⅰ、Ⅱ号矿层,平均厚度为 6.13~8.53 m,磷块岩$w(P_2O_5)$19.31%~21.53%。矿石以Ⅲ级品为主,$w(P_2O_5)$平均 20.61% |
| 70 | 雷波县巴姑 | 中型 | 昆阳式早寒武世磷块岩 | 含矿岩系为灯影组麦地坪段。矿体呈层状产出,受断层影响,矿体分为两个。Ⅰ号矿体长大于 4 800 m,平均厚 2.68 m,$w(P_2O_5)$21.33%;Ⅱ号矿体长大于 5 600 m,平均厚 2.54 m,$w(P_2O_5)$24.62%。磷块岩为砂屑/砾屑砂屑/鲕粒/泥晶结构,具致密块状/条纹条带状/溶蚀状构造。矿石以Ⅲ级品为主 |
| 71 | 雷波县洛马其 | 小型 | 昆阳式早寒武世磷块岩 | 扬子陆块南部碳酸盐台地/叙永-筠连叠加褶皱带。上扬子中东部成矿带/宁南—金阳—雷波成矿带。含矿岩系为灯影组麦地坪段 |
| 72 | 雷波县西谷溪 | 大型 | 昆阳式早寒武世磷块岩 | 含矿岩系为灯影组麦地坪段。位于马颈子断裂的东侧,以$F_3$断层为界分为东、西矿段。西矿段露头线西翼长 3 150 m,东翼长 6 500 m,矿层平均厚6.37 m;东矿段长 1 700 m,矿层平均厚 4.66 m。磷块岩为凝胶鲕粒/砾屑砂屑/凝胶砂屑/砂屑细晶结构,具致密块状/条纹条带/孔洞状构造。矿石以Ⅲ级品为主,磷块岩$w(P_2O_5)$平均 21.29% |
| 73 | 雷波县卡哈洛 | 大型 | 昆阳式早寒武世磷块岩 | 含矿岩系为灯影组麦地坪段。矿体位于笔架山背斜两翼或向斜的核部,分为两个矿段,大岩洞矿段厚 2.31~10.73 m,元宝山矿段厚 2.66~12.02 m。磷块岩为碎屑/砂屑/鲕粒/砾屑/团块/生物碎屑结构,具条纹-条带状/块状构造。矿石以Ⅲ级品为主,磷块岩$w(P_2O_5)$23.44% |
| 74 | 金阳县德姑 | 矿点 | 昆阳式早寒武世磷块岩 | 含矿岩系为灯影组麦地坪段。矿体露头线长 4 000 m,矿层为双层结构。上层矿平均厚 6.96 m,磷块岩$w(P_2O_5)$25.62%;下层矿平均厚 1.99 m,磷块岩$w(P_2O_5)$13.68%。矿石以Ⅲ级品为主 |
| 75 | 金阳县黑竹洛 | 矿点 | 昆阳式早寒武世磷块岩 | 含矿岩系为灯影组麦地坪段。矿体露头线长 4 800 m,平均厚 2.48 m。磷块岩为碎屑状结构,具块状/条带状构造。矿石以Ⅲ级品为主,磷块岩$w(P_2O_5)$18.37% |
| 76 | 金阳县轿顶山 | 矿点 | 昆阳式早寒武世磷块岩 | 含矿岩系为灯影组麦地坪段。矿体露头线长 8 000 m,磷矿层呈似层状/透镜状。矿层厚 0.51~4.12 m,平均厚 2.69 m。矿石以Ⅲ级品为主,磷块岩$w(P_2O_5)$21.18% |

| 序号 | 矿产地名称 | 规模 | 成因类型 | 成矿地质特征 |
|---|---|---|---|---|
| 77 | 布拖县母蓄梁子 | 小型 | 汉源式早寒武世磷块岩 | 含矿岩系为筇竹寺组。矿体呈似层状产出，平均倾角45°，长1 825 m，厚1.00~4.14 m，平均厚1.40 m。磷块岩为块状/条带状构造，具生物碎屑结构。矿石以Ⅲ级品为主，$w(P_2O_5)$17.24%~30.14%，平均23.69% |
| 78 | 会东县大桥大黑山 | 中型 | 昆阳式早寒武世磷块岩 | 含矿岩系为灯影组麦地坪段。矿体呈层状产出，受断层影响而分为两个矿体。矿石以Ⅲ级品为主 |
| 79 | 会东县撒海卡 | 中型 | 昆阳式早寒武世磷块岩 | 含矿岩系为灯影组麦地坪段。有两层矿，上（主）矿层长1 600 m，平均厚9.30 m，磷块岩$w(P_2O_5)$18.08%；下矿层长500 m，平均厚5.42 m，$w(P_2O_5)$22.18%。矿石以Ⅲ级品为主 |

2. 磷矿床规模

通过"全国矿产资源利用现状调查""四川省矿产资源潜力评价"，截至2013年年底，全省累计查明资源储量（矿石量）超过5 000万吨的大型（含超大型）磷矿床15个，占查明矿床总数的20.83%；大于500万吨的中型磷矿床39个，占总数的54.17%；小于500万吨的小型磷矿床18个，占总数的25.00%。

## 二、已查明资源量及地理分布

### 1. 已查明的磷矿资源

据2015年发布的《四川省矿产资源年报》，截至2014年年底，磷矿（矿石）保有基础储量4.7亿吨、资源量21.5亿吨、资源储量26.2亿吨。根据《四川省磷矿资源潜力评价成果报告》、"全国矿产资源利用现状调查"等资料统计，截至2013年年底，四川省72个矿床累计查明磷矿石资源储量26.29亿吨。

根据《四川省磷矿资源潜力评价成果报告》，主要磷矿分布区（什邡式、金阳县、汉源县、清平乡）均有较好的成矿远景。按1 000 m以浅预测全省磷矿资源量58.13亿吨，其中334-1类17.96亿吨。

四川尚有少量与铁矿伴生的磷矿。此外，与什邡式磷块岩矿共生有磷矿石新类型，即硫磷铝锶矿，在燕子崖、马家坪、英雄崖等矿床内有查明资源量，但硫磷铝锶矿长期以来未能被开发利用。

### 2. 地理分布

四川磷矿在川西南和龙门山有两个比较集中的分布区（图1-1），川东北大巴山一带也有少量分布。大型矿床主要分布于川西南地区的乐山市、凉山州和雅安市。磷矿资源储量主要分布在7个市州（表1-2、图1-2）。累计探获资源储量的分布可分为两个级次，凉山、乐山、德阳、雅安的磷矿资源超过亿吨级，分别为10.24亿吨、9.72亿吨、4.15亿吨和 1.77 亿吨；绵阳、达州、巴中磷矿资源较少，累计查明资源储量依次为 1 803.2 万吨、631 万吨和 285.2 万吨。

**表 1-2　四川省各市州磷矿分布表**　　　　　　　　　（单位：千吨）

| 产地 | 矿区数/个 | 储量 | 基础储量 | 资源储量 | 省内位次 |
|---|---|---|---|---|---|
| 凉山州 | 20 | 0 | 88 551.4 | 1 024 431.65 | 1 |
| 乐山 | 26 | 101 453 | 259 118.25 | 972 248.5 | 2 |
| 德阳市 | 32 | 17 455.1 | 122 228.89 | 415 195.31 | 3 |
| 雅安 | 5 | 0 | 0 | 176 995 | 4 |
| 绵阳 | 1 | 0 | 0 | 18 032 | 5 |
| 达州 | 1 | 0 | 0 | 6 310 | 6 |
| 巴中 | 1 | 0 | 0 | 2 852 | 7 |
| 合计 | 86 | 118 908.1 | 469 898.5 | 2 616 064.46 | |

注：据四川省矿产资源年报(2014)

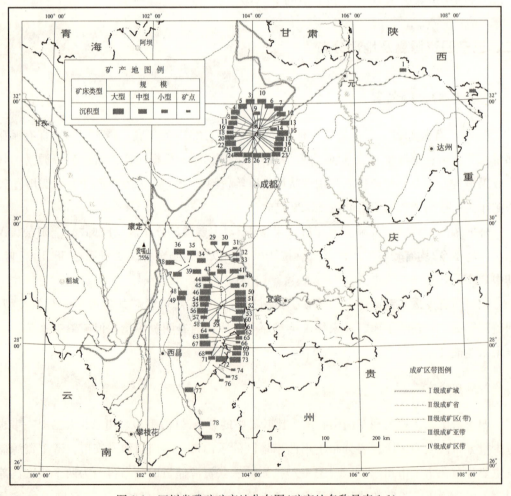

图 1-1　四川省磷矿矿产地分布图(矿产地名称见表 1-1)

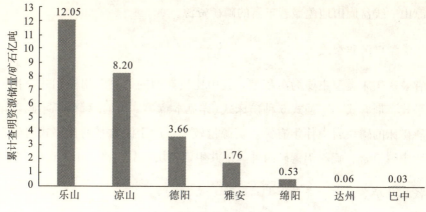

图 1-2 全省磷矿累计查明资源储量分布图

从全省 7 个市州上表矿区磷矿保有资源储量的分布来看，与累计探获的资源储量类似，也可分为两个级次（图 1-3），磷矿资源较多的乐山、凉山、德阳、雅安，保有资源储量分别为 8.75 亿吨、8.09 亿吨、3.25 亿吨、1.70 亿吨；磷矿资源较少的绵阳、达州、巴中，保有资源储量依次为 1 803 万吨、631 万吨、285 万吨。

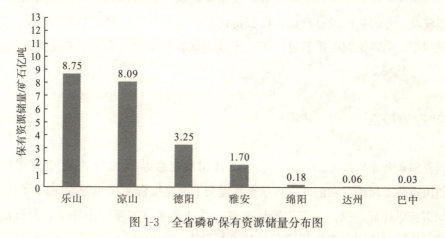

图 1-3 全省磷矿保有资源储量分布图

## 三、四川磷矿资源特点

国内具有工业价值的含磷矿石主要有磷块岩（沉积）、磷灰岩（变质）和磷灰石（内生）。四川省已勘查工业矿床均位于扬子陆块区，均分布于沉积岩区，特别是海相碳酸盐岩地层中。成矿时代主要有寒武纪和泥盆纪，特别是早寒武世梅树村期地层发育，为磷矿形成提供了优越的条件。四川省的磷矿资源具有如下特点。

### 1. 磷矿成群成带产出

四川幅员辽阔，是我国磷矿资源较为丰富的地区，磷矿产地也较多，在四川盆地东北、北部、西北、西部、南部及川西南山地均有分布，其中，主要是在四川盆地边缘龙门山—大凉山一线盆周山地蕴藏着丰富的磷矿资源。

### 2. 矿床类型以沉积型为主

四川省磷矿矿床类型主要为沉积型,其中比较典型的可总结出昆阳式、什邡式、汉源式、清平式、荆襄式、宁强式 6 种矿床式(详见本章第二节)。赋存于寒武系筇竹寺组的汉源式磷矿床的磷块岩中伴生有钾,资源量较大;产于泥盆系的什邡式磷矿为国内罕见,该矿床中磷块岩、硫磷铝锶矿两种磷矿共生,磷块岩品位高,不需选矿可直接利用。

### 3. 中低品位矿多,富矿资源少

四川磷矿 $P_2O_5$ 含量一般为 15%~25%,属中低品位矿石;富磷矿少,主要产自什邡式磷矿,以及昆阳式磷矿中等品位矿床中的某些层位。

### 4. 胶磷矿多,采选难度大

四川沉积磷块岩矿床中,主要含磷矿物是碳氟磷灰石(胶磷矿),其结晶微细,隐晶质,选矿较难。有的矿区经过选矿,可获得优质磷精矿,用以制造高效复合肥,进行大规模开发利用。硫磷铝锶矿矿石进行了选矿利用试验和综合研究,但未能达到工业利用阶段。

## 四、磷矿勘查概况

四川省磷矿分布较广。1950 年,首次在沐川县观慈寺(今属峨边县)发现了磷块岩,随即由四川省化工局矿产勘测队进行勘查并提交了勘测报告。20 世纪 50~60 年代,先后在峨边、雷波、什邡、汉源、马边等地发现一系列磷矿,如峨眉小坪子和大石板磷矿、雷波磷矿、什邡马槽滩、王家坪磷矿,并进行勘查。20 世纪 60 年代,四川省地质局一〇一队完成了什邡、绵竹地区主要磷矿区的普查勘探,提交了马槽滩、王家坪等大型磷矿勘探报告,为四川省第一个大型磷矿基地的建设提供了资源保证。20 世纪 60 年代后期,相继建成金河磷矿、清平磷矿、什邡磷矿和一批磷肥厂。通过矿石物质组分的研究,在马槽滩矿区中首次发现了硫磷铝锶矿,为评价硫磷铝锶矿奠定了基础。

20 世纪 70 年代开展了龙门山中南段磷矿远景区划工作,划出 4 个 IV 级远景区和 7 个 V 级地段,对"什邡式磷矿"进行了典型矿床研究。1976 年在汉源一带开展的磷矿普查工作中,发现磷矿含钾较高,其中含氧化钾达 6%~7%,将含钾较高的磷矿定名为"含钾磷矿"。

20 世纪 80 年代,四川省化工地质队完成了邓家火地矿区勘探,发现了兰家坪磷矿;四川省地质局二〇七队对马边县老河坝磷矿开展了普查评价,尔后完成了铜厂埂矿段勘探。该时期四川省地质局二〇七队、一〇一地质队先后开展过汉源—甘洛、龙门山中南段的磷矿成矿远景区划，攀西队开展了会东至布拖地区铅锌磷成矿远景区划，四川省地质矿产局科研所提交了《四川省磷矿成矿远景区划及资源总量预测报告》。

　　20世纪90年代以来，陆续在马边—雷波、什邡等地区的有利成矿地段，或重要矿区开展了矿产资源远景调查、危机矿山接替资源勘探等工作。四川省化工地质勘查院于2004～2005年开展过磷矿资源潜力调查评价工作；2007～2013年，四川省矿产资源潜力评价设立了磷矿专题，对全省磷矿资源潜力进行预测，并进行了磷矿成矿规律研究。

# 第二节　磷　矿　类　型

## 一、磷矿床类型划分

　　按照《磷矿地质勘查规范》(2002)的分类，我国磷矿床按其产出地质条件和形成方式，分为外生-沉积磷块岩矿床、内生-磷灰石矿床、变质-磷灰岩矿床三大类。外生-沉积磷块岩矿床主要产出在古生代及新元古代的浅海—滨海沉积层内，含矿带沿走向延续几十至几百千米，规模常达大型—特大型，但具有富矿少、贫矿多、易选矿少、难选矿多的特点。在缓倾斜的碳酸盐型磷块岩矿床中，有时形成规模很大的风化带，是获得高质量富矿石的重要矿源。因此，《磷矿地质勘查规范》按矿床形成条件，将磷矿床细分为生物化学沉积和风化淋滤残积两个亚类。

　　近年来，有的学者提出了中国磷矿床成因分类新方案(夏学惠等，2012)。按成矿物质来源，划分为内源、外源及次生三类。按基本的成矿作用，将原生矿床分为岩浆岩型磷灰石、沉积岩型磷块岩和沉积变质岩型磷灰岩三大类型。

　　岩浆岩型磷灰石储量约占总储量的7%，主要分布在北方。其特点是磷品位较低、结晶较粗，属易选磷矿，共伴生有钒、钛、铁、钴等元素，可综合回收。

　　沉积变质岩型磷灰岩储量约占总储量的23%，主要分布在江苏、安徽、湖北等省。该类型风化后矿石松散、含泥高，通过选矿可获得合格磷精矿，生产成本较低。

　　沉积岩型磷块岩是磷矿的主要类型，我国此类型矿石储量约占总储量的70%，主要分布在中南和西南地区的云、贵、川、鄂、湘等省，该类矿磷灰石粒度细，选矿难度大。

## 二、四川磷矿床类型

　　四川省磷矿主要属外生-沉积磷块岩矿床，含磷层主要为海相沉积地层。目前尚未发现独立的内生-磷灰石矿床和变质-磷灰岩矿床，仅有与岩浆型(李家河铁矿)和沉积变质型(满银沟赤铁矿)共、伴生的磷矿。本书重点介绍沉积型磷矿。

### 1. 沉积型磷矿

根据资料统计,四川省已发现的含磷层位共计有 21 个,其中主要是下震旦统陡山沱组(大巴山)、下寒武统灯影组宽川铺段(米仓山)、麦地坪段(峨眉—雷波—会东)、下寒武统长江沟组(龙门山)、泥盆系沙窝子组(龙门山)等。

下震旦统陡山沱组中的磷矿主要见于大巴山万源一带,川西北绵竹地区亦有矿化线索;但一般矿层薄,形成的工业矿床很少。

震旦—寒武系灯影组($Z \in d$)的上部麦地坪段(相当云南的中谊村段)是西南地区磷块岩的最重要赋矿层位之一,南起云南的华宁,经昆明、会泽、马边至峨眉,形成南北向展布的川滇磷矿带;四川该层位磷矿主要分布在峨眉—马边、雷波—金阳、会理—会东等地区。

在米仓山周缘陕西宁强及四川南江地区的震旦-寒武系灯影组顶段(宽川铺段)可与麦地坪段对比,区域上为川陕鄂磷矿带,矿带向北延伸进入陕西。四川该层位中夹磷块岩透镜体,规模一般比较小;在四川南江县仅形成一处小型矿床(平均品位低于目前最低工业品位)。在龙门山地区下寒武统长江沟组下段(清平段)含矿层位与灯影组麦地坪段,及云南的中谊村段相当。该层位为磷质岩-碳质页岩夹白云质灰岩建造(有的资料称为清平组或筇竹寺组),其中已发现中型或以上规模的矿床,但分布比较局限。

早寒武世梅树村晚期,含矿层位筇竹寺组下段(非三叶虫段)是四川省又一个重要含磷层位,主要分布在荥经—汉源—甘洛地区。该层位中含钾磷块岩品位较高,规模较大。

分布于龙门山地区晚泥盆世沙窝子组下段中磷矿品位较高,其中磷块岩和硫磷铝锶矿共生,赋存于磷质岩-水云母黏土岩-硅质岩建造中。

除上述外,据前人资料,四川省其他含磷层位还有:奥陶系下统湄潭组(及红石崖组)的磷块岩(筠连、兴文、天全、会东等地);奥陶系巧家组中的磷矿化(天全—宝兴一带);志留系通化组中沉积变质型磷灰岩矿点(平武);下寒武统遇仙寺组(沧浪铺组)含磷层(峨眉山东坡);中、上寒武统洗象池群(娄山关组)含磷层(峨眉山东坡);下奥陶统桐梓组磷块岩(古蔺、叙永);下泥盆统当多沟组含磷灰岩(若尔盖);下泥盆统平驿铺组磷块岩(广元);泥盆系危关群含磷层(茂汶);下二叠统东大河组(三道桥组)含磷层(小金);上二叠统龙潭组含磷层(华蓥山);上三叠统须家河组含磷砂砾岩(彭州)。这些含磷层一般较薄,品位较低,工业意义较小。

### 2. 矿产预测类型

2007 年 11 月,全国矿产资源潜力评价项目明确了"矿产预测类型"的概念,将其分为沉积型、侵入岩体型、变质型、火山岩型、层控"内生"型、复合"内生"型等六大类。《重要矿产预测类型划分方案》(陈毓川等,2010a),把矿产预测类型定义为"从预测角度对矿产资源的一种分类"。

根据上述方案,除共、伴生矿产外,四川省主要磷矿均为"沉积型"。四川省矿产资源潜力评价工作中,对四川省具有小型以上矿床规模,列入储量表,或者达到一般工业指标的磷矿床进行初步研究,划分矿产预测类型,并与全国矿产预测类型和矿床式划分进行对照,按照成矿时代、含矿层位、分布地区再进行详细的研究。

根据目前开发利用的重要性,并参考资源储量的比例,四川磷矿床主要预测类型可确定为昆阳式早寒武世磷块岩矿床和什邡式泥盆纪磷块岩矿床;重要类型为汉源式、清平式早寒武世磷块岩矿床;次要类型为荆襄式早震旦世磷锰矿及其他沉积型磷矿。

综上所述,四川省磷矿预测类型确定为6亚类,各矿床式的简要特征如表1-3所示。

**表1-3 四川省磷矿预测类型(矿床式)简要特征表**

| 预测类型 | 矿床式 | 分布 | 主要成矿条件 |
|---|---|---|---|
| 主要类型 | 昆阳式<br>沉积型磷矿 | 峨眉—马边、雷波—<br>金阳、会理—会东 | 成矿时代梅树村早期;灯影组麦地坪段,白云岩-磷质岩-硅质岩建造;海湾潮坪相某些亚相 |
| 主要类型 | 什邡式<br>沉积型磷矿 | 龙门山中段 | 成矿时代晚泥盆世,沙窝子组下段,磷质岩-水云母黏土岩-硅质岩建造;残积亚相-潟湖亚相 |
| 重要类型 | 汉源式<br>沉积型磷矿 | 汉源—甘洛 | 成矿时代梅树村晚期;筇竹寺组下段,含钾粉砂岩-磷质岩建造;局限浅水陆棚亚相 |
| 重要类型 | 清平式<br>沉积型磷矿 | 龙门山中段 | 成矿时代梅树村早期;长江沟组下段,磷质岩-碳质页岩夹白云质灰岩建造;潮坪海湾亚相 |
| 次要类型 | 宁强式<br>沉积型磷矿 | 米仓山 | 成矿时代梅树村早期;灯影组宽川铺段,白云岩夹磷质岩与硅质岩建造;潮坪海湾亚相 |
| 次要类型 | 荆襄式<br>沉积型磷锰矿 | 大巴山 | 成矿时代早震旦世;陡山沱组,泥质锰质白云岩-碳质页岩夹磷质岩建造;深水海湾相某些亚相 |

**3. 矿床式**

陈毓川等(2010b)在《重要矿产和区域成矿规律研究技术要求》一书中指出:"在矿床成矿系列或亚系列中,形成的矿床组合中有一个或多个矿床类型,每种矿床类型有多个矿床(点)产出,代表这类矿床共性的代表性矿床(典型矿床)称为矿床式。矿床式既代表了典型矿床,亦代表了这类矿床的共同特性,亦反映了这类矿床形成的共同地质环境及物理化学条件,代表了成矿的一定阶段"。

四川省具有工业价值的沉积型磷块岩矿床产于不同层位中,对其中的主要类型可以分别用具有代表性的典型矿床建立"矿床式",总结各类型共同特征。四川磷矿研究历史上使用过的矿床式名称较多。按照成矿系列理论,参照《重要矿产和区域成矿规律研究技术要求》和《重要化工矿产资源潜力评价技术要求》(熊先孝等,2010),本书根据四川省主要沉积型磷矿的成矿时代、含矿层段、成矿特征等因素,将四川省磷块岩矿床式统一归纳为昆阳式沉积型磷矿、什邡式沉积型磷矿、汉源式沉积型含钾磷矿、清平式沉积型磷矿、荆襄式沉积型磷锰矿、宁强式沉积型磷矿6个矿床式(表1-4)。

表 1-4  四川省磷块岩矿床式划分方案表

| 矿床类型 | 成矿时代 | 含矿层段及沉积建造 | 典型矿床 |
|---|---|---|---|
| 荆襄式磷锰矿 | 震旦纪陡山沱期 | 陡山沱组,泥质锰质白云岩-碳质页岩夹磷质岩建造 | 万源市杨家坝 |
| 昆阳式磷矿 | 寒武纪梅树村早期 | 灯影组麦地坪段,白云岩-磷质岩-硅质岩建造 | 马边县老河坝、雷波县马颈子 |
| 清平式磷矿 | 寒武纪梅树村早期 | 长江沟组下段,磷质岩-碳质页岩夹白云质灰岩建造 | 绵竹市天井沟、安县五郎庙 |
| 宁强式磷矿 | 寒武纪梅树村早期 | 灯影组宽川铺段,白云岩夹磷质岩与硅质岩建造 | 南江县新立 |
| 汉源式含钾磷矿 | 寒武纪梅树村晚期 | 筇竹寺组下段,含钾粉砂岩-磷质岩建造 | 汉源县水桶沟、椅子山 |
| 什邡式磷矿 | 晚泥盆世 | 沙窝子组下段,磷质岩-水云母黏土岩-硅质岩建造 | 绵竹市兰家坪、什邡市岳家山 |

前人建立的矿床式与本书的对应关系说明如下。

(1)早寒武世梅树村早期是我国最重要的磷矿形成时期。前人在川北、川西、川西南曾划分有宁强式磷矿、清平式磷矿、雷波式磷矿或马边式磷矿;《重要化工矿产资源潜力评价技术要求》将陕南早寒武世磷矿命名为天台山式(汉中)。该时期的磷矿虽属同期沉积,成矿特征较为接近,但分布地区和含矿地层名称不同,因此应分为不同的类型(亚类)。考虑到含矿特征并与邻省衔接,本书分别称为昆阳式(川西南灯影组麦地坪段中的磷矿),宁强式(见下文),清平式(川西龙门山长江沟组下段中的磷矿)。

(2)《重要化工矿产资源潜力评价技术要求》将陕南早寒武世磷矿命名为天台山式,根据张运芬、何廷贵的研究,汉中天台山既有磷矿又有锰矿,与宁强、镇巴一带陡山沱组含磷锰特点极为相似,但与下寒武统梅树村阶(宽川铺段)含磷特征差别较大,故采用四川省矿产资源潜力评价的意见,称为宁强式(川北米仓山一带灯影组宽川铺段中的磷矿)。

(3)川西龙门山地区磷矿曾经命名为什邡式泥盆纪风化淋滤-沉积再造型磷块岩矿床、风化-再沉积型磷矿床及沉积型什邡式磷块岩及硫磷铝锶矿。《重要矿产和区域成矿规律研究技术要求》将什邡式磷矿命名为"什邡式泥盆纪沉积变质磷块岩矿床"。本书根据成矿作用、成矿时代改称为"什邡式泥盆纪磷块岩矿床"。

(4)荆襄式早震旦世磷锰矿床:曾划分有荆襄式磷矿或开阳式磷矿。需要说明的是该类型磷锰伴生,《重要矿产和区域成矿规律研究技术要求》将同层位的锰矿称为秦岭型,四川、重庆开展矿产资源潜力评价时,将该层位的锰矿称为高燕式。

(5)汉源式早寒武世磷块岩矿床:川西南地区曾划分有汉源式含钾磷矿,本书沿用其名称。

(6)四川省其他层位的磷矿分布有限,规模较小,尚不具备建立矿床式的条件。例如,奥陶系下统湄潭组、红石崖组、巧家组中的磷矿(化)、志留系通化组中的沉积变质型磷灰岩矿,以及会东满银沟沉积变质型赤铁矿层之下的石英磷灰石岩,旺苍李家河铁矿(岩浆型)中伴生磷灰石等。

4.四川省典型磷矿床

《中国矿床》（李悦言等，1994）收录水桶沟含钾磷矿为代表性矿床。《中国矿床发现史·四川卷》（张云湘，1996）将老河坝矿区铜厂埂矿段、马槽滩矿区兰家坪矿段收录为代表性矿床，对汉源、甘洛地区含钾磷矿有专门论述。

《重要矿产和区域成矿规律研究技术要求》指出，某一矿床的成矿地质特征能概括一组相似矿床赋存的地质位置，形成的地质条件和控矿因素、找矿标志的共性和一定理性认识者称典型矿床。典型矿床的选择需考虑：代表性、完整性、特殊性、专题性、习惯性（陈毓川等，2010b）。根据这些要求，四川省矿产资源潜力评价磷矿成果报告选择马边县老河坝铜厂埂沉积型磷矿（昆阳式）、绵竹市兰家坪沉积型磷矿（什邡式）、汉源县水桶沟沉积型磷矿（汉源式）和绵竹市天井沟沉积型磷矿（清平式）等 4 个矿产地为典型矿床。

1)马边县老河坝铜厂埂沉积型磷矿（昆阳式）

川西南地区下寒武统灯影组麦地坪段中的昆阳式磷矿，查明矿床资源储量大，矿床规模大、中、小型均有，其中马边老河坝矿床勘查程度和研究程度较高。该矿床发现于1958 年，四川省地矿局二〇七队 1960 年提交《四川省马边县大院子区白家湾乡老河坝磷矿检查报告》。为了查明老河坝磷矿矿床远景及规模，寻找富磷矿，1982~1983 年开展了初步普查。后于 1989 年提交《四川省马边磷矿老河坝矿区铜厂埂矿段勘探地质报告》。为提高地质研究程度，查明地质规律，扩大矿床远景和加速开发利用，四川省地质矿产局二〇七队于 1984 年提交《四川省马边磷矿老河坝矿区矿石物质成份研究报告》，1987年提交了《四川省马边磷矿成矿条件研究报告》，1989 年提交了《四川马边老河坝磷矿床地质研究报告》。地矿部成都综合岩矿测试中心于 1989 年提交了《四川省马边磷矿老河坝矿区铜厂埂矿段下矿层全层混合样反浮选实验室流程试验研究报告》，研究表明铜厂埂磷矿石可选性好，属较易选磷矿。综上，马边县老河坝矿床铜厂埂矿段资料比较丰富完整，研究历史长，勘查程度较高，可作为昆阳式磷矿典型矿床。

2)绵竹市兰家坪沉积型磷矿（什邡式）

在绵竹、什邡、安县地区，产于上泥盆统沙窝子组下段中的什邡式磷矿床计有 21处，矿床规模以中型为主，其中，绵竹市兰家坪矿段是一个完成详细勘探的什邡式磷矿床，最终查明的矿床资源储量规模属中型，具有代表性。该矿床位置接近最早发现和命名本类矿床的什邡市马槽滩，矿床为隐伏地下的盲矿，矿体形态受倒转紧密背斜控制，充分反映了区域地质构造的复杂性。兰家坪隐伏矿床受褶皱影响分为正层矿和反层矿，且矿床中磷块岩矿与硫磷铝锶矿两种磷矿共生，并伴生有碘氟稀土等有益组分，其空间形态和物质组成等具有典型性。工业矿体中存在薄化区，矿体具有薄化尖灭、尖灭再现的规律性。多数地质工作者将含矿岩系置于沙窝子组下部，成矿时代基本确定属晚泥盆世，反映出什邡式磷矿的特殊性。根据上述特征，选择绵竹兰家坪矿段作为什邡式沉积型磷矿典型矿床。

### 3)汉源县水桶沟沉积型磷矿(汉源式)

汉源甘洛地区共有 6 个含钾磷矿床地质工作程度在普查以上。水桶沟矿区为汉源-甘洛地区最早发现的磷矿。该矿区 1983 年完成详查,查明的磷矿床资源储量规模属大型,矿产地位于命名本矿床类型的汉源地区,水桶沟矿区在汉源式磷矿中具有代表性。矿体形态受向斜和数条断层控制,矿层既发育双层结构又发育单层结构,相邻两个矿段勘探类型不同,反映了区域地质构造的复杂性。水桶沟矿区磷块岩矿中普遍伴生有钾,磷、钾同为化工原料矿产,磷块岩物质组成等具有典型性。区域内含钾磷矿均产于筇竹寺组下段,赋矿层位具有规律性。根据筇竹寺组下段小壳动物化石组合特征,成矿时代属梅树村晚期,反映出汉源式磷矿在扬子陆块区梅树村期大规模磷矿成矿作用中的特殊性。因此,以汉源县水桶沟矿区作为汉源式磷矿典型矿床。

### 4)绵竹市天井沟沉积型磷矿(清平式)

龙门山中段清平式磷矿,磷块岩矿查明资源储量规模以中型为主。已勘查工业矿床由北至南为:五郎庙、祁山庙、龙王庙天井沟、龙王庙烂泥沟、花石沟。天井沟矿段是一个完成详细普查的清平式磷矿床,查明资源储量规模属大型。矿床位置在最早发现和命名本类矿床的绵竹市清平乡,工作程度较高,具有代表性。磷矿层产于太平推覆体太平复向斜西翼,受褶皱和断层控制,形态变化大,分上下矿层。受断层影响,矿段内矿体一分为二,Ⅰ矿体露头 6 km,Ⅱ矿体露头 1.78 km。伴生矿产为 F 元素和油页岩。有害组分为 $MgO$(较高)、$Fe_2O_3$、$Al_2O_3$、$CO_2$。其空间形态和物质组成等在本类型矿床中具有典型性。成矿时代属梅树村早中期,沉积环境属潮坪海湾,成矿地质特征与川滇地区昆阳式磷矿接近。含矿岩石地层为长江沟组下段,反映出本类磷矿的特殊性。2002年,天井沟矿段完成详查地质报告,可以作为清平式磷矿典型矿床。

### 5.其他类型磷矿

#### 1)大巴山地区早震旦世磷锰矿(荆襄式)

早震旦世陡山沱期地层是四川最早的含磷层位。该层位自陕西省麻柳坝,经川陕交界大麦垭、田坝锰矿区,经大竹镇、从朱溪沟进入杨家坝磷矿区,南东进入重庆市城口,区域长度达到 30 km。所含磷锰矿主要出现在相邻重庆、湖北等地,在四川省内分布范围有限。陡山沱组由泥质锰质白云岩-碳质页岩夹磷质岩建造组成,磷矿常产于页岩向碳酸盐岩或硅质岩向碳质页岩过渡部位,呈薄层状、复层状产出,产状与围岩一致。有用矿物为胶磷矿、菱锰矿,锰和磷紧密共生。四川仅查明中型矿床 1 处(万源市杨家坝),另田坝(大竹河)锰矿伴生磷。四川省地质局二〇五队《大巴山东段锰、磷矿成矿远景区划(说明书)》(1980)研究认为:大巴山锰磷质富集期是陡山沱晚期阶段,又可分为早、晚两期。锰矿以早期为好,矿层较厚、矿床规模较大、质量较好;晚期则矿层薄、规模小、质量差。

2）米仓山地区早寒武世磷矿（宁强式）

早寒武世梅树村早期是我国最重要的磷矿形成时期，除前述分布于川西南的昆阳式磷矿外，在川北米仓山也有相应的含磷层位。本书沿用四川省矿产资源潜力评价所称矿床式（宁强式）。宁强式磷矿赋存在灯影组顶部宽川铺段，四川省内此段地层出露自南江杨坝、沙滩，经新立、贵民、汇滩，向东延入陕西省，长度达到 41 km。含磷层由白云岩、灰岩，夹白云质硅质岩、硅云基砂屑磷块岩透镜体组成。在南江县新立有小型矿床1 处，矿体呈大透镜状，矿石品位低。

3）其他磷矿（化）

川南筠连—叙永一带含磷岩系向南延入贵州境内，含磷层连续延伸几至几十千米。含磷矿 1~7 层，矿体呈透镜状，常分岔尖灭，单层厚度小于 0.3 m，矿石为生物碎屑白云质磷块岩、砂质磷块岩，具层纹状至微层状构造。有古蔺河屯、叙永团结、筠连洛木柔干沟、兴文鹿儿沟等矿化点。

在天全—宝兴一带，磷矿（化）见于碎屑岩夹不稳定的白云岩或白云质灰岩中，其岩相、厚度变化较大。该类型磷块岩分布局限，矿体呈不连续的透镜体或似层状，有天全武安山、大井坪等 7 处磷矿（化）产地。

川西北地区有一些零星磷矿化（点），但一般厚度不大，品位较低，工业意义较小，地质工作程度和研究程度也比较低，如平武水晶草塘湾、广元龙洞背、绵竹王家坪、茂汶石大关、小金野葱坪等磷矿化（点），及若尔盖占洼含磷灰岩。

攀西地区会东硝水、普格洛乌沟等矿化点，磷矿呈薄板状、扁豆状产出，长数十米，矿层厚度仅 0.1~0.6 m，一般不具工业意义。此外，会东满银沟式沉积变质型赤铁矿含矿岩系之下的浅灰色石英绢云千枚岩及石英磷灰石岩中，磷矿层为单层结构，分布不稳定，呈透镜体产出。除产于满银沟外，在会东船地梁子、小街牛棚子、松坪黑夷村等地见有磷矿或矿化线索。

## 三、沉积型磷矿基本特征

### 1. 矿床分布

四川省沉积型磷矿主要形成于早震旦世、早寒武世和晚泥盆世 3 个时期。矿产地几乎全部分布在上扬子陆块区，并集中分布于上扬子西缘，可归入米仓山—大巴山基底逆推带、龙门山基底逆推带、康滇前陆逆冲带和扬子陆块南部碳酸盐台地四个Ⅲ级构造单元。成矿区带属上扬子成矿亚省。

昆阳式磷矿分布范围最大，比较集中地分布在峨眉—马边、雷波—金阳、会理—会东 3 个地区。磷矿产于下寒武统灯影组麦地坪段中，有的地方与层控热液型铅锌矿层（黑区式）共生，具上磷下铅锌的特点。

　　龙门山中段什邡式磷矿空间位置与清平式磷矿较接近，同属川西龙门山磷矿带。龙门山中段什邡式磷矿赋存于沙窝子组下段，分布于著名的北川—映秀深断裂带西侧；清平式磷矿紧邻于断裂带东侧，磷矿赋存于下寒武统长江沟组下段。

　　汉源式磷矿分布于汉源—甘洛地区，含矿岩系为下寒武统筇竹寺组。磷矿分布区跨康滇前陆逆冲带及扬子陆块南部碳酸盐台地两个构造单元；属上扬子中东部成矿带和汉源—甘洛—峨眉成矿带。

　　宁强式磷矿分布于川北米仓山，构造位置属米仓山—大巴山基底逆推带，包括四川省南江县、旺苍县。在邻省陕西省宁强、南郑，磷矿赋矿层位灯影组顶段（宽川铺段）发现有中型矿床2处，小型2处，矿石品位较低。

　　荆襄式磷锰矿位于万源市，分布范围小。磷锰矿赋矿层位为陡山沱组，成矿带长约30 km，发现有中型矿床1处（按可采厚度0.5 m圈定矿层）。磷锰矿成矿地质特征能够与重庆、湖北同时代矿床对比。

　　2. 成矿时代

　　四川省磷矿主要形成于三个时期。早震旦世陡山沱期磷矿层分布十分有限，仅出现大巴山部分地区（荆襄式）；而寒武纪梅树村期大规模磷酸盐沉积成矿作用形成昆阳式、汉源式、清平式和宁强式等类型；晚泥盆世形成什邡式磷矿。

　　四川的主要磷质岩建造出现于上扬子陆块各次级构造单元盖层沉积的早期。梅树村期磷质岩建造的含磷性显示出一定的规律，川西南磷质岩建造厚度大，含磷较高，往北，龙门山和米仓山地区，磷质岩建造厚度渐薄，成矿性减弱，含磷较低。

　　钱逸、陈孟莪、何廷贵等（1999）在峨眉麦地坪剖面以小壳动物化石自上而下建立了5个生物地层单位：

筇竹寺阶
　　　　Ⅴ. *Pelagiella emeishanensis* 延限带
　　　　（相当于三叶虫 *Mianxiandiscus-Eoredlichia* 带）
梅树村阶
　　　　Ⅳ. *Sinosachites flabelliformis* 延限带
　　　　Ⅲ. *Heraultipema yunnanensis* 延限带
　　　　Ⅱ. *Siphogonuchites pusilliformis-Paragloborilus subglobosus* 组合带
　　　　Ⅰ. *Anabarites trisulcatus-Protoherzina anabarica* 组合带

　　峨眉及川西南等地的灯影组顶部、筇竹寺组下部上下关系明确，灯影组顶部麦地坪段属梅树村阶（Ⅰ、Ⅱ、Ⅲ带），筇竹寺组上段属筇竹寺阶，下段属梅树村阶（Ⅳ带）。四川地区梅树村阶生物化石分子能够与滇中、陕南及峡东地区对比。

　　参考钱逸、陈孟莪、何廷贵等的研究成果，川西南汉源式磷矿和龙门山中段清平式磷矿可进一步确定属梅树村期沉积。因海水较浅，上扬子地区普遍存在一个沉积间断剥蚀面，即筇竹寺组与灯影组顶部之间存在地层缺失，使已形成的磷矿被剥蚀。

　　汤中立、钱壮志、任秉琛等（2005）总结，扬子—华南成矿域寒武纪磷矿床有三个含磷层位，由老至新为下寒武统梅树村阶下部（渔户村组中谊村段）、下寒武统梅树村阶上部（筇竹寺组八道湾段）、中寒武统（大茅群）。但是，《中国古生代成矿作用》相关章节及建立的矿床成矿系列中遗漏了四川的汉源式磷矿及其代表性产地。

　　《四川省磷矿资源潜力评价成果报告》（郭强等，2011）确定四川磷矿主要成矿期有：

　　Ⅰ：早寒武世梅树村早期，主要造就了扬子陆块西缘系列的海相碳酸盐岩建造中的昆阳式磷矿，为四川省最主要的磷矿类型。局部地区形成有与昆阳式磷矿特征接近的、海相碳酸盐岩建造中的清平式磷矿和宁强式磷矿。从成矿强度来看，梅树村早期为四川扬子陆块区大规模磷酸盐沉积的高峰期。

　　Ⅱ：晚泥盆世早期，在龙门山中段造就了磷质岩-水云母黏土岩-硅质岩建造中的什邡式磷矿，为四川省重要的、国内少见的磷矿类型。由于化石证据的缺乏，沉积矿产的成矿时代一般是以矿床所在岩石地层的年代推定。潜力评价工作按照这个思路，仍将什邡式磷矿的成矿时代推定为晚泥盆世。在大水闸推覆体这一特定构造单元内，由于什邡式磷矿之下观雾山组缺失，之上尚有大套沙窝子组白云岩，上泥盆统茅坝组缺失，故相对于沙窝子组上段而论，什邡式磷矿及含磷段若进一步推定，可认为是晚泥盆世早期沉积。

　　Ⅲ：早寒武世梅树村晚期，在汉源甘洛地区造就了海相碎屑岩建造中的汉源式磷矿，为含钾磷块岩，是四川省重要的磷矿类型之一。前寒武纪-寒武纪界线是十分重要的地质界线，研究资料和成果较多，甘洛新基姑、汉源市荣、金口河区老汞山、甘洛大桥，筇竹寺组下段剖面中均发现有梅树村阶Ⅳ带建带小壳动物化石。汉源甘洛地区筇竹寺组上段三叶虫化石稀少，生物地层研究程度低，至今未发现筇竹寺阶建带化石。因此在汉源、甘洛一带，不易确定梅树村阶顶界。钱逸、陈孟莪、何廷贵等（1999）根据小壳化石对比，认为汉源县市荣剖面筇竹寺组下部有缺失，磷矿层产似盾壳虫类、软舌螺类：*Sinosachites flabelliformis* He（梅树村阶第Ⅳ带建带化石），*Conotheca* sp. 等。

　　3.含矿地层

　　四川扬子陆块区，震旦系、寒武系、泥盆系地层广泛分布。具工业价值的磷矿层位包括：早震旦世陡山沱阶陡山沱组，早寒武世梅树村下亚阶灯影组顶段（钱逸等，1999；包括麦地坪段和宽川铺段），梅树村下亚阶长江沟组下段，梅树村上亚阶筇竹寺组下段，上泥盆统沙窝子组下段。

　　1）震旦—寒武系灯影组顶段麦地坪段

　　区域上，震旦—寒武系灯影组顶段麦地坪段的沉积厚度变化较大，北部荣经—峨边地区一般偏薄，厚 31~63 m，平均 44 m；中部马边—金阳地区厚度增大，厚 40~237 m，平均 102 m；南部宁南—会东地区厚度最大，厚约 47~314 m，平均 143 m。全区平均厚度 96 m。在这些区段之间，明显表现出几个东西向的薄化带，如北部的石棉—峨边，中部的普格—金阳，南部的攀枝花—会东(南部)等；以及与之相伴出现的厚积区，如雷波、会东(北部)两个厚度最大沉积中心区。

2）上泥盆统沙窝子组下段

什邡式磷矿赋存在沙窝子组，上下地层接触关系清楚，之下缺失地层较多。沙窝子组广泛分布于龙门山地区，为一套浅灰色中层-块状白云岩、白云质灰岩夹少量灰岩。但含磷段仅分布于龙门山中段。沙窝子组上段（$Ds^2$）为纹层状白云岩-泥质白云岩建造，年代地层属上泥盆统下部。沙窝子组下段（$Ds^1$）为磷质岩-水云母黏土岩-硅质岩建造，化石罕见，岳家山一带碳质水云母黏土岩中含几丁虫碎片和孢粉化石；硫磷铝锶矿所夹生物碎屑磷块岩透镜体中有鱼类：*Bothriolepis* sp.（沟鳞鱼未定种）；岳家山砾屑磷块岩中有藻类：*Myxococcoides giganteus* sp. nov.，*Eomycetopsis robusta*，*Palaeovolvox* sp. 等。岳家山磷块岩砾屑中发现有早寒武世软舌螺化石，年代地层仍为上泥盆统下部。区域内沙窝子组下段厚度 0~78 m，一般 0~23 m。以绵竹市王家坪燕子岩剖面为例，沙窝子组（Ds）总厚 292.6 m，根据该剖面含磷段与上、下地层的关系，主要岩性与龙王庙剖面及龙门山地区的沙窝子组相似，及根据产弓石燕、沟鳞鱼化石等特征，大多数地质、矿产研究者将含矿岩系确定为沙窝子组。

3）下寒武统筇竹寺组

汉源—甘洛地区筇竹寺组上覆地层为沧浪铺组，下伏地层为灯影组。该区域内震旦系、寒武系地层序列稳定，筇竹寺组上下地层接触关系清楚。根据已有研究成果，可将筇竹寺组进行二分，筇竹寺组上段（$\in q^2$）为粉砂质泥岩夹粉砂岩建造，年代地层为下寒武统筇竹寺阶；筇竹寺组下段（$\in q^1$）为含钾粉砂岩-磷质岩建造，年代地层为下寒武统梅树村阶上亚阶。各矿区筇竹寺组下段厚度达 7.7~61.74 m，区域上一般为 8~81 m。参考前人化石鉴定成果，筇竹寺组下段磷矿层顶底板产软舌螺类、似盾壳虫类，小壳化石丰富，已发现有梅树村阶Ⅳ带建带化石，故本段为梅树村晚期沉积。大部分区域沉积建造为含钾粉砂岩-磷质岩建造，仅甘洛县城以东为含钾粉砂岩建造。

4）下寒武统长江沟组下段（清平段）

龙门山中段，早寒武世磷质岩沉积建造所在的岩石地层单位为长江沟组，下伏地层为灯影组，区域内震旦系、寒武系、泥盆系、石炭系、二叠系地层序列稳定，长江沟组上下地层接触关系清楚，长江沟组之上地层缺失较多。《四川省磷矿资源潜力评价成果报告》(郭强等，2011)根据《四川省绵竹县龙王庙磷矿区详细普查报告》(四川省地质局一〇一地质队 1967)等资料，发现上覆地层为磨刀垭组，或为观雾山组、沙窝子组超覆。从岩石地层、生物地层特点来看龙门山中段使用清平组或筇竹寺组均不妥，而应采纳长江沟组一名，并使用长江沟组二分方案，上部为碎屑岩段，与龙门山北段可对比，下部为清平段，产清平式磷矿，与原来定义的清平组二段相当。而原清平组一段则置于灯影组顶部，与长江沟组呈平行不整合接触关系。

长江沟组下部清平段为磷质岩和碳质页岩夹白云质灰岩建造，厚 22.53～76.8 m，一般 30～40 m；主要岩性为硅质白云质磷块岩，磷矿层顶底板均为碳质页岩、海绿石砂岩。年代地层为梅树村阶。

天井沟矿段，含磷段之中部为一较稳定的含磷黏土岩（习称"中含磷黏土岩"），上、下为含磷灰岩、含磷硅质灰岩、含磷硅质白云岩，少数还富集形成低品位磷块岩。它们因 $P_2O_5$ 含量低，达不到工业要求，在含磷段中与"中含磷黏土岩"一起形成夹层。

长江沟组底部和灯影组顶部均产小壳化石，长江沟组底部有一层 0～20.35 m 黑色碳质页岩，地表观察和钻孔揭示间断面上有风化黏土层，与上扬子地区早寒武世梅树村阶内部普遍有沉积间断的特征相吻合。代表性剖面为绵竹市龙王庙剖面，长江沟组($\in cj$)厚 306.4 m，其中含磷段 45.8 m，

5）震旦—寒武系灯影组顶段宽川铺段

在米仓山周缘的陕西宁强、南郑、西乡西部及四川南江地区，灯影组宽川铺段具有相近的特征，由白云岩、灰岩，夹白云质硅质岩、硅质白云质砂屑磷块岩透镜体，具水平层理，小壳动物化石丰富。

四川省南江地区，宽川铺段地层出露南西自杨坝、沙滩，经新立、贵民、汇滩，向东延入陕西省南郑县朱家坝，区域长度达到 41 km。此外，新立磷矿区一带，有小片宽川铺段地层顺坡向出露，残留于老地层之上。四川旺苍地区未发现磷矿化和小壳动物化石，宽川铺段是否存在或者已剥蚀，有待调查。

钱逸等（1999）在南江沙滩剖面以三叶虫、小壳动物化石建立了川北地区梅树村阶、筇竹寺阶的 5 个生物地层单位。

6）下震旦统陡山沱组

在四川万源，出露的陡山沱组地层，自北西陕西省麻柳坝，经川陕交界大麦垭、田坝锰矿区，过任河，经大竹镇、从朱溪沟进入杨家坝磷矿区，南东止于钟亭乡，再过任河，进入重庆市城口县，为城口—房县深断裂带所切割，区域长度达到 30 km。此外，在近省界火烧湾—紫溪一带，因逆断层影响，有小片陡山沱组重复出露。

大巴山中段，荆襄式磷锰矿所在的岩石地层单位为陡山沱组，上覆地层为灯影组，下伏地层为南沱组，区域内震旦系、寒武系地层序列稳定，陡山沱组上下地层接触关系清楚。在巫溪小区，陡山沱组岩性较稳定，小区西北部城口、万源一带，厚度增大至 360～500 m，均含锰矿；向东至巫溪以北层间夹有粉砂岩，厚度变薄至 26～37 m。

根据《城口幅 H-49-Ⅰ巫溪幅 H-49-Ⅱ区域地质调查报告》（四川省地质局第二区域地质测量队，1974），陡山沱组内磷锰矿含矿层与其上的泥质白云岩呈沉积韵律关系，磷锰矿含矿层与其下的页岩亦为连续沉积。该泥质白云岩之顶为陡山沱组和灯影组界线，在木魁河以东，灯影组底部一般有角砾状白云岩分布，内含有硅质岩角砾；在木魁河以

西，泥质白云岩与其上灯影组底部薄层状灰岩的界线特征显著，容易划分。

以四川万源县杨家坝磷矿区为例，陡山沱组厚 131 m，其中含矿层平均 2.58 m，最大 4.85 m。磷锰矿含矿层之上为陡山沱组顶部薄层至中层泥质白云岩，局部含硅质、铁质和碳质，其下多以陡山沱组顶部黑色碳质页岩为主。年代地层为下震旦统陡山沱阶（上部）。含矿层在区域内层位稳定，易对比，但在万源至重庆城口地区厚度仅为 1～7 m，明显小于湖北鄂西地区。

### 4. 岩相古地理

1）川西南地区梅树村早期岩相古地理（昆阳式磷矿）

该区梅树村早期属康滇古陆（古岛链）东侧的南北向海湾潮坪沉积环境，但其内部因受古地貌影响，尚存在次一级的亚环境，根据沉积相特征及其分布变化特点，区内可大致划分出潮下海湾、潮下浅滩、潮间砂坪、潮上泥坪等四个亚相带（表 1-5）。

表 1-5　川西南梅树村早期沉积相带划分表

| 相带编号 | 相带名称 | 亚相带编号 | 亚相带名称 |
|---|---|---|---|
| Ⅰ | 沉积期后剥蚀区 | | |
| Ⅱ | 川西南海湾潮坪 | Ⅱ-1 | 石棉—会理潮上泥坪 |
| | | Ⅱ-2 | 峨眉潮间砂坪普格—会东潮间砂坪 |
| | | Ⅱ-3 | 马边—美姑潮下浅滩 |
| | | Ⅱ-4 | 雷波潮下海湾 |

雷波潮下海湾：出现在本区东部中段，大致呈北西向分布，向南东方向过金沙江延伸入云南境内，并与广海相通。雷波地区处于海湾中心部位，因海湾的北东、南西两侧较陡，海底相对平坦狭长，故该区沉积并形成了一套代表深水局限海湾环境的深色石灰岩、硅质结核、含磷白云岩及磷块岩的岩石组合。该套地层不但沉积厚度大，磷块岩沉积厚度亦大，形成了厚度稳定的磷块岩矿床，但因泥、砂质掺和作用强，磷矿石的品位普遍较低。岩石组合以具水平纹理、水平层理的团粒磷块岩、粉砂屑磷块岩为主，说明雷波海湾处于潮下低能环境，以潮汐作用为主，水动力条件较弱。

马边—美姑潮下浅滩：位于雷波潮下海湾周边地带，包括马边、美姑、雷波南部及金阳东北部，呈环带状分布。整个浅滩水体较浅，水动力条件强，属中—高能环境，主要形成了以颗粒灰岩白云岩、砂砾屑磷块岩为主的岩石组合。岩石中颗粒相对含量较高，具小型斜层理、粒序层理、波状层理。该亚相带中形成的磷矿层厚，层位稳定，品位富至中等，是区内富磷块岩聚集带。

峨眉潮间坪和普格—会东潮间坪：位于本区东部的北、中、南段的部分地带，大致为南北方向延伸，因受东西向水下隆起构造影响，形如 S 状，主要分布于峨眉—峨边、宁南—会东塘房等地区。该亚相带分布面较宽，水体浅，处于水动力条件较强的环境。

主要岩石为白云岩、硅质岩、磷块岩组合，无灰岩沉积。磷矿层一般较厚，但夹层多，磷矿石品位中等，富矿呈透镜体产出，主要为白云质砂屑磷块岩及砂砾屑白云质磷块岩，具波状层理，沙纹层理、粒序层理及冲刷扁平砾石(磷砾)等。

石棉—会理潮上泥坪：位于川西南地区西部康滇古陆(古岛链)东侧，主要见于荥经、汉源、越西、布拖、普格(大槽河)、会理及会东(西部)地区，呈南北向狭长带状分布，向南延伸至云南境内。水体浅，水动力条件弱，暴露标志明显，主要以泥晶白云岩为主，夹少量硅质岩，含磷极低，具发育的波痕、干裂、晶洞、鸟眼构造。该相区以潮上泥坪环境为主，间有潮间环境，在潮上泥坪环境磷质分散，除见少量磷质条带出现，一般无工业磷矿存在；在短暂的潮间环境有时磷质局部集中，形成小的磷矿透镜体。

2)龙门山地区晚泥盆世早期岩相古地理(什邡式磷矿)

大宝山半岛是龙门山中段较早的隆起区，其周缘为磷的矿化聚集区。磷矿成矿物质就近就地供应，主要以震旦系—寒武系含磷白云岩、硅质岩及低品位的磷块岩组成矿源层。

晚泥盆世早期大宝山半岛及邻区以差异性同沉积断块升降运动为特点。沉积相特征：北西侧为浅海陆棚-斜坡灰坪相(河心组第三段)，南东侧为滨岸灰坪相(沙窝子组+部分观雾山组)，大宝山半岛北东端为陆源碎屑滨海潟湖相。前人研究证明，龙门山泥盆纪沉积盆地东南缘可能存在若干平行走向断裂，北川—映秀深断裂带是早在泥盆纪以前已经存在并控制泥盆纪沉积的同生断裂之一。

大宝山半岛在成磷期前经风化淋滤形成绕半岛环形分布的什邡式磷矿底部陆相砾屑磷块岩层，属较特殊的大陆沉积区残积相。磷块岩层中几乎未发现生物活动痕迹。在岩溶洼地中由于磷酸盐溶液迁移、交代和富集，形成泥晶(胶)磷块岩赋存于砾屑磷块岩层中。

在成磷期，海水侵进，大宝山半岛转入潟湖盆地环境(大水闸滨海潟湖)，由于水动力微弱，水介质为弱酸性至弱碱性还原环境，形成黏土质磷块岩、微层状磷块岩和含磷灰石角砾的硫磷铝锶矿。水体中 $SiO_2$ 溶液对磷块岩的硅化作用是磷块岩矿石在沉积再造阶段最为重要的交代现象，形成硅化磷块岩或含磷硅质岩。硅化在平面分布上出现在黑沟、麦棚子和大槽梁子及潟湖盆地北西段；在剖面上硅化主要出现在矿层上部，强烈者可以使全层磷块岩硅化。

根据以上分析，在龙门山中段晚泥盆世早期构造岩相古地理图上，推测复原成矿期古陆位置、海侵方向及物源供给方向，划分沉积相带，其中陆源碎屑滨海潟湖的微相分带(表1-6)与成磷关系密切。成磷期可近似地视为砾屑磷块岩形成后，砂状白云岩沉积之前。可将陆源碎屑滨海潟湖亚相进一步划分出四个微相。Ⅰ：潟湖边缘硅质岩-磷块岩微相(安县大槽梁子)；Ⅱ：潟湖中部铝磷酸盐岩-磷块岩微相(什邡岳家山)；Ⅲ：潮汐带磷块岩微相(绵竹黑沟)；Ⅳ：滨岸含磷碎屑岩微相(以汶川磨刀石梁子剖面为代表)。以Ⅲ区发育最全，保存范围最大，成磷期前的砾屑磷块岩主要分布于该微相带。

岩相古地理因素决定含矿岩系纵向上形成自下而上的磷块岩、硫磷铝锶矿、含磷高岭石黏土岩、含磷碳质水云母黏土岩、含磷石英砂岩5个独立的岩相及其组合。横向上，岩溶洼地与古地貌等沉积环境因素决定了磷块岩、硫磷铝锶矿的厚度变化、无矿天窗的出现、矿体硅化交代后变贫，乃至相变为硅质岩。由于龙门山晚泥盆世海侵范围扩大，沙窝子组白云岩段沉积在含磷段之上，使矿床定位、保存于沙窝子组底部。

表1-6　龙门山晚泥盆世早期沉积相带划分表

| 相带名称 | 亚相带名称 | 微相带编号 | 微相带名称 |
|---|---|---|---|
| 龙门山中段海陆过渡相 | 陆源碎屑滨海潟湖亚相 | Ⅳ | 滨岸微相 |
| | | Ⅲ | 潮汐带微相 |
| | | Ⅱ | 潟湖中部微相 |
| | | Ⅰ | 潟湖边缘微相 |
| | 残积亚相 | | |
| 后龙门山浅海陆棚-斜坡灰坪相 | | | |
| 前龙门山滨岸灰坪相 | | | |

3)川西南地区梅树村晚期岩相古地理(汉源式磷矿)

根据沉积相特征，结合沉积厚度与沉积环境等综合考虑，川西南地区梅树村晚期为大陆边缘浅海陆棚环境，根据矿石结构构造、矿物成分组成及沉积环境等综合特征，可划分出汉源—越西局限浅水陆棚、洪雅—会理开阔陆棚、峨眉—雷波深水陆棚等三个亚相带(表1-7)。

表1-7　早寒武世梅树村晚期筇竹寺组下段沉积相带划分表

| 相带名称 | 亚相带编号 | 亚相带名称 | 微相带编号 | 微相带名称 |
|---|---|---|---|---|
| 陆源碎屑浅海陆棚相 | Ⅰ | 汉源—越西局限浅水陆棚亚相 | Ⅰa | 半封闭海湾微相 |
| | | | Ⅰb | 陆棚边缘台地微相 |
| | | | Ⅰc | 陆棚浅滩微相 |
| | Ⅱ | 洪雅—会理开阔陆棚亚相 | | |
| | Ⅲ | 峨眉—雷波深水陆棚亚相 | | |

汉源—越西局限浅水陆棚：位于区内西北部，西部靠近泸定古陆(康滇古陆北部)，东部为开阔陆棚所围，呈南北向大致平行古海岸线的方向分布，主要见于汉源、甘洛、越西地区。因受东西向(石棉—峨边)水下隆起的分隔影响，区内微地貌形态比较复杂，构成如半封闭的浅水陆棚、陆棚边缘台地、陆棚浅滩等各种不同的沉积环境。在半封闭的浅水陆棚环境(如汉源地区)，以潮汐作用为主，水动力条件较弱，主要岩石以含磷粉砂岩为主，间夹含钾磷块岩、白云岩、黏土岩的组合；具水平层理、不规则透镜状层理，虫迹发育，小壳动物(软舌螺、海绵骨针)化石丰富；含钾磷矿层位稳定，厚度较大，品位较高，形成一些大型含钾磷块岩矿床。在陆棚边缘台地环境(如甘洛、越西地区)，以底流作用为主，间有波浪冲刷，水动力条件较强，陆源碎屑物掺合作用亦较强，主要为

含磷长石粉砂岩及含钾磷块岩组合；具水平纹层及微波状层理，多见角砾状构造；含钾磷矿层位较稳定，但厚度不大，品位偏低，形成一些以中、小规模为主的含钾磷块岩矿床。在陆棚浅滩环境(分布局限)，以波浪作用为主，水动力条件强，陆源碎屑物质掺合作用亦强，主要岩石以不等粒含磷细砂岩为主，间夹粉砂岩、砂屑白云岩的组合，具波状层理、微斜层理，含钾磷矿层很薄或呈磷质条带出现，一般无工业含钾磷矿存在。

洪雅—会理开阔陆棚：位于区内西部和中部，呈南北向带状分布，范围宽广，主要见于洪雅、峨边、布拖、会理等地区。该亚相带处于潮下环境，以波浪作用为主，水动力条件较强，主要岩石类型上部以细砂岩间夹粉砂岩及含磷粉砂岩为主，下部黑色粉砂岩、砂质页岩发育，无碳酸盐岩沉积，具微波状层理、波状层理、斜层理，含钾磷矿层位稳定，常见含钾磷矿砾屑、条带及薄层，局部可形成小型工业含钾磷块岩矿床。

峨眉—雷波深水陆棚：位于区内东部，主要分布于峨眉、马边、雷波、金阳南部及会东东北部等地区。区内基本处于浅海环境，水体较深，水动力条件较弱，主要岩石为黑色粉砂岩、砂质页岩组合，水平层纹发育，普遍含黄铁矿结核，局部见磷质碎屑及条带，无含钾磷矿层存在。

4)龙门山中段早寒武世岩相古地理(清平式磷矿)

分布于龙门山中段一带的长江沟组($\epsilon_1cj$)下段以含磷硅质灰岩、白云岩和磷块岩组成含磷段。由于沉积物中有粉砂及黏土等细粒陆源物质混入，使该段内岩层颜色较深，黄铁矿和有机质含量高。在磷块岩中，胶磷矿多呈砂、砾屑、鲕粒、球粒，结构成熟度普遍较高。在剖面上碳酸盐岩与磷质岩常组成规模不等的韵律结构，一般由2~3个韵律组成，含磷段最多可达10个以上。

龙门山造山带构造十分复杂，原盆地形态难以恢复。受构造破坏后残存的相带单一，且发育不全，沉积相区不易细分。龙门山断裂两边有不同的沉积环境(表1-8)。

表1-8　龙门山中段早寒武世梅树村期沉积相带划分表

| 相带名称 | 亚相带名称 | 微相带名称 |
|---|---|---|
| 龙门山碳酸盐岩滨浅海台地相 | 绵竹潮坪海湾亚相 | 潮下带微相(含磷段上部磷块岩) |
| | | 潮坪潟湖微相(含磷段下部碳质页岩) |
| 后龙门山斜坡-陆棚相 | 后龙门山陆棚磷锰泥质岩亚相 | |

断裂东侧岩层中潮汐层理较为发育，并有角度不大的板状或槽状交错层理出现，冲刷构造明显，总的反映该区水浅，近陆源，掺合作用较强，形成低品位磷块岩的潮下低能海湾环境。含磷段下部黑色薄片状碳质页岩，有机质丰富，为潮坪潟湖环境。上部灰黑色极薄层状硅质白云岩与硅质岩互层，局部含磷屑，具水平层理，为海湾潮下带环境。

后龙门山地区与长江沟组同期的地层为邱家河组，该组以泥质岩、硅质岩类为主，平武平溪、茂县土门一带，由硅质灰岩与含磷锰碳酸盐岩组成不等厚韵律层，沉积物中可见正粒序及重力滑动变形构造，表明该区属斜坡-陆棚环境。

5)米仓山地区早寒武世岩相古地理(宁强式磷矿)

川北地区含磷层为早寒武世形成的磷质岩沉积建造,上覆地层为筇竹寺组,下伏地层为灯影组上段。区域内震旦系、寒武系地层序列稳定,宽川铺段底界不易确定,与灯影组上段呈渐变过渡。参考《四川省岩石地层》(辜学正,1997)意见,可将川陕地区宽川铺段定义或恢复为灯影组顶部的岩性段,其层位与川滇地区麦地坪段、中谊村段相当,含矿性及化石特征均可对比。根据生物地层研究成果,米仓山宁强式磷矿沉积成矿时代可确定为梅树村早期。

《四川省磷矿资源潜力评价成果报告》(郭强等,2011)以《四川省磷矿成矿远景区划及资源总量预测报告》(徐无恙等,1985)命名的一系列潮坪海湾环境为主要特征的沉积相划分方案为基础,依优势相和特殊相原则,划分了本区沉积相带(表1-10)。

表1-10　米仓山地区早寒武世梅树村早期沉积相带划分表

| 相带名称 | 亚相带名称 | 微相带编号 | 微相带名称 | 岩石组合 |
|---|---|---|---|---|
| 川黔滨浅海碳酸盐台地 | 米仓山潮坪海湾 | Ⅰ | 杨坝潮间灰坪 | 沥青质灰岩夹白云岩、硅质岩 |
| | | Ⅱ | 新立潮下低能带 | 白云岩夹磷质岩、硅质岩 |

灯影组顶段沉积建造有灰岩相和白云岩相两种。杨坝一带的宽川铺段为沥青质灰岩夹白云岩、硅质岩建造,不含磷块岩,见砂屑、球粒、生物屑等颗粒结构,具潮汐层理,能量不高,并出现干裂、溶蚀空洞等暴露标志,表现出潮汐带蒸发作用强烈的特点,属潮间灰坪环境;沙滩、汇滩一带的宽川铺段为白云岩夹磷质岩、硅质岩建造,顶部有少量灰岩出现,颗粒的成熟度较高,潮汐层理发育,磷块岩矿石呈砂屑、粉砂屑结构,块状、条带状构造,品位较低,属潮下低能带环境。

6)大巴山东段早震旦世岩相古地理(荆襄式磷锰矿)

大巴山地区磷矿赋存于陡山沱组中,该组自陕西经四川大竹镇、杨家坝磷矿区,向南东进入重庆市城口县。该区陡山沱组尚未发现可鉴定的化石。根据磷锰矿产于该组顶部,并参考湖北省与重庆市磷矿资源潜力评价荆襄式磷矿的研究成果,推断荆襄式磷锰矿沉积成矿时代为陡山沱晚期。

四川省内陡山沱组出露范围为大巴山中段的一部分,因范围太小,本次岩相古地理研究大体上以四川省地质局二〇五地质队1980年《大巴山东段锰、磷矿成矿远景区划(说明书)》划分的相带为基础,依优势相和特殊相原则,重新划分了本区沉积相带(表1-9)。

表1-9　大巴山中段早震旦世陡山沱晚期沉积相带划分表

| 相带名称 | 亚相带编号 | 亚相带名称 | 微相带编号 | 微相带名称 |
|---|---|---|---|---|
| 城口深水海湾 | A | 潮间带 | | |
| | B | 潮下浅滩 | B₁ | 北部海湾浅水钙质页岩(含菱锰矿) |
| | | | B₂ | 南部海湾滞水碳质页岩(含菱锰矿) |
| | C | 潮下海湾 | C₁ | 海湾磷块岩锰白云岩 |
| | | | C₂ | 浅海白云岩-页岩-磷块岩 |

在横向上，因南沱组顶部存在众多起伏不平的上凸和下凹地貌，上覆陡山沱组厚度不一，岩相变化剧烈，磷、锰矿体延伸规模一般是几千米，不超过 10 km。当陡山沱组厚度较小，且完全为碳酸盐或泥砂质所组成时，磷锰矿一般不发育，对磷矿尤其如此，如覃家河以东及东安、康家坪等地，未见磷矿分布（A 带）。潮下浅滩亚相可分出两个微相带，北部为浅水微相，为区域上的海湾浅水钙质页岩菱锰矿带；南部为滞水微相，为高燕至修齐地区的海湾滞水碳质页岩菱锰矿带。潮下海湾亚相，在麻柳坝-杨家坝-明月与鱼鳞地区为海湾磷块岩锰白云岩微相及浅海白云岩-页岩-磷块岩微相。

### 5. 风化特征

昆阳式磷矿中有少量原生富矿及风化富矿。麦地坪段磷矿石在地表风化作用下，碳酸盐矿物流失，使矿石中 $P_2O_5$ 含量相对富集，MgO 含量降低，故川西南地区磷矿石常见有表富深贫的次生富集现象。但多数矿区地形陡峭，矿层风化带很窄，部分探槽矿石已接近原生带。具有一定规模的风化富磷矿较为少见。

什邡式磷矿为风化淋滤-沉积再造矿床。成矿过程经历了大陆成矿作用和海进沉积再造成矿两个阶段。风化淋滤-沉积再造矿床成因模式可以较好地解释本类磷矿矿石质量优、硫磷铝锶矿的形成、矿石高铁铝低硅镁等特征。翟裕生（2004）指出，从成矿作用分析，有的矿床形成是以渐进、渐变形式，如稳定大陆边缘的沉积砂矿和炎热潮湿气候下的风化壳矿床，都是在比较稳定的漫长时间内生成的。因此，什邡式磷矿的主体部分——砾屑磷块岩，亦可视为与一些铝土矿形成过程相似的古风化壳型磷矿床。什邡式泥盆纪磷块岩（及与之共生的硫磷铝锶矿）的再造富集属与外生成矿作用有关的矿床类型，尽管风化淋滤对成矿有重要影响，但其成矿过程中沉积的特点更突出，故认为矿床类型属沉积型，而未定义为古风化壳型。

# 第三节　典型矿床及成矿模式

## 一、昆阳式磷矿

### 1. 概况

川西南峨眉至会东广大地区所产昆阳式磷矿，大、中、小型矿床均占有一定比例。马边县老河坝矿床铜厂埂矿段具有一定代表性，可作为昆阳式磷矿的典型矿床。该矿区位于马边彝族自治县城南西 226°，直距 19 km。

矿床发现于 1958 年，1959 年进行矿点检查。由于交通条件差，1960～1981 年的 22

年间，区内磷矿未进行工作。为适应农肥工业发展对磷矿资源的需要，四川省地质矿产局二〇七地质队于 1982~1983 年开展了老河坝矿区初步普查，工作中，新发现南端哈罗罗及西部暴风坪两个矿段。1989 年提交铜厂埂矿段勘探地质报告。矿段共获(111b＋122b)储量 4 759.83×10⁴ t，为中-大型矿床。而老河坝矿区整体看来已达超大型规模。

目前，马边老河坝矿区每年磷矿生产能力已达 80 万~120 万吨规模，采矿业已成为地方工业主导产业之一。

### 2.矿床地质特征

#### 1)地层

铜厂埂矿段内主要为沉积岩分布区。震旦系、寒武系出露于矿段中部；奥陶系、二叠系、三叠系出露于矿段西部；第四系分布于头坝、年湾罗依觉沟谷地带。

老河坝矿区含磷段为灯影组顶段麦地坪段(Z∈ $d^m$)，厚 43.92~62.41 m，地层含矿性研究较详，描述如下。

筇竹寺组第一段(∈ $q^1$)：　　　　　　　　　　　　　　　　　　　　　　　106.50 m

　　　底部 0.5~1.5 m 为黑色薄板状碳质水云母黏土岩，含黄铁矿结核及斑点。与下伏地层接触面凹凸不平，波状起伏，普遍见铁质黏土及褐铁矿风化壳。下部深灰色薄至中层状泥质长石粉砂岩；中部灰至深灰色中层夹薄层泥质长石石英粉砂岩，含大量云母片及黄铁矿晶粒；上部为灰色中层状泥质长石石英粉砂岩，含钙质及黄铁矿结核，均具水平层理

················ 平行不整合 ················

灯影组麦地坪段第二亚段(Z∈ $d^{m-2}$)：　　　　　　　　　　　　　　　19.94~36.58 m

　　　深灰色中层状泥质粉晶瘤状含磷灰岩，含大量磷屑及小壳动物化石，其下部偶夹透镜状生物碎屑磷块岩。以具瘤状构造为特征。底部为浅灰色厚层状砾屑粉晶含磷白云岩。砾屑成分为磷质、硅质及白云质，呈次棱角状，粒径一般为 0.2~0.5 cm，个别可达 3 cm，具波状层理及递变韵律层理，底部常见冲刷现象。产小壳化石：*Cirotheca longiconia* Qian，*Turcutheca lubrica* Qian，*Conotheca mammilata* Miss

灯影组麦地坪段第一亚段(Z∈ $d^{m-1}$)：　　　　　　　　　　　　　　　18.69~28.32 m

　　　深灰色至黑灰色砂屑磷块岩夹灰色中层状含磷白云岩及一层含磷水云母黏土岩。其中，Ⅰ 矿层为区内主矿层，呈稳定的层状产出；沿走向矿层厚度为南部较厚、北部较薄，且大致呈渐变关系，其两极值为 6.32~14.04 m；沿倾向方向矿层厚度变化甚小。Ⅱ 矿层亦呈层状产出，但厚度变化较大，并向南逐渐尖灭。具微波状层理、平行层理、波状层理，韵律层理及冲刷现象，在 TC30 号探槽以南，底部为含磷白云岩；以北为白云岩夹粉砂岩薄层。产小壳化石：*Anabrites trisulcatus* Miss，*Circotheca longiconica* Qian，*Hyolithellus venus* Miss，*Bocircotheca subcurvata*(Yu)

——— 整合 ———

灯影组第四段($Z \in d^4$)： 148.32 m

　　灰至浅灰色厚至中层状泥晶白云岩与细晶白云岩互层，间夹断续燧石条带。上部及近底部微含磷屑。上部白云岩中含星散状铅锌矿及囊状铅锌矿体。底部深灰色薄层状白云质灰岩，与灯影组第三段白云岩呈整合接触。

2）构造

矿床所在大地构造单元属上扬子古陆块扬子陆块南部碳酸盐台地。矿层露头线近南北向分布于矿区东侧，蜿蜒曲折，延长达 2 130 m。矿段中部地质构造简单（图 1-4），矿层呈单斜形态。

矿区内矿层连续稳定，呈缓倾斜西倾（图 1-5），倾角 $10°\sim24°$，矿层底板等高线舒缓、局部呈波状产出。除南东侧边缘有三条张性断裂错切矿层外，区内断层稀少。

3）矿体特征

含矿层位与云南省昆阳磷矿相当，磷矿呈稳定层状产出，矿层总厚 14.29 m。矿层表现为双层结构，分上（Ⅱ）、下（Ⅰ）两层。

Ⅰ矿层结构较复杂，矿层厚度大，变化小，为区内主要矿层；Ⅰ矿层平均厚度 10.82 m，其中下矿层中 $I_{-2}$ 分矿层为富磷矿，稳定，平均厚 2.00 m；在东部边缘 $F_3$、$F_4$、$F_5$ 断层分割矿层，但不影响矿体整体形态。

Ⅱ矿层结构单一，在Ⅴ号勘探线以南逐渐尖灭，向北延伸进入二坝矿段；Ⅱ矿层分布范围，恰好是Ⅰ矿层厚度变薄的范围，平均厚度 13.53 m。

4）矿石特征

矿石自然类型分为 5 类：致密块状矿石、豆荚状块状矿石、条纹条带状矿石、多孔状矿石、粉状矿石。脉石矿物中硅酸盐类矿物占 $33.40\%$，碳酸盐类矿物占 $66.60\%$。矿石工业类型属混合型磷块岩矿。

矿石中的磷酸盐矿物为超微晶至细晶的氟磷灰石和微含碳的氟磷灰石，此外，还偶见少量银星石。脉石矿物以白云石为主，次为石英、玉髓及碳质等。

矿石结构常见有砂屑、砂屑凝胶及砂屑粉至细晶结构三种类型。矿石构造主要有致密块状构造、豆荚状构造、条纹条带状构造、多孔状构造及粉状构造。多孔状构造及粉状构造属风化形成的构造。

矿石质量较好，全矿层 $w(P_2O_5)$ 平均 $24.23\%$，其中富磷矿 $w(P_2O_5)$ 为 $31.67\%$。矿石除含镁较高外，铁、铝杂质含量较低，$w(Fe_2O_3+Al_2O_3)$ 含量一般为 $2\%$ 左右；大量试验研究表明，矿石属较易选矿石。

磷矿风化带在反坡向宽度一般为 $10\sim50$ m，顺坡向局部可达 $200\sim430$ m。

3.矿床成因及成矿模式

梅树村期为我国重要的成磷期，该时期磷矿分布区构成我国最大的磷矿成矿带。川滇地区麦地坪段(四川)或中谊村段(云南)由白云岩、磷块岩、硅质岩及黏土岩组成,含较多具有磷质外壳的小壳化石,属上扬子浅海海湾环境。铜厂埂磷矿属与外生成矿作用有关的矿床类型,沉积成因特点显著。矿床形成的地质环境为扬子陆块边缘、海湾潮坪。

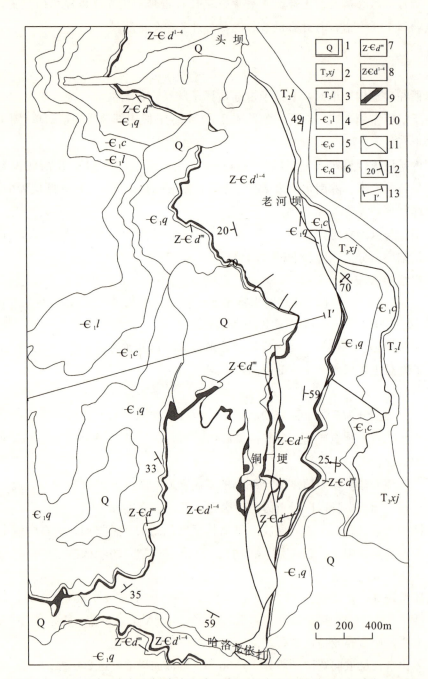

图 1-4　马边县老河坝铜厂埂磷矿地质图(据四川省地矿局二○七地质队,1989)

1. 第四系;2. 上三叠统须家河组;3. 中三叠统雷口坡组;4. 下寒武统龙王庙组;5. 下寒武统沧浪铺组;
6. 下寒武统筇竹寺组;7. 震旦—寒武系灯影组麦地坪段;8. 震旦—寒武系灯影组 1.4 段;9. 磷矿层;
10. 断层;11. 地层界线;12. 地层产状;13. 剖面及编号

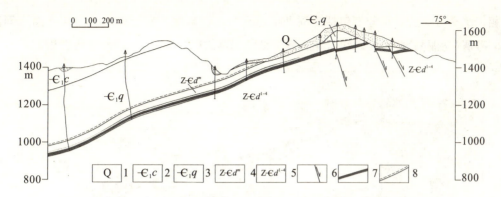

图 1-5 马边县铜厂埂磷矿 I-I′线剖面图(据四川省地矿局二〇七地质队，1989)

1. 第四系；2. 下寒武统沧浪铺组；3. 下寒武统筇竹寺组；4. 震旦—寒武系灯影组麦地坪段；
5. 震旦—寒武系灯影组 1.4 段；6. 断层；7. 磷矿层；8. 平行不整合地层界线

    该区处于南北纬 18°之间的低纬度热带信风区，海侵与上升洋流作用较频繁。磷块岩与白云岩密切共生，已表明它们是低纬度半干旱气候的产物。本类磷矿成矿作用主要是生物、生物-化学沉积作用和机械沉积作用。生物成磷作用包括菌藻生物直接吸引、贮存、堆积磷酸盐矿物的成矿作用和间接参与的成矿作用两个方面(曾允孚等，1993)。

    据对老河坝磷矿床的地质研究，富磷矿是由菌藻生物形成的藻包粒、藻团粒、藻礁磷块岩，因菌藻生物的存在，改变了水介质化学条件，使 $CO_2$ 浓度降低，pH 升高，加速了磷酸盐的沉淀(四川省地质矿产局二〇七地质队，1989)。早寒武世早期，川西南海湾潮坪三面局限，仅东南方向开阔，与广海相通的有利环境，洋盆中富含磷酸盐的深层海水随上升洋流不断地从东南方向涌进，在宽广开阔的浅水地带聚沉下来，后经盆内成屑改造，聚集形成磷块岩。

    在沉积盆地内，因南北向的古断裂和东西向古隆起构造的控制作用，导致沉积相上的东西分带和南北分区。沉积相带的展布特点为南北延伸，自中心向东、北、西三面，由潮下海湾逐渐过渡为潮下浅滩、潮间砂坪、潮上泥坪，呈较对称的环带状分布。在此东西分带的背景下，由于存在石棉—峨边、普格—金阳，会理通安等东西向的潮上高地，将沉积区分隔成次一级的高地-低地、隆起-凹陷相间的若干分区，一般凹陷部位形成同沉积盆地，如马边聚磷盆地、雷波聚磷盆地等，工业磷矿床都形成于此，而隆起部位则为沉积薄化区，很少形成工业磷矿床。

    磷质在沉积-成岩阶段，经机械作用而颗粒化，按机械沉积的规律重新汇聚成矿。聚磷环境(潮间-潮下海湾等)严格受古构造的控制，四川早寒武世梅树村早期主要聚磷环境是川西南海湾潮坪。磷矿沉积汇聚过程中掺合作用较强，掺合物以碳酸盐类为主。生物的生活作用及改造环境，提高了环境中的 pH，促使磷质的沉淀，创造有利于磷酸盐沉积的物理化学条件。

    在典型矿床模式图(图 1-6)中，横向上自西向东，古地理分为康滇古岛链和川西南海湾潮坪，其中海湾潮坪相又可划分为潮上泥坪、潮间带、潮下高能带、潮下低能带 4 个亚相。水平方向的微相分带包括：潮上带白云岩相、潮间坪白云质磷块岩相、潮下间隙高能砂屑（含泥晶）藻包粒磷块岩相、潮下低能藻球粒磷块岩细-粉砂屑磷块岩相。

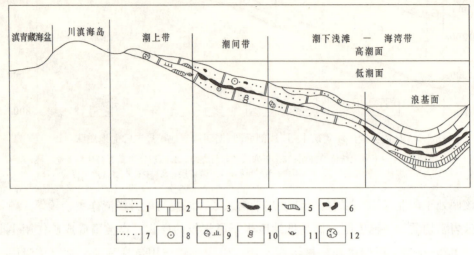

图 1-6　昆阳式磷矿典型矿床成矿模式图

1. 粉砂岩；2. 白云岩；3. 石灰岩；4. 磷块岩；5. 硅质岩；6. 砾屑；7. 砂屑；
8. 鲕粒；9. 藻屑、藻砂屑；10. 生物屑；11. 鸟眼构造；12. 晶洞

## 二、什邡式磷矿

### 1. 概况

什邡式磷矿是产于上泥盆统底部的海陆过渡相沉积磷块岩矿床，因首先在什邡县境内发现，故以此命名。其中，什邡市马槽滩矿区于 20 世纪五六十年代由四川省地质局温江队（后改为一〇一队）根据有关线索证实并进行了勘查，提交了马槽滩等矿区勘探报告。1979 年，四川省化工厅指示四川省化工地质队在外围寻找接替资源，对马槽滩矿区东侧兰家坪一带先后进行普查和详细勘探；1995 年完成勘探地质报告，工作程度高；从查明的磷矿石资源储量来看，硫磷铝锶矿与磷块岩均达到中型规模。

典型矿床兰家坪矿段属于硫磷铝锶矿与磷块岩两种磷矿体的共生矿床。该矿段位于绵竹市金花镇北西 11 km、什邡市区北西 35 km，靠近绵竹、什邡交界的石亭江。兰家坪矿段以东侧的 $F_{107}$ 断层为边界，与马槽滩河东矿段毗邻。兰家坪矿段南北长 3 000 m，东西宽 1 700 m，面积 3.25 km²。兰家坪矿段为金河磷矿接替矿山，于 1988 年初开始筹建，1991 年由化工部化学矿山设计研究院完成矿山设计，设计生产能力为 50 万吨/年。矿山投产以来一直是四川省磷矿生产主力矿山之一。汶川大地震前，川西龙门山中段磷矿产量占全省总产量的 95%，震后岳家山等矿区受损严重，但兰家坪分矿很快恢复了生产。

2.矿床地质特征

1)地层

兰家坪矿段内石炭纪(总长沟组)地层缺失，出露有震旦纪、泥盆纪、二叠纪、三叠纪地层(图1-7)，近矿地层沙窝子组划分出段、层。地层由新至老组成如下。

资阳组(Qz)，主要为残坡积和冲洪积层。

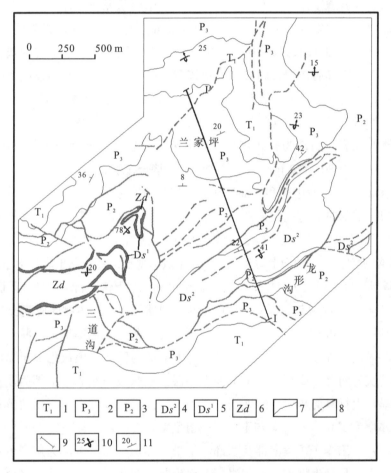

图1-7 绵竹市马槽滩磷矿区兰家坪矿段地质图

1. 下三叠统；2. 上二叠统；3. 中二叠统；4. 上泥盆统沙窝子组上段；
5. 上泥盆统沙窝子组下段(含磷段)；6. 上震旦统灯影组；7. 地层界线；
8. 实(推)测断层线；9. 剖面位置；10. 倒转地层产状；11. 正常地层产状

须家河组(Txj)：出露于矿段南部边缘龙形沟—汉旺断层以南，为金花推覆体内地层；仅见下部部分层位，其岩性以灰、黑灰色中厚至厚层状粉砂岩、泥灰岩为主，间夹薄层钙质页岩。参考新的区调资料，须家河组底部地层已分出，称马鞍塘组(厚20～40 m)，与下伏天井山组呈平行不整合接触，未见顶。

天井山组(Ttj)：出露于矿段南部边缘龙形沟—汉旺断层以南。黑色中厚层状夹薄层微晶生物碎屑灰岩，间夹钙质页岩。厚度小于 15 m，与下伏雷口坡组为整合接触。

雷口坡组(T$l$)：仅见于矿段南西边缘龙形沟—汉旺断层以南。为浅灰色、灰色厚层至块状微晶白云岩。底部夹泥质白云岩；中部夹绿灰色钙质页岩。厚度小于 230 m，与下伏嘉陵江组为整合接触。

飞仙关组与嘉陵江组(T$f$-$j$)：矿段内无明显划分标志，故将两组合并。下部以紫红、绿灰色薄层、中厚层状含凝灰质粉砂岩，细砂岩，黏土岩互层为主，间夹浅灰色薄层状泥灰岩及白云质灰岩透镜体。上部以浅灰色薄至中厚层状泥灰岩、白云质灰岩为主，间夹凝灰质粉砂岩、细砂岩及黏土岩。厚度小于 270 m，与下伏吴家坪组为整合接触。

吴家坪组(P$w$)：旧称长兴组(P$_2c$)，主要出露于矿段北部。下部为深灰色薄层至厚层状微至细晶含生物碎屑灰岩，间夹黑色透镜状、结核状、瘤状及不连续条带状燧石及薄层石英长石粉砂岩和细砂岩。底部常见厚约 10 cm 的黑色、黄褐色黏土岩。中部为灰、深灰色厚层至块状微晶灰岩，含零星燧石团块及结核，间夹灰黑色页岩。上部为浅灰色薄层状微至细晶灰岩，局部为鲕状灰岩，偶夹钙质页岩。顶部为浅灰色块状微晶灰岩，局部含泥质。厚度为 80~120 m，与下伏龙潭组呈整合接触。

龙潭组(P$lt$)：在矿段中部和北部呈环形条带分布。主要由猪肝色致密块状含铁高岭石黏土岩组成。上部时见透镜状菱铁矿、煤线或劣质薄煤层，常见灰色含铁质鲕状水铝石黏土岩，局部可见豆状铝土矿透镜体，经化学分析 $w$(Al$_2$O$_3$)49.62%、$w$(SiO$_2$)14.40%。在阳新组灰岩侵蚀面上时有风化淋滤形成的薄层高岭石黏土岩。本组层位、岩性均较稳定，局部厚度变薄，为良好标志层。厚 4~6 m，与下伏阳新组呈平行不整合接触。

阳新组(P$y$)：下部为灰、深灰色中厚层状至块状微至细晶生物碎屑灰岩夹 2~3 层燧石灰岩(单层厚 0.2~0.3 m)及鲕状灰岩。中下部为浅灰、灰色厚层至块状微晶生物碎屑灰岩。局部略显浅黄等色。缝合线构造发育。中上部为深灰、黑灰色中至厚层状微至细晶含生物碎屑灰岩间夹钙质页岩。中上部夹厚层至块状燧石灰岩。上部为浅灰、灰色厚层至块状微晶含生物碎屑灰岩，间夹浅灰色黏土岩薄层，局部含燧石团块及条带，含有孔虫化石。厚度为 150~190 m，与下伏梁山组呈整合接触。

梁山组(P$l$)：出露于矿段南部及西部，呈带状环形分布。下部为灰黑色页片状碳质水云母黏土岩夹微晶含生物碎屑泥灰岩；上部为灰、深灰色中厚层状微晶含生物碎屑泥灰岩夹黏土岩。层位、岩性稳定，为主要标志层之一，含有孔虫化石。厚度为 8~10 m，与下伏沙窝子组呈平行不整合接触。

沙窝子组(D$s$)上段(白云岩段，D$s^2$)：地表仅出露于矿段南部，结合钻孔资料按颜色、结构构造及泥质含量，可分为四个岩性层(亚段)。厚度变化大，总厚 52.07~389.41 m，一般为 110~150 m。

d 层(D$s^{2d}$)：以灰、浅灰色中厚层状微至细晶白云岩为主，夹浅灰色中厚层状隐晶至微晶硅质白云岩，上部夹中晶白云岩、内碎屑白云岩及泥质白云岩。岩石中常见黑色硅质及有机质线纹。厚度为 21.34~184.97 m，一般为 50~90 m。

c 层（Ds$^{2c}$）：为灰、浅灰、浅蓝灰色薄至厚层状细晶白云岩，间夹浅蓝灰色、灰白色薄层状、条带状或不规则状黏土岩及褐色泥质白云岩。局部夹硅质白云岩、内碎屑白云岩。该层颜色杂，但与上、下分层均呈过渡关系，界线难以准确划定。厚度变化大，为 13.72~168.42 m，一般为 30~50 m。

b 层（Ds$^{2b}$）：岩性以灰、深灰色厚层状微至细晶白云岩为主，夹浅灰色中厚层状中晶白云岩。下部常见内碎屑白云岩。层位较稳定，厚度变化较大，为 2.79~43.45 m，一般为 15~30 m。

a 层（Ds$^{2a}$）：为含磷层直接顶板。岩性为灰、深灰色中至厚层状细至中晶白云岩，局部见生物碎屑，具缝合线构造。断口呈砂状，俗称"砂状白云岩"。其层位稳定，岩性、厚度变化小，是良好的见矿标志层，与下伏含磷层界线清晰。含腕足类化石。厚 0.50~8.11 m，一般为 1~3 m。

沙窝子组（Ds）下段（含磷段，Ds$^1$）：地表未出露。钻孔揭示由磷块岩、硫磷铝锶矿、含磷黏土岩及含磷碳质水云母黏土岩组成。厚度 0.02~36.78 m，一般为 6~10 m，与下伏灯影组呈嵌入式平行不整合接触。

灯影组（Zd）：隐伏于背斜核部。钻孔揭示为灰白、浅灰色中厚层至块状隐晶藻白云岩、凝块状白云岩，局部见内碎屑白云岩。具"花斑"构造，俗称"花斑状"白云岩。偶见星点状黄铁矿及黑色硅质线纹。顶部时有黑灰色磷块岩或含磷黏土岩充填，顶界岩溶侵蚀面凹凸不平。厚度大于 200 m。

2)构造

构造单元属于上扬子古陆块龙门山基底逆推带，区域内褶皱、断裂发育。该带中段的大水闸推覆体主体构造呈一背斜形态，称大水闸（复式）背斜，什邡式磷矿分布于背斜南东翼、北西翼及北东倾没端。

大水闸复背斜为向北东倾伏的复式背斜，核部为彭灌杂岩，四川省地质矿产局化探队在残余捕房体黄水河群中共获取 K-Ar 法年龄样 9 件，同位素年龄为 928~908 Ma，应是其受变质年龄，属晋宁期；于花岗岩中获得 Rb-Sr 同位素年龄值为 714~676 Ma，说明为跨南华纪—震旦纪的侵入岩体，属澄江期（四川省地质矿产局化探队，1995）。翼部由新元古界（震旦系）—上古生界—中生界（三叠系）地层构成，缺失寒武系、奥陶系和志留系，反映出该构造为长期的隆起区。背斜北西翼总体倾向北西，南东翼总体倾向南东，两翼地层倾角一般为 40°~70°，较陡。背斜枢纽线长度大于 35 km，在板棚子以东倾没。轴面倾向 305°，倾角 60°。常形成以紧密倒转褶曲为主的次级褶皱，局部有宽缓圆弧形褶皱。次级褶皱枢纽蜿蜒交错，交叉合并，具有多序级和形态不协调的特点。由于断裂破坏，褶皱一般残缺不全，保存较好的有：南东翼马槽滩、兰家坪、四坪、王家坪、南天门等倒转背斜，过街楼-唐家山向斜等。北川—映秀深断裂带（龙门山中央断裂），为大水闸推覆体南东边界断裂，在金河、纸厂沟被龙形沟—汉旺断层错切并平移，平移距离约 5 km。九顶山大断裂，为大水闸推覆体北部边界断裂。龙形沟—汉旺断层（区域性断层），为大水闸推覆体(南部)、金花推覆体(西部)边界断裂。西起金河磷矿,向东经龙形沟至汉旺的上寺,东缘被第四系掩盖,长约 17 km。断层走向近东西,断面波状起伏,西段倾向北北西,倾角 45°~60°,中段倾向北,倾角 25°~35°,东段倾向北北西,倾角 30°~45°,主断面两侧揉皱及破碎现象明显。

矿段内已发现断裂 27 条,其中纵断层 19 条,横断层 3 条,未编号小断层 5 条。对矿层有不同程度破坏的断层 9 条。断层多发育于矿段南部倒转背斜的反翼和中部倒转背斜的正翼。以纵向断层为主,次为横向断层以及"铲状"断层。

兰家坪矿段属隐伏磷矿床,构造复杂,原矿段地质图借用紧邻的河东矿段含磷段露头线,替代表示了区域内地表矿体的存在。本矿段未见矿体露头,含磷段地层向东延入矿段后,由于 $F_{107}$ 断层切割下降而深埋地下。含磷段地层作为兰家坪短轴倒转背斜的包络面,其形态、产状严格受其制约(图 1-8、图 1-9),并随其变化,与上下围岩同步。含磷层在矿段内沿走向延长 1 600 m 以上。

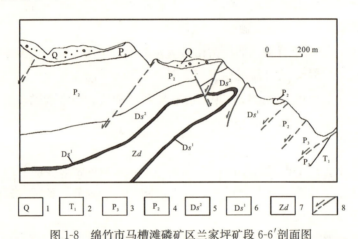

图 1-8　绵竹市马槽滩磷矿区兰家坪矿段 6-6′剖面图

1. 第四系;2. 下三叠统;3. 上二叠统;4. 中二叠统;5. 上泥盆统沙窝子组上段;
6. 上泥盆统沙窝子组下段(含磷段);7. 上震旦统灯影组;8. 断层

西段和中段呈北东东(80°左右)向展布,东段向正北方向急剧偏转。沿倾向由于所处标高不同,正、反两翼有所差异:正翼延伸 600~1 400 m。总的倾向北西,倾角 15°~30°,局部大于 40°,东部由于次级"鼻状"隆起,两侧拗陷,致使形态复杂化,东西两侧分别倾向正东和正西,倾角最大达 73°,反翼沿倾向控制长度 440~610 m。倾向北西,倾角 30°~40°,东段局部大于 55°。

### 3)矿体特征

矿段内为沉积岩区,主要出露三叠系、二叠系和泥盆系地层,而震旦系及磷矿层隐藏于地下。矿段地表未见含磷地层,仅在毗邻的河东矿段三道沟两侧有所出露。受倒转背斜控制,隐伏矿床正翼缓、反翼陡,并形成正反两层矿,均有一定规模,其中正层矿形态较为复杂。

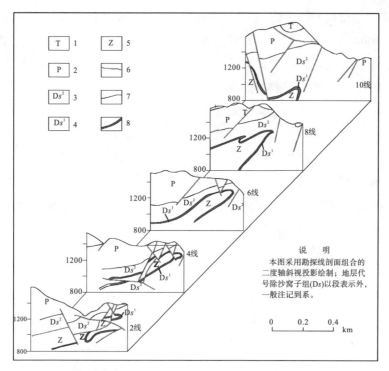

图 1-9 兰家坪矿段地质构造立体图

1. 下三叠统；2. 二叠系中上统；3. 上泥盆统沙窝子组上段；4. 上泥盆统沙窝子组下段（含磷段）；
5. 上震旦统灯影组；6. 断层；7. 地层界线；8. 磷矿层

磷矿赋存于上泥盆统沙窝子组下段（含磷段）。矿床中含磷段厚 0.02～36.78 m，平均为 8.2 m。厚度小于 1 m 的薄化点 2 处，薄化区 3 处（最大者在反翼，长 350 m，宽 120～140 m）。磷块岩位于含磷段底部。层位稳定，呈层状-似层状产出。厚度受底板古岩溶侵蚀面起伏控制，变化较大。局部形成薄化尖灭区。磷块岩常与硫磷铝锶矿或含磷黏土岩渐变过渡而形成磷块岩的过渡类型。硫磷铝锶矿位于含磷层中上部，一般赋存在磷块岩之上，时夹石出现在磷块岩或含磷黏土岩之中，层位较固定，呈似层状-透镜状产出。主要为致密状硫磷铝锶矿，其次为豆状、团絮状或砾屑状硫磷铝锶矿，常与含磷黏土岩过渡形成黏土质硫磷铝锶矿。

4）矿石特征

矿石自然类型包括两类。

磷块岩类：角砾状磷块岩、致密状磷块岩、硫磷铝锶矿磷块岩、黏土质磷块岩、硅质磷块岩。

硫磷铝锶矿类：硫磷铝锶矿、磷灰石硫磷铝锶矿、黏土质硫磷铝锶矿。

对照《磷矿地质勘查规范》（中华人民共和国国土资源部，2003），兰家坪矿段磷矿石工业类型可分为磷块岩矿和硫磷铝锶矿两大类。磷块岩矿平均品位较高，属加工级硅质及硅酸盐型磷块岩矿，基本可认为是富矿；硫磷铝锶矿属磷矿石新类型（铝磷酸盐矿石）。

磷块岩矿石主要磷矿物为隐-显微晶质磷灰石。硫磷铝锶矿矿石的主要磷矿物为硫磷铝锶矿,具 5 种结晶形态:粒状、片状、板状、菱形、三方柱状(王素纨,1989)。磷块岩和硫磷铝锶矿的过渡类型,主要磷矿物也互相过渡。磷块岩和硫磷铝锶矿两种矿石脉石矿物大体相似,主要脉石矿物有高岭石、水云母、黄铁矿、白云石、有机质,次要脉石矿物有方解石、三水铝石、玉髓、硬石膏等。

角砾状结构为磷块岩的主要结构类型。角砾主要由胶磷矿和晶质碳氟磷灰石组成。砂屑砾屑结构和显微晶质结构为磷块岩次要结构类型。磷块岩层理不明显,主要为块状构造、角砾-团块状构造,偶见显微层状构造。

团絮状结构、豆状结构为硫磷铝锶矿典型结构之一。其他尚有粉屑砂屑结构、显微晶质结构、交代结构。硫磷铝锶矿主要为块状构造、层状构造,有时见微层状构造。

全矿段磷块岩平均品位,酸溶 $w(P_2O_5)$ 达 29.37%。

全矿段硫磷铝锶矿平均品位,碱溶 $w(TP_2O_5)$ 达 19.13%。

伴生及微量元素特征:磷块岩矿石主要伴生有益组分为碘、氟,均具有综合利用价值。磷块岩中 Sr、Ti 含量较高,一般都在 0.1% 以上。硫磷铝锶矿矿石中伴生有益组分主要有 SrO、$RE_2O_3$。SrO 含量为 4.10%~10.62%,以硫磷铝锶矿形式出现。稀土氧化物 $RE_2O_3$ 含量为 0.13~0.29%,以离子吸附形式赋存于黏土矿物中。硫磷铝锶矿中微量元素有 Ti、Ba、U、B、Zr、La、Th、Ta、Mn、Y、Ce、Li 等,这些元素含量一般为 0.01%~1%。它们少部分以类质同象方式进入矿物,而大部分则是随陆源碎屑物及黏土矿物带入矿石之中。

### 3.矿床成因及成矿模式

兰家坪矿段矿床类型属什邡式泥盆纪磷块岩矿床,为硫磷铝锶矿与磷块岩两种磷矿体的共生矿床。什邡式磷矿矿物组成具有铝磷酸盐、黏土矿物(水云母、高岭石)含量高,白云石、方解石极少的特征。这表明它的成矿过程较为独特。据统计,在含磷建造中,仅底部砾屑磷块岩中含少量白云石、方解石,向上黏土矿物逐渐增多,形成有含磷碳质水云母黏土岩和高岭石黏土岩。黄铁矿则是磷质岩建造中常见的一种自生矿物。

刘秀清、刘建生(1989)讨论了硫磷铝锶矿的成因,认为硫磷铝锶矿与胶磷矿一样,在矿物成分、组构、形态与产出特征等方面,均有许多相似之处。它们具有生物、胶体化学沉积成矿特点;形态具有藻类生物特征,组分多含有有机质、黏土质、钙质等,均为一种多组分的矿物集合体;产出于一定的地质层位,呈层状或似层状。在同一层位中见有火山碎屑、玻璃和成岩成矿的晚期气液活动(见有似层状、脉状的黄铁矿化)等特点。

岩溶地区磷矿的成岩作用使高品位的矿体堆积于溶蚀凹地,大面积覆盖于白云岩古侵蚀面上。岩溶凹地不但便于磷酸盐的堆积,而且保护磷酸盐矿体不受后来剥蚀。凹地内基本地貌形态的发展变化,主要受盆缘断裂的控制。低序次断裂系统使地貌形态复杂化,影响着岩溶系统的发育方向和强度,从而控制矿体薄化、尖灭和再现的产出特征。

　　什邡式磷矿成矿过程较长，从早寒武世末至晚泥盆世初，时间跨度达 1.28 亿年。矿床成矿作用，是以渐进、渐变形式，如稳定大陆边缘的沉积砂矿和炎热潮湿气候下的风化壳矿床，是在比较稳定的漫长时间内生成的。含磷段（$Ds^1$）与下伏灯影组呈嵌入式平行不整合接触，该组顶部推断由白云岩、磷块岩、硅质岩及黏土岩组成，为什邡式磷矿的矿源层。结合李学仁等（1984）研究成果，在寒武纪早期矿源层形成阶段后，什邡式磷矿成矿过程还经历了大陆成矿作用和海进沉积再造成矿两个阶段（图 1-10）。

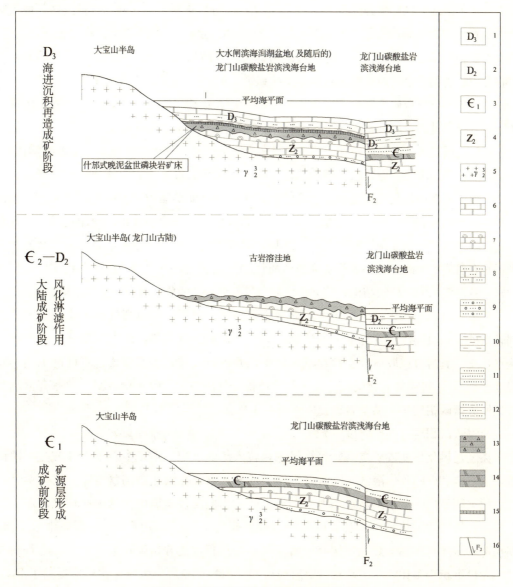

图 1-10　什邡式磷矿典型矿床成矿模式图

1. 上泥盆统；2. 中泥盆统；3. 下寒武统；4. 上震旦统；5. 澄江期花岗岩；6. 白云岩；
7. 花斑状白云岩；8. 砂状白云岩；9. 含砾砂岩；10. 黏土岩；11. 细砂岩；12. 粉砂质黏土岩；
13. （角砾状）砂屑磷块岩；14. 球粒状磷块岩；15. 硫磷铝锶矿；16. 北川—映秀深断裂带

1)大陆成矿作用阶段

该阶段随着风化剥蚀作用的进行，灯影组上部与下寒武统含磷地层在风化作用下分解，活动组分被带走，游离出 Ca、Mg 盐基，在表生环境使溶液呈碱性和产生中和反应，这样又加剧了 $SiO_2$ 从矿源层中分解，碱性条件逐渐为酸性条件所代替。从磷质岩建造剖面中保存的标型黏土矿物水云母、蒙脱石以及高岭石、水铝石可印证此认识。因此，古风化壳化学风化作用主要是早、中期阶段，即水云母型阶段和高岭石-水铝石阶段。不同时期，风化作用进行到某一阶段为止，使去硅去碱的强弱程度不同，$SiO_2$ 转入溶液有多有少，残留的磷块岩破碎角砾以及 Al、Fe 等不活动组分聚集到岩溶洼地，并被改造，成为富含磷灰石的地表喀斯特的黏土矿体。随着风化分异的继续，老的风化堆积物被破坏或搬运，磷灰石矿物一部分淋失掉，另一部分破碎角砾又转入新的堆积物，然后为细分散的磷灰石矿物黏土矿物的混合物所胶结。这样，多次破碎、胶结，形成磷块岩的角砾状构造，并往往使磷块岩角砾形成砾中有砾大小混杂的包容结构。每破碎胶结一次，就在磷块岩角砾周围形成水云母薄膜，经孙枢等(1966，1973)研究认为，磷块岩角砾至少经过三次以上的破碎胶结，主要是风化分异阶段完成的。经过多次淋滤改造，加上含矿地下水溶液叠加作用，使非磷酸盐基质淋失，而残余的磷酸盐形成高品位磷块岩堆积于岩溶洼地、洞穴或溶蚀裂隙中，形成复杂的长巢状、囊状、透镜状，并连接为厚度膨缩的层状矿体，较大面积地覆盖在喀斯特白云岩上。在矿层底部见有白云岩和磷块岩角砾混杂堆积的崩塌角砾岩。残余磷酸盐溶液在风化剖面中迁移、交代和富集，形成泥晶磷块岩。由于结晶的磷酸盐矿物抑制了对有机质的吸附，因而矿石常为色浅质优的白色磷块岩。这种"白矿"往往结晶程度良好，具再沉积的对梳状结构，部分"白矿"具藻白云岩假象，见有藻生物结构。

在表生成矿过程中，地形起伏的影响非常显著。它不仅使较高处的风化产物被转移到较低处，而且还决定着地下水的活动、河流的切割、流向等，相当一部分风化产物呈悬浮状态、真溶液或胶体状态存在于水体中，并进行迁移，因而磷块岩不可避免地不同程度遭到 $SiO_2$ 溶液的硅化交代。在一些地势低洼处硫酸盐、磷酸盐、Al、Sr 等元素局部富集形成硫磷铝锶矿和黏土岩透镜体，封存于砾屑磷块岩层中。

2)海进沉积再造成矿阶段

在经过风化淋滤成矿之后，海水侵进，转入新的沉积环境；主要带来磷酸盐、铁铝氧化物、锶和硅的胶体溶液，同时海水提供成矿元素，在淡化潟湖盆地发生以化学沉积为主的沉积作用，由于湖盆水动力微弱，水介质为弱酸性至弱碱性的还原环境，形成黏土质磷块岩、微层状磷块岩和含磷灰石角砾的硫磷铝锶矿。由于气候潮湿，雨量充沛，湖水进一步淡化且逐渐酸化，从而中断了磷块岩沉积，遂开始硫磷铝锶矿和高岭石黏土岩的大量沉积。多孔状和角砾状磷块岩被新的沉积物覆盖后产生压实作用，提高了 $P_2O_5$ 含量。随着矿层逐渐和底水隔绝，海水转为孔隙水状态，水体中携带的 $P_2O_5$、Fe、Al、$SiO_2$ 和分散元素，充填、沉淀在砾间被和隙间，使矿石增加了外来组分，产生进一步改造作用。有的地区如岳家山、黑沟等磷质溶液强烈地叠加在磷块岩矿石上，提高了矿石质量；在结构上出现多世代的胶结物；$SiO_2$溶液对磷块岩的硅化作用是磷块岩矿石在沉积再造阶段最为重要的交代现象，形成硅化磷块岩或含磷硅质岩。硅化在平面分布上主要出现在中部的黑沟和北部的麦棚子以及大槽梁子等地；从剖面上看，主要出现在矿层上部，强烈者可以使全层磷块岩硅化；在走向上，含磷硅质岩可以替代硫磷铝锶矿的位置，或者伏于硫磷铝锶矿之下，或产于其中，呈透镜状豆荚状。其产出状态的复杂性，反映了交代作用的多期性。硅化结果使矿石贫化，因而显著地降低了矿石 $P_2O_5$ 含量。矿石在成岩期后逐渐固化，不断压缩，软硬不均的角砾发生压溶，造成相互挤嵌的现象，而不是内碎屑的塑性变形。

硫磷铝锶矿的主要成矿期是在磷块岩之后，其成因系化学沉积。磷、铝主要来自蚀源区，锶是 $CaCO_3$ 中常见的混入组分，可能相当多是来自大陆，主要从震旦系—寒武系磷块岩、碳酸盐中摄取。

大陆环境形成的角砾状磷块岩的叠加改造作用产生两种效应，叠加磷质为主则发生矿体富化的正效应，进一步提高磷块岩矿石质量；叠加二氧化硅溶液的交代作用，则发生磷块岩矿石贫化的负效应。

## 三、汉源式磷矿

### 1. 概况

汉源甘洛地区磷矿发现于 20 世纪 50 年代中期，通过研究，1970 年被定名为"含钾磷矿"。典型矿床水桶沟矿区，位于汉源(新县城)北东 68°，直距 9.5 km。矿区面积 9.5 km²，沟谷发育，地形深切，最低海拔为 1 400 m(远高于下游的大渡河瀑布沟水电站正常蓄水位 850 m)，最高海拔为 2 462 m。20 世纪 80 年代矿区内磷矿露头多被当地剥离开采，供乐山、眉山等地磷肥厂制钙镁磷钾肥使用。汉源县的乡镇企业曾在市荣、椅子山、水桶沟进行小型开采，年产达 15 万吨，其中以水桶沟矿区开采最盛，由地表转入地下进行过半机械化开采，年产磷矿石量曾经达 5 万吨左右。

四川省地质矿产局二〇七地质队 1979～1982 年开展了矿区普查和详查评价，除加强地表揭露外，还施工钻孔 15 个，对矿体延深进行控制。共提交 II、III 级品矿石资源储量(B+C+D 级)10 133.3×10⁴ t。

汉源式磷矿属磷、钾复合矿石，品位较低，但矿石中含有高达 5%～7% 的 $K_2O$。磷矿石中的钾可用于制造钾磷复合肥料。

### 2. 矿床地质特征

#### 1)地层

水桶沟矿区岩石地层单位包括：第四系全新统(未建组)；二叠系阳新组，梁山组；

志留系—奥陶系大箐组，巧家组，红石崖组；奥陶系—寒武系娄山关组，西王庙组，沧浪铺组，石龙洞组，筇竹寺组；寒武系—震旦系灯影组(含麦地坪段)。矿区地质简图如图 1-11 所示。

区域上，汉源式磷矿有上、中、下三层，以中层为主。根据水桶沟含钾磷矿区实测地层柱状图资料，筇竹寺组含磷地层剖面综合描述如下。

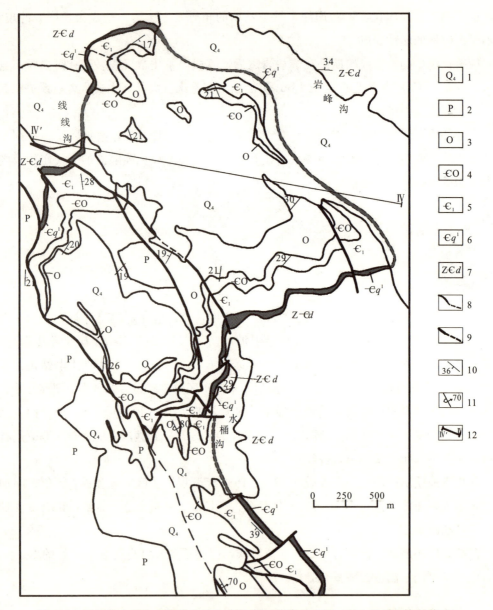

图 1-11　汉源县水桶沟含钾磷矿区地质图(据四川省地矿局二○七地质队资料修改)

1. 第四系全新统；2. 二叠系；3. 奥陶系；4. 寒武系—奥陶系；5. 下寒武统；
6. 下寒武统筇竹寺组第一段；7. 震旦系—寒武系灯影组；8. 实、推测地层界线；
9. 实、推测断层线；10. 正常地层产状；11. 倒转地层产状；12. 剖面及编号

上覆地层：沧浪铺组

灰色厚层中粗粒岩屑石英砂岩。砂岩成分为石英、燧石及岩屑。底部含黑色燧石及灰白色石英砾岩，砾石大致顺层分布，局部较富集，砾径大者长轴 13 cm，短轴 7 cm，一般为 1~5 cm，与下伏地层接触界线明显

——— 整合 ———

含磷地层：筇竹寺组　　　　　　　　　　　　　　　　　　总厚 137.70 m
筇竹寺组上段　　　　　　　　　　　　　　　　　　　　　厚 24.61 m

上部(7.96 m)：灰色厚至巨厚层夹泥质条带微粒白云岩，局部夹白云质粉砂岩，顶部(0.31 m)为含磷黏土岩。中、下部(16.20 m)：黄灰色薄至中厚层粉砂岩，偶夹白云质粉砂岩，局部含磷质碎屑和黄铁矿结核。微波状层理、波状层理、斜层理发育

筇竹寺组中段　　　　　　　　　　　　　　　　　　　　　厚 71.90 m

上部(17.37 m)：黄灰色厚至巨厚层粉砂岩。岩性单一，层理不发育。中部(30.27 m)：灰、黄灰色薄至中厚层粉砂岩，从下至上夹数条(2~7 cm)含磷粉砂岩条带，局部夹白云质粉砂岩。水平层纹及微波状层理发育。下部(24.26 m)：灰色厚至巨厚层粉砂岩，局部夹白云质粉砂岩及细粒长石砂岩

筇竹寺组下段　　　　　　　　　　　　　　　　　　　　　厚 41.19 m

上部(18.26 m)：该层上部(9.57 m)为黄灰色薄至厚层粉砂岩、白云质粉砂岩。其上部夹砂质白云岩薄层及透镜体，富含数条(多至 11 条)软舌螺及磷质条带(相当上矿层层位)，中部及下部水平微波状层理发育，与其下的矿层接触界线明显。该层下部(8.69 m)为深灰色至黑色条带状、块状含钾磷块岩(为中矿层)，中间夹灰色中厚层粉砂岩夹石一层(2.60 m)。上部含钾磷块岩厚 4.85 m，常夹白云质粉砂岩、粉砂质白云岩条带；下部含钾磷块岩厚 1.30 m，多夹砂质条带。下部(22.93 m)：灰、深灰色薄至中厚层粉砂岩、含磷粉砂岩、泥质粉砂岩及细粒含磷岩屑砂岩，夹白云质粉砂岩及粉砂质黏土岩条带，局部含黄铁矿结核和含钾磷矿透镜体(相当于下矿层层位)。微波状、透镜状层理发育。底部为砂质、铁质黏土岩夹含磷沉凝灰岩。与下伏地层呈假整合接触

········ 假整合 ········

下伏地层：灯影组麦地坪段(原称麦地坪组)

灰白色厚层夹燧石条带白云岩。顶部白云岩含石英、燧石砾石，底部白云岩具晶洞构造。

磷矿层赋存于寒武系下统筇竹寺组一段上部，呈层状产出，层位稳定，与顶底板岩层产状一致。剖面特征可与区域上各汉源式磷矿床对比。

2)构造

汉源式磷矿分布区所在大地构造单元主要属上扬子古陆块扬子陆块南部碳酸盐台地。该区燕山运动表现显著，形成一系列以南北向为主的褶皱、断裂，并伴有北西、北东向的两组断裂。三个方向的断裂互相交切，形成大小不等、形状不一的断块。

区内褶曲一般开阔，成南北向短轴状，沿轴部多被断层切割。向斜一般保存较好，如大洪山向斜、椅子山向斜、木匠坪向斜及汉源向斜等，并成为含钾磷块岩保存的有利条件。而与向斜相邻的背斜构造，多被逆断层沿轴部切割，仅保留痕迹，一般不清晰。木匠坪向斜，1:5万汉源幅称"范家沟向斜"，南起水桶沟，北至椅子山，轴向近南北，长4 km，宽约2 km。核部最新地层为阳新组，两翼地层为梁山组—灯影组，缺失石炭系、泥盆系、志留系，反映出本区实际上为长期的隆起区。西翼地层倾向70°~150°，倾角8°~30°，东翼地层倾向270°~310°，倾角14°~35°。枢纽线起伏，两端向中坪子头倾伏，南段倾伏角20°~30°，北段10°左右。向斜轴部较宽缓，轴面东倾，为一起伏向斜。在水桶沟矿区中部，向斜被$F_{17}$断层所切，导致向斜轴向南西偏转20°，并向南倾伏，倾伏角10°。向斜南延伸1 200 m至砂子埂，被矿区西部边界的$F_{36}$断层所切。$F_{17}$断层以北向斜轴向北倾伏，倾伏角11°，向北延伸约2 000 m被$F_9$所切，超越$F_9$向北继续发展进入椅子山矿区。

本区断裂均为高角度逆断层，呈南北向者，断层面多倾向东；呈北东—南西向者，断层面则多倾向北西；而呈北西—南东向者，断层面则多倾向南西。水桶沟矿区断裂发育。共有大小断层26余条。北西、南东向断层16条，为矿区内主要断层，以逆断层为主，呈地垒式、叠瓦式或无规则状排列，与向斜交角一般为30°~40°，其中延伸远、断距大、对矿体有明显破坏的断层有$F_9$、$F_{17}$、$F_{22}$和$F_{36}$；北东、南西向断层6条，以逆断层为主，猴子岩东，沿矿区露头线附近分布，张家岗至猴子岩一带，沿地层走向延伸，梁子埂至地瓜沟，呈雁行式垂直矿层走向排列，对矿体影响较大的断层有$F_{21}$、$F_{23}$和$F_{37}$；近东西向断层4条，以逆、平推断层为主，延伸不远，分散，零星分布，对矿体影响不大。

3)矿体特征

矿层出露于木匠坪向斜两翼及杜家沟至活麻槽一带，矿层露头线断续出露长约6 400 m，北部被第四系滑坡体掩盖。矿体平面形态呈北部头大、南部尾小之蝌蚪状。根据矿层产状形态特征和构造复杂程度差异，以$F_{26}$断层为界分为两个矿段：$F_{26}$以北为木匠坪矿段，以南为杜家沟矿段。

矿层赋存于筇竹寺组下段上部，呈层状产出，层位稳定。木匠坪矿段，矿层呈向斜产出(图1-12)。东部单层结构，平均8.67 m。西部为双层结构，平均6.70 m。发育有薄化带。杜家沟矿段，矿层呈单斜层状产出，平均3.98 m。

矿区内发育区域上可对比的中矿层，由于工业矿层中存在夹石，可分为上、下矿分层。矿区内西部双层结构与东部单层结构总体厚度稳定。

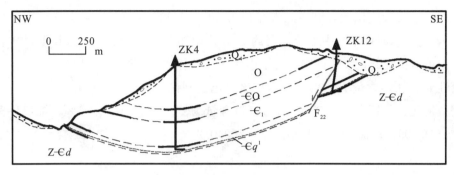

图 1-12　汉源县水桶沟含钾磷矿区Ⅳ-Ⅳ'剖面图（据四川省地矿局二〇七地质队资料修改）

1. 第四系全新统；2. 奥陶系；3. 寒武系—奥陶系；4. 下寒武统；5. 下寒武统筇竹寺组下段；
6. 震旦系—寒武系灯影组；7. 断层；8. 平行不整合接触界线

4) 矿石特征

根据矿石结构、构造、磷矿物与脉石矿物含量及相互关系，可将矿石自然类型分为5类：①块状含白云质砂屑含钾磷块岩，为矿区内主要矿石类型，多产于矿层中上部，多为Ⅱ级品矿石；②条带状（条纹状）含白云质砂屑含钾磷块岩，为矿区内主要矿石类型，产于矿层下部，矿石 $w(P_2O_5)$ 一般为 15%～20%；③条纹状含白云质砂屑含钾磷块岩，产于矿层底部；④角砾状砾屑含钾磷块岩，多为贫矿石，仅见于局部矿层的顶部；⑤多孔状磷块岩，为风化淋滤带表面特殊产物，仅见于顶、底矿层表面 10～20 cm，无工业意义。

矿石结构比较简单，以砂屑结构为主，次可见含生物砂屑结构，局部可见砂屑砾屑结构。矿石具条带、条纹状构造及块状构造。

磷块岩中磷矿物单一，为胶磷矿，此外尚见微量碳磷灰石。碎屑状胶磷矿占绝对优势，胶状胶磷矿（胶结物）次之，假鲕状、鲕状胶磷矿偶见。长石为矿石中主要脉石矿物之一，占脉石矿物的 30%～80%。主要为正长石，次为微斜长石，是矿石中主要的含钾矿物。

全矿区平均品位。$w(P_2O_5)$ 为 18.49%，$w(K_2O)$ 为 3.76%。矿石 $w(P_2O_5)$ 含量一般为 14.22%～23.43%，伴生有益组分钾，$w(K_2O)$ 含量一般 2.4%～3.5%。

矿区详查报告认为，矿石工业类型单一，均为钙（镁）硅质磷块岩矿。对照汉源式磷矿各矿床碳酸盐矿物、$P_2O_5$、CaO 等组分平均含量及《磷矿地质勘查规范》，汉源式磷矿工业类型可分为硅质及硅酸盐型磷块岩矿、混合型磷块岩矿两大类。水桶沟矿区碳酸盐矿物占脉石矿物的 20%～60%，磷块岩矿 $w(P_2O_5)$ 平均 18.49%，$w(CaO)$ 平均 31.72%，属混合型磷块岩矿，Ⅲ级品。

水桶沟矿区的矿石属中低品位，以低品位为主。按磷矿石来评价，矿石矿物以胶磷矿为主，脉石矿物中有较多长石、白云石，本类矿石属难选矿石。矿区内，先后曾两次取选矿样进行实验室试验，原矿入选品位为 20.81% 和 21.61%，高于全矿区平均品位 18.49%，低于木匠坪矿段中品位矿层约 23%。相邻矿区生产试验结果说明，矿石虽然难选，但可直接烧制钙镁磷钾肥，椅子山矿区矿石原矿 $w(P_2O_5)$ 含量为 21.79%，其产品枸溶性 $w(P_2O_5)$ 含量 15.99% 和 15.03%，已达到钙镁磷肥产品要求。

据微量元素分析资料，矿石中，碘(I)含量为 0.000%~0.003 5%；铀(U)含量为 0.000%~0.009%；稀土 $w(TR_2O_3)$ 含量为 0.012%~0.078%，均无综合利用价值。

### 3.矿床成因及成矿模式

汉源式磷矿以含钾为特征，分布于泸定古陆及滇中古陆东侧，包括洪雅、荥经、汉源、甘洛、越西、布拖、会理、会东等地(曾良锉等，1991)。磷块岩赋存在筇竹寺组(中)下段及底部，含磷段主要由一套灰-深灰色粉至细粒长石石英砂岩、石英砂岩、粉砂质页岩及少许生物屑灰岩、含磷白云岩、磷块岩组成。甘洛以北至荥经一带，底部夹流纹质凝灰岩。从地域分布看，汉源式磷矿均产自川西南地区，其中尤以汉源至越西一带的含钾磷块岩品位较高，规模较大，是目前四川重要的磷矿产地之一。

水桶沟矿区，含磷岩石地层为筇竹寺组和灯影组，仅筇竹寺组产工业矿体。其中，筇竹寺组下段沉积建造类型属含钾粉砂岩-磷质岩建造；筇竹寺组下段沉积相属浅海陆棚相局限浅水陆棚亚相。矿床受沉积地层控制，磷矿成矿时代为梅树村晚期。岩相古地理条件为川西南浅水陆棚-开阔陆棚，西部靠近泸定古陆。

由上升洋流带来磷质，集中沉聚在陆棚碎屑岩盆地。磷质沉积作用分为生物化学沉积作用和物理作用。①物理富集作用，磷质搬运后，经机械作用而颗粒化，按机械沉积的规律重新汇聚集中成矿。磷矿沉积汇聚过程中掺合作用较强，梅树村早期掺合物以碳酸盐类为主，晚期以陆屑为主。掺合量直接影响磷矿品位，早期掺合作用小于晚期。陆屑中含钾矿物主要是钾长石，矿石中普遍含钾，$w(K_2O)$ 达 5%~7%，故称含钾长石磷块岩。②生物化学沉积作用对成矿有独特意义，主要是小壳动物、藻类等生物。生物的壳体可以直接堆积成矿，生物的软体部分死亡后，产生大量有机质，亦是成磷环境中常见的标志之一，尤其在相对封闭的海湾、局限洼地中更为明显。生物的生活作用及改造环境，提高了环境中的 pH，促使磷质的沉淀，创造有利于磷酸盐沉积的物理化学条件。

与滇东地区一致，川西南地区磷矿床主要是形成于早寒武世梅树村期。川滇磷矿带北段较南段范围更大一些，磷块岩产出层位可分出两个层位，一个属梅树村早中期，一个属梅树村晚期。汉源式磷矿典型矿床成矿模式如图 1-13 所示。

根据矿区内探槽、钻孔揭示含磷层剖面结构特征，本矿床成矿作用时间完全可以对应区域上梅树村期大规模磷块岩沉积作用过程，已形成的矿床可能被风化剥蚀，故以筇竹寺组底部侵蚀间断面为标志，磷矿成矿作用划分为梅树村早(中)期成矿、梅树村晚期成矿两个阶段。

第一阶段，梅树村早期成矿阶段。矿区灯影组麦地坪段沉积厚度约 50 m，以白云岩为主，仅局部含胶磷矿条带。事实上，汉源地区发现 9 个麦地坪段磷块岩矿点矿化点（其中，矿化点 6 处），未发现有工业规模矿床，磷块岩厚度品位较小较低，说明在纵向上磷矿矿化强度低于梅树村晚期，在横向上磷矿矿化强度低于峨眉峨边等地区。

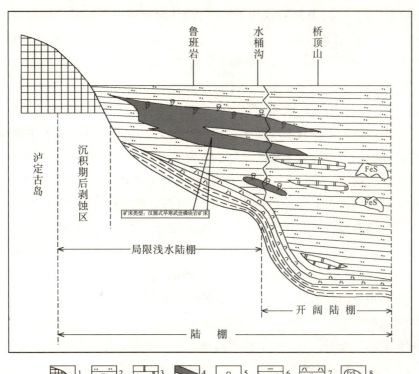

图 1-13　汉源式磷矿典型矿床成矿模式图

1. 推测古陆位置；2. 粉砂岩；3. 白云岩；4. 含钾磷块岩；
5. 小壳动物；6. 黏土岩；7. 沉凝灰岩；8. 黄铁矿结核

第二阶段，梅树村晚期成矿阶段，有三次磷酸盐沉积成矿作用，以第二次矿化强度最大。第一次成矿，筇竹寺组底部侵蚀间断面之上，下部为黄褐色砂质黏土岩、深灰色凝灰岩，夹含黄铁矿白云岩、含磷沉凝灰岩；上部为灰色中厚层状细粒含磷质岩屑砂岩，局部构成胶磷矿透镜体（可对应区域内的下矿层），$w(P_2O_5)$ 达 $8.71\%\sim10.31\%$。第二次成矿，形成具工业价值的含钾长石磷块岩（可对应区域内的中矿层），厚度达 $3\sim10$ m。由于工业矿层中存在夹石，岩性为含磷白云质粉砂岩，故又可分为上、下矿分层。第三次成矿，在灰色薄-厚层状粉砂岩之上，即矿区详查所称筇竹寺组一段顶部，形成有黄灰色厚层状白云质粉砂岩夹砂质白云岩薄层及透镜体，厚度为 $1\sim5$ m，岩石 $w(P_2O_5)$ 达 $3.49\%$，富含厚 $1\sim5$ cm、具磷质外壳的软舌螺条带 $5\sim11$ 条（可对应区域内的上矿层）。

## 四、清平式磷矿

### 1. 概况

《绵阳幅 H-48-3 1/20 万区域地质测量报告》(四川省地质局第二区域地质测量队,1970)指出:"图幅内已知含磷层位有二:一是产于下寒武统底部,相当于昆阳磷矿的'清平式磷矿';另一是产于上泥盆统底部,称为'什邡式磷矿'。这两个层位的磷块岩都出露于绵竹、什邡一带"。

清平式磷矿与什邡式磷矿地理位置十分接近,均位于龙门山中段;在地质构造上以北川—映秀深断裂带为界,清平式磷矿产于断裂南东侧的太平推覆体太平复向斜西翼,什邡式磷矿产于断裂北西的大水闸推覆体中。由于清平式磷矿产出的层位与什邡式磷矿不同,出现的大地构造位置与昆阳式磷矿不同,因此,在四川省矿产资源潜力评价磷矿专题研究中,该类型磷矿单独建立矿床式,以与什邡式磷矿和昆阳式磷矿相区别。

典型矿床龙王庙磷矿区天井沟矿段位于绵竹市城区北西 340° 方向,直距 30 km,属绵竹市清平镇管辖。天井沟矿段位于龙王庙磷矿区中北部,北川—映秀深断裂带东侧,北延祁山庙矿段,南与烂泥沟矿段相连,西邻什邡式磷矿罗茨梁子矿段。1967 年,四川省地质局一〇一地质队对龙王庙磷矿区开展了详细普查工作;2002 年,四川省化工地质勘查院对天井沟矿段进行了详查。

清平式磷矿品位较低,虽进行了选矿与加工利用研究,但目前尚未进入工业利用阶段。四川省化工地质勘查院提交的《四川省绵竹市龙王庙磷矿区天井沟矿段详查地质报告》,资源储量估算采用:$P_2O_5$ 边界品位 8%,工业品位 12%。提交(122b)储量 $858.10 \times 10^4$ t,(333)资源量 $6\,279.17 \times 10^4$ t,(334)资源量 $4\,588.39 \times 10^4$ t。

### 2. 矿床地质特征

#### 1)地层

清平式磷矿含矿层位可确定为长江沟组,相当于前人所称筇竹寺组。矿段内为沉积岩区,主要出露第四系、三叠系、泥盆系、寒武系、震旦系地层。经研究对比,《绵竹县幅 H-48-17-C 1/5 万区域地质图说明书》(四川省地质矿产局化探队,1995)沿用《绵阳幅 H-48-3 1/20 万区域地质测量报告》邱家河组、清平组的岩石地层单位名称,大致区分了这两套地层的分布范围和地层序列,但是其定义的清平组跨越灯影峡阶、梅树村阶和筇竹寺阶;《四川省岩石地层》(辜学达等,1997)将清平组一名废弃,采纳长江沟组一名;《四川省磷矿资源潜力调查评价报告》(郭强等,2006)中根据前人调查的生物地层等资料将清平组第一段划入灯影组,第二段(清平式磷矿层位)和第三段划入长江沟组,区域上地层序列可与龙门山北段对比(表1-11)。

表 1-11 龙王庙及天井沟地区岩石地层划分沿革与对比表

| 矿区普查(1967) | 矿段详查(2002) | 磷矿资源潜力调查评价(2006) |
|---|---|---|
| 沙窝子组($D_3{}^s$) | 沙窝子组($D_3s$) | 沙窝子($Ds$) |
| 观雾山组($D_2{}^k$) | 观雾山组($D_2g$) | 观雾山组($Dgw$) |
| 硬砂岩亚段($D_2{}^{6-2}$) | 筇竹寺组二段($\in_1q^2$) | 磨刀垭组($\in m$) |
| 粉砂岩亚段($D_2{}^{6-1}$) | | 长江沟组碎屑岩段($\in cj^2$) |
| 磷矿段($D_2^6$) | 筇竹寺组一段($\in_1q^1$) | 长江沟组清平段($\in cj^1$) |
| 硅质岩亚段($D_2^{4-2}$) | 灯影组($Zbdn$) | 灯影组硅质岩段($Z\in d^4$) |
| 白云岩亚段($D_2^{4-1}$) | | 灯影组白云岩段($Z\in d^3$) |

天井沟矿段含磷段主要代表性剖面为龙王庙剖面，剖面特征由龙王庙湔沟河、天井沟矿段 TC59 探槽及附近地段综合。参考《西南地区区域地层表·四川省分册》（四川省区域地层表编写组，1978）、《清平幅 H-48-17-A 1/5 万区域地质图说明书》（四川省地质矿产局化探队，1995）、《四川省绵竹县龙王庙磷矿区详细普查地质报告》（四川省地质局一〇一队，1967）、《四川省绵竹市龙王庙磷矿区天井沟矿段详查地质报告》（卢贤志等，2002）等资料，龙王庙剖面长江沟组（$\in cj$）厚 306.4 m，其中含磷段 45.8 m，描述如下。

长江沟组碎屑岩段（$\in cj^2$）：黑色薄至中厚层泥质长石粉砂岩夹砂泥质白云岩。下部含碳质及白云岩结核，后者直径为 0.2~0.3 m

———— 整合 ————

长江沟组含磷段（$\in cj^1$）：下段，又称清平段     45.8 m
黑色碳质页岩、油页岩夹薄层含磷白云岩、白云质硅质岩及海绿石砂岩薄层，往南海绿石砂岩厚可达 2 m     2.4 m
黑灰色薄至厚层状白云质磷块岩、硅质磷块岩，夹白云岩、白云质灰岩及黏土岩各一层，以黏土岩最稳定。底部常见一层黑色碳质页岩、油页岩，有时缺失；有时底部可见 1 m 厚不稳定燧石细砂岩夹海绿石砂岩     43.4 m

··············平行不整合··············

灯影组（$Z\in d$）     厚度>250.7 m
$Z\in d^4$，灰黑色中厚层白云质硅质岩与硅质白云岩互层，偶夹含磷硅质灰岩。顶部有时保存有 5~12 m 的砂质碳质页岩，其底为一层海绿石砂岩     156.2 m
$Z\in d^3$，黑灰色中至厚层白云岩夹薄层硅质岩，白云岩有时含磷。与飞仙关组呈断层接触     >94.5 m

2)构造

　　本区位于龙门山构造带中段，大水闸推覆体南东的太平推覆体太平复向斜西翼，二个推覆体以北川—映秀深断裂带为界呈构造接触。矿段内地质构造复杂，褶皱发育(图1-14)，包括清平倒转背斜、火烧包倒转向斜、碉堡坪倒转背斜、碉堡坪倒转向斜、阳沟倒转背斜、阳沟倒转向斜等。

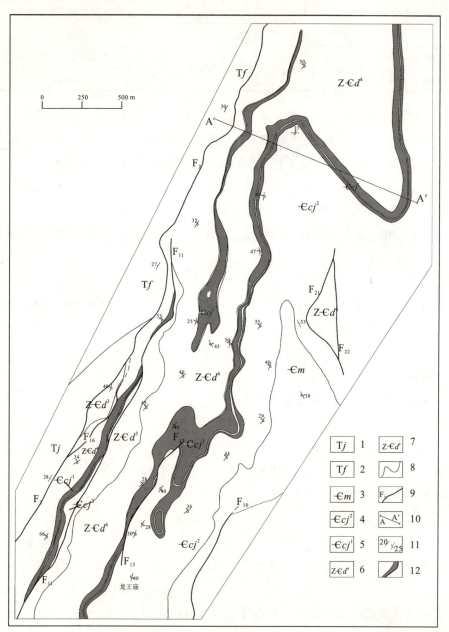

图1-14　绵竹市龙王庙磷矿区天井沟矿段地质图

1. 下三叠统嘉陵江组；2. 下三叠统飞仙关组；3. 下寒武统磨刀垭组；4. 下寒武统长江沟组碎屑岩段(上段)；5.下寒武统长江沟组清平段(下段，含磷段)；6. 震旦系—寒武系灯影组第4段；7. 震旦系—寒武系灯影组第3段；8. 地层界线；9. 断层；10. 剖面位置及编号；11. 正常及倒转地层产状；12. 磷块岩矿体

矿段内断裂发育，多以走向北东的纵向逆冲断层为主，主要断裂有 $F_2$、$F_{10}$、$F_{11}$、$F_{13}$、$F_{16}$。其中由于 $F_{11}$ 断层的破坏，矿段内形成两个矿体：北西盘为Ⅱ号矿体，而南东盘为Ⅰ号矿体。$F_{13}$ 断层破坏矿体，致使矿层顶部缺失。$F_2$ 为一区域性大断裂，即著名的北川—映秀深断裂带。在北起安县五郎庙以北、南至马槽滩、龙门山磷矿成矿带内，长约数十千米。分布于矿段西缘，为矿段北西自然边界，纵贯全矿段，在矿段内延长 4 600 m。断裂走向北北东，倾向北西，倾角一般大于 60°，垂直断距大于 800 m。北西盘出露三叠系下统飞仙关组地层，南东盘出露震旦系—寒武系灯影组。断裂通过部位形成陡崖。在断裂东侧有一规模不大、长 15 m、宽 2 m 的印支期辉绿岩脉沿硅质白云岩层理贯入。

3）矿体特征

受断层影响，天井沟矿段内矿体一分为二，Ⅰ号矿体露头长 6 km，Ⅱ号矿体露头长 1.78 km。矿段面积为 6.5 km²。出露标高 868～1 280 m。

《四川省磷矿成矿远景区划及资源总量预测报告》（徐无恙等，1985）总结，本区含磷段由深灰色至灰黑色薄至中厚层状含磷灰岩、白云岩、硅质岩和磷块岩组成，夹有碳质页岩和粉砂质页岩，厚 22～63 m。岩性具有明显的相变，含磷灰岩相变成含磷硅质白云岩或含磷硅质白云岩或含磷硅质岩、磷块岩。含磷层顶底板均为高碳质页岩，夹海绿石砂岩、粉砂岩，厚 2 m 左右（顶板归为筇竹寺组）。

天井沟一带磷矿层中部有一稳定标志层，即含磷黏土岩层，根据此层，磷矿可分为上、下矿分层。全矿段矿层厚度最薄为 4.40 m，最大为 56.85 m，平均 27.18 m。虽然含磷层长江沟组清平段（下段）层位稳定，但受褶皱和断层控制，形态变化大，总体走向北北东—南南西，倾向随褶皱形态而变化（图 1-15），倾角一般为 40°～60°。

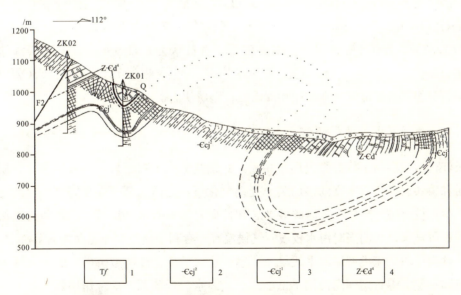

图 1-15　绵竹市龙王庙磷矿区天井沟矿段 A-A′剖面图

1. 下三叠统飞仙关组；2. 下寒武统长江沟组碎屑岩段（上段）；3. 下寒武统长江沟组清平段（下段，含磷段）；4. 震旦系—寒武系灯影组第 4 段

4)矿石特征

磷矿层主要为硅钙质磷块岩,其次为白云质-灰质磷块岩、钙质磷块岩,白云质磷块岩、硅质磷块岩较少,黏土质磷块岩仅在含磷黏土岩中个别见到。

磷块岩中主要有用矿物为(低碳)氟磷灰石。脉石矿物主要为方解石、白云石、石英、玉髓、绿泥石、海绿石、黏土矿物、有机质、黄铁矿等。磷酸盐矿物以氟磷灰石为主要成分,有少部分碳氟磷灰石和氯磷灰石。

磷矿石呈灰黑色及灰色。泥晶磷灰石以颗粒和胶结物形式出现,又称胶磷矿。矿石结构较为单一,以内碎屑结构为主。其中主要为砂屑结构,砂屑结构占到95%以上,仅有少量粉屑结构。砂屑由胶磷矿、白云岩、灰岩、硅质岩及少量含磷白云岩、绿泥石等组成。矿石中的胶磷矿矿物分布很不均匀,变化很大,有的过渡为含磷岩石。矿石中尚有粉砂屑、团粒、(假)鲕粒、生物碎屑等结构。

矿石主要为致密块状构造,部分为条带条纹状构造。矿石自然类型分为致密块状磷块岩和条带条纹状磷块岩。矿石化学分析结果如表 1-12 所示。

**表 1-12  天井沟磷块岩矿石主要元素含量统计表**　　　　　　单位:%

| 项目 | CaO | MgO | $P_2O_5$ | $SiO_2$ | $Al_2O_3$ | $Fe_2O_3$ | $CO_2$ | F | 酸不溶物 |
|---|---|---|---|---|---|---|---|---|---|
| 最高 | 38.86 | 9.79 | 19.72 | 34.84 | 2.59 | 2.28 | 16.41 | 1.98 | 35.42 |
| 最低 | 26.55 | 1.10 | 9.48 | 18.76 | 0.55 | 0.22 | 12.71 | 0.54 | 18.88 |
| 平均 | 33.21 | 3.67 | 13.59 | 27.04 | 1.17 | 0.62 | 16.39 | 1.32 | 27.43 |

其他微量组分($\times 10^{-6}$):Cl 为 $7.1\sim 26$,Cd 为 $0.08\sim 0.14$,As 为 $0.99\sim 1.97$,I<$0.01\sim 0.13$。

矿层中夹石 $w(P_2O_5)$ 含量 $1.75\%\sim 8.42\%$,一般为 $2\%\sim 6\%$。上、下矿层间含磷黏土岩 $w(P_2O_5)$ 为 $1.82\%\sim 6.97\%$,一般为 $3\%\sim 6\%$。矿石中 F 含量为 $0.54\%\sim 1.98\%$,平均为 $1.32\%$,为伴生有益组分。本类矿石一直被认为是难选矿石。不同资源储量块段,矿石品位为 $11.72\%\sim 18.55\%$,矿床平均 $14.50\%$。根据 $P_2O_5$ 品位、$CaO/P_2O_5$ 确定,矿石品级属Ⅲ级品,工业类型均属碳酸盐型磷块岩矿。

#### 3.矿床成因及成矿模式

长江沟组地层与下伏灯影组形影相随,并继续沉积了白云岩,白云岩常含砂质、硅质条带和磷块岩,产有丰富的多门类小壳动物化石,壳体大部分保存完整,但缺乏定向排列,少部分有破碎现象。含磷碳酸盐岩和硅质岩常具有水平层理、波状和透镜状层理及底冲刷等现象,表明当时海水较浅、气候温暖,有利于藻类和小壳动物的繁殖。

天井沟矿段矿床类型属清平式早寒武世磷块岩矿床,该类型磷矿形成于上扬子地区西缘近陆一侧、绵竹潮坪海湾潮下低能带,是浅水、近陆源、掺合作用强的环境。西部古陆提供了丰富的物质来源,并在适当的 pH、气候、生物等条件下沉积成矿。清平式磷矿成矿过程经历了沉积成矿作用和胶结成矿作用两个阶段。

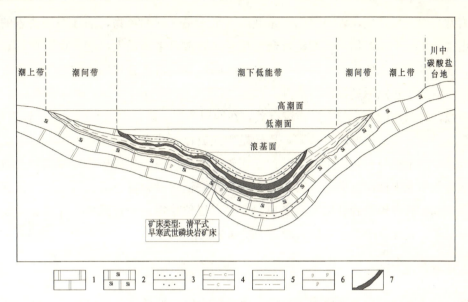

图 1-16　清平式磷矿典型矿床成矿模式图

1. 白云岩；2. 硅质白云岩；3. 海绿石砂岩；4. 碳质页岩；5. 泥质粉砂岩；6. 小壳动物；7. 磷块岩

第一阶段：西部古陆带来的岩屑（包括白云岩、硅质岩、灰岩等）与合适条件下形成的微粒磷块岩在龙门山海湾一同沉积，形成微粒磷块岩和岩屑堆积。此次沉积形成的磷块岩在海流、波浪或潮汐作用下，破碎、搬运、再沉积的过程，称物理粒化作用。它是磷块岩的第二个形成阶段。该过程一是形成内碎屑磷块岩（主要为砂屑），二是将岩屑颗粒再次破碎分选，并对磷矿有再次富集作用。

第二阶段：经物理粒化作用形成的砂屑（包括岩屑），搬运沉积后，磷灰石、玉髓、石英、方解石、白云石的沉积过程仍在继续进行，其形成物在砂屑颗粒空隙胶结，后经成岩作用而形成现在的清平式磷块岩矿床。

清平式磷矿成矿过程可概括为：早期成矿-风化剥蚀、表生淋滤-磷质聚集-搬运堆积-潮下低能带粒化沉积成矿。成矿模式如图 1-16 所示。

# 第四节　四川省磷矿成矿规律

## 一、成矿地质背景

### 1. 磷矿的成因

大量地质证据表明磷块岩原始物源是含磷陆源碎屑和富含磷质的海洋生物，它们共同形成海底淤泥，在成岩过程中成为凝胶状磷矿沉积物的直接来源。岩石学分析指出，磷块岩常与白云岩共生，表明它们都是低纬度半干旱气候的产物，潮坪型磷块岩的磷质一般由古陆风化产物提供；碳酸盐岩台地型磷块岩磷质来源最大可能是由海底热点活动提供，通过藻类等原始生物聚集成岩；盆地型磷块岩中富含有机质，推断当时生物活动较活跃，富集了热点活动提供的磷质。

一般认为磷质的富集与上升洋流有关，在四川磷矿的研究中这方面的地质证据很少。正常浅海环境多形成中低品位磷矿，比较昆阳式、什邡式磷矿的特点，可以推断大多数磷块岩富矿的形成与风化作用有关。什邡式磷矿矿源层在大陆成矿作用阶段被改造，碳酸盐组份因风化淋滤而流失，矿层中黏土矿物及铁铝含量较高，沉积再造后的什邡式磷矿体最底部的砾屑磷块岩和致密状磷块岩，赋存层位稳定，一直是勘查评价、开发利用的主要对象，是保存于泥盆系白云岩之下特殊的风化矿石。

### 2.地质构造环境

四川的主要磷质岩建造出现于上扬子陆块各次级构造单元盖层沉积的早期。从四川省沉积-构造环境条件分析，磷矿普遍形成于扬子陆块边缘，陆棚、海湾环境中的碳酸盐岩盆地或碎屑岩盆地。

晋宁运动后，四川及其邻区地势高低不平，各地差异较大，但经南华纪将近两亿年漫长历史的侵蚀、沉积，使高山逐渐夷平，凹地被充填，到南华纪末，区内基本上已成为以川中为中心、中部稍高，四周略低的地势。

早震旦世开始的海侵很快使四川及其邻区形成广阔的陆表海环境，沉积了以海相碳酸盐岩为主的震旦系，岩性、岩相都较稳定。综合研究表明：早震旦世陡山沱组和晚震旦世灯影组各为一次大的海进、海退旋回，在陆源物质供应较充足的西部和西北边缘地带，每次海进初期都发育了以碎屑岩为主的沉积物。其中小部分由于第一次海进初期海水尚未到达而缺失底部沉积；第二次海进又因陆源物质供应不足而仅有较薄的泥质岩或泥质白云岩的沉积。

早震旦世地层是扬子陆块形成以后最早的主要含磷层位。《四川省岩石地层》将早震旦世陡山沱期形成的岩石地层划分为陡山沱组和观音崖组。其中陡山沱组分布于东部大巴山区的万源，以灰、黑色薄层状粉砂质页岩、碳质页岩为主，夹不等量的白云岩、灰岩；有含锰的低品位磷块岩矿床；邻近的重庆市城口、巫溪，该组是锰矿的重要产出层位。而观音崖组分布于攀西及四川盆地西部及北部，范围较大，以紫红、灰黄等色砂岩、页岩为主，上部夹灰岩及白云岩，含微古植物化石，底部有灰白色含砾石英砂岩。

综合现有资料，陡山沱期四川扬子陆块的不同地区具有不同的岩相组合，西部靠近古陆，由于海水多从西向东入侵，故能量较高，碎屑物质多，下部以滨岸相沉积为主，向上逐渐发展成以碳酸盐岩沉积为主的碳酸盐台地相；华蓥山断裂以西，川中同期地层埋藏深，资料少，推测为水下隆起，海水极浅，距古陆较远，故形成以碳酸盐岩沉积为主的潮坪环境。受华蓥山断裂的影响，造成西高东低的构造格局，形成西浅、东深的沉积环境。华蓥山断裂以东为潟湖海湾相，沉积一套泥灰岩，碳质页岩，富含磷、锰、硅的黑色岩系。因此，只有在大巴山的局部海湾、龙门山的陆棚边缘盆地，才具备成磷条件。

《中国古生代成矿作用》(汤中立等，2005)指出"磷矿床的矿源、沉积环境、形成作用等在各个地质时代的一定地质构造区域都可能存在或发生，为何在我国大规模成磷作用发生在晚震旦世—早寒武世的扬子陆块？目前尚没有令人信服的解释"。由此看来，四川地区不同构造单元和不同地质时代都有富集磷矿的潜在可能性，但从地质构造演化、生物、海洋、气候、古地理特点等方面进行分析，主要磷矿类型(如昆阳式、汉源式、什邡式等)均出现在地质条件相似的扬子陆块区。

磷块岩的最初物质来源是陆源汲取和生物富集，海洋化学大量测试表明，海水中磷是不饱和的，其浓度非常低(0.07 mg/L)。因此，不能认为由海水以化学方式直接沉积成矿。大量地质证据表明，磷的原始物源是含磷陆源碎屑和富含磷质的海洋生物，它们共同形成海底淤泥，在成岩过程中成为凝胶状磷矿沉积物的直接来源。较新的岩石学分析指出，磷块岩常与白云岩共生，表明它们都是低纬度半干旱气候的产物，潮坪型磷块岩的磷质一般由古陆风化产物提供；碳酸盐岩台地型磷块岩磷质来源最大可能是由海底热点活动提供，通过藻类等原始生物聚集成岩；盆地型磷块岩中富含有机质，推断当时生物活动较活跃，富集了热点活动提供的磷质。

昆阳式磷矿、汉源式磷矿在小江深断裂带南北、康滇前陆逆冲带和扬子陆块南部碳酸盐台地构造单元内均有分布；早寒武世中高品位矿体的分布受成岩环境的控制，在区域上一般不连续。在主要成磷带外围，台地边缘或浅水陆棚地区也有磷矿形成，但规模一般较小，矿体的连续性较差，在局部成矿条件优越的地段，也可能形成规模不大的中等品位矿层。

早寒武世梅树村早中期继承了自晚震旦世灯影期的古地理格局，在四川盆地西缘，形成了以龙门山—攀西地区为轴线的古陆区，并成为控制沉积环境及提供陆源物质的主要地区，古陆的东侧以稳定沉降由西向东倾斜的浅水台地为主，西侧为沉降幅度较大、地貌分异较复杂的沉积盆地。

台地西缘自北而南由摩天岭、泸定、滇中三个互不相连的古陆呈串珠状排列。摩天岭古陆位于四川平武及甘肃文县一带，与上扬子陆块间存在一个北东-南西向展布的较深水的海槽，后来的地史时期从扬子陆块分裂出去为一个微陆块。在这些规模较大的古陆间，可能还存在一些类似彭灌古岛的规模较小的链状岛屿，它们构成为台地西部边缘的天然有形障壁。

梅树村早中期，上扬子陆块在四川境内为一个西高东低的斜置坪台，大体在万源—云阳—黔江—遵义弧线以西属浅水碳酸盐台地范畴，该线以东逐渐向陆棚及深水盆地过渡。在浅水碳酸盐台地内古地貌差异是比较明显的，在川西南雷波牛牛寨和会东小街，形成两个凹陷中心，沉积厚度分别达226 m、310 m，为颗粒磷块岩大量堆积场所。两凹陷之间为以金阳对坪为中心的隆起带，沉积物厚仅20～62 m，尤其是川中地区，可能是一个持续的隆起地带,梅树村中晚期升至海面之上,广泛遭受剥蚀。

扬子地区,早震旦世和早寒武世磷矿,尤其是大中型矿床集中于十几个聚矿区内,在每个聚矿区内部,矿化分布也是不均匀的,主要的矿量又集中于几个大矿田(床)中,其他地段则无矿或矿化微弱。各矿床一般处于古隆起的边缘。这种现象其根本原因是由于区内有构造隆起和拗陷的存在。构造隆起往往形成古陆或隆起,具备了由磷酸盐、碳酸盐的补偿性沉积长期保持的浅水台地环境,因而形成一些大小不等的含磷台地;构造拗陷地区则构成水体较深的盆地环境,形成盆地相沉积。

早震旦世陡山沱期与早寒武世梅树村期是我国最重要的两大成磷期。梅树村期磷质岩建造的含磷性显示出一定的规律,川西南磷质岩建造厚度大,含磷较高,往北,龙门山和米仓山地区,磷质岩建造厚度渐薄,成矿性减弱,含磷较低。受古地理的控制,隆起、拗陷相间分布,川西南地区海湾潮坪环境形成的富磷矿体在区域上一般不连续。

在龙门山大水闸推覆体两侧,西有邱家河组含磷层,东有长江沟组含磷层,推覆体内部可能有寒武系下统含磷岩层提供成矿物源及贮存空间,在什邡式磷矿石中曾发现有个体极小的软舌螺化石,因此推测什邡式磷矿的形成与梅树村期磷质岩建造有关。

根据近年来生物地层学的研究成果,川西南汉源式磷矿和龙门山中段的清平式磷矿可进一步确定属梅树村期沉积。因海水较浅,上扬子地区普遍存在一个沉积间断剥蚀面,即筇竹寺组与灯影组顶部之间存在地层缺失,使已形成的磷矿被剥蚀。

## 二、磷矿的空间分布

### 1. 磷矿成矿区带及矿集区划分

四川省是磷矿资源比较丰富的省份,具有分布范围较大,多期次成矿,磷矿类型较多的特点。从分布上看,主要分布区域为四川盆地边缘龙门山—大凉山一线盆周山地。而龙门山—大凉山以西地区,仅发现有少量的磷矿化线索。从成矿时代上看,早寒武世形成的磷矿类型多,分布广,有昆阳式、汉源式、清平式及宁强式磷矿;晚泥盆世什邡式磷矿中磷块岩品位较高,且与硫磷铝锶矿伴生。早震旦世陡山沱期荆襄式磷锰矿分布十分有限。

四川省包括全国统一划分的Ⅰ级成矿域3个,Ⅱ级成矿省4个,Ⅲ级成矿区带11个(曾云等,2015)。磷矿主要分布在康滇断隆Fe-Cu-V-Ti-Ni-Sn-Pb-Zn-Au-Pt稀土-石棉成矿带(Ⅲ-76)、上扬子中东部Pb-Zn-Cu-Ag-Fe-Mn-Hg-S-P-铝土矿-硫铁矿-煤成矿带(Ⅲ-77)龙门山—大巴山Fe-Cu-Pb-Zn-Mn-V-P-S-重晶石-铝土矿成矿带(Ⅲ-73)。

《重要矿产和区域成矿规律研究技术要求》(陈毓川等,2010b)提出:成矿密集区(简称矿集区)与成矿区带的概念不同,侧重点各异,成矿区带强调总体成矿特征和成矿条件,矿集区强调矿产资源本身的分布特征,二者原则上可一致,也可以根据具体情况有所不同。本书根据磷矿在空间上的分布,并结合近年来成矿理论与地质找矿工作的新方向，在全省成矿区带划分的基础上，划分出 12 个磷矿矿集区(图 1-17)。

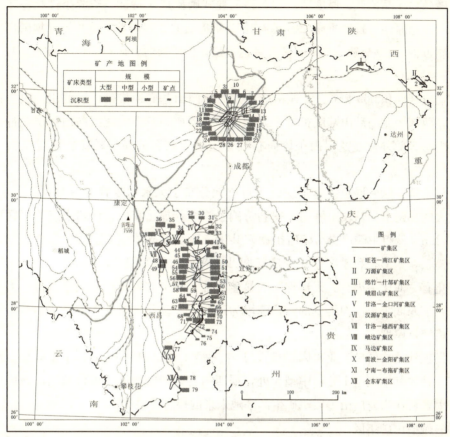

图 1-17　四川省磷矿成矿区带图

Ⅰ　旺苍—南江矿集区

该矿集区面积 393 km²。大地构造单元为米仓山—大巴山基底逆推带。矿集区向东延伸到陕西，出现有中小型矿床。含矿地层为震旦系—寒武系灯影组顶段宽川铺段，米仓山周缘陕西宁强、南郑、西乡西部及四川南江地区，宽川铺段由白云岩、灰岩，夹白云质硅质岩、硅质白云质砂屑磷块岩透镜体组成，具水平层理，小壳动物化石丰富。米仓山地区灯影组顶段磷矿以陕南宁强县发现最早、工作程度最高，矿床类型与昆阳式较接近，厚度、品位、规模均不及典型的昆阳式磷矿，故可称为宁强式磷矿；矿层为 2 层，厚 $0.4 \sim 2.4$ m；矿石呈砂、粉屑结构。上、下矿层 $w(P_2O_5)$ 均小于 12%；查明资源储量规模以小型为主。四川省内宁强式磷矿(平均品位低于目前最低工业品位)厚度薄，成矿条件差，资源潜力很小。

Ⅱ　万源矿集区

该矿集区面积 146 km²。大地构造单元为米仓山—大巴山基底逆推带。陡山沱阶含磷岩系在扬子地区有很大的一致性，分布比较稳定。在南大巴山，陡山沱组顶部磷、锰矿交替出现。矿集区向南东延伸到重庆,万源—城口—巫溪地区已发现磷矿产地 8 处,荆襄式磷(锰)矿品位低、厚度薄,与典型荆襄式磷矿成矿特征、资源条件相差较大,资源潜力小。据原四川省地质局二〇五队 1978 年提交的《四川省万源县杨家坝磷矿区初步普查地质报告》,提交磷块岩矿石资源量达中型,但矿层薄,矿石品位较低。

Ⅲ　绵竹—什邡矿集区

该矿集区面积 565 km²。大地构造单元为龙门山基底逆推带,以北川—映秀深断裂带为界,西部为龙门后山基底推覆带,产什邡式磷矿;东部为龙门前山盖层逆冲带,产清平式磷矿。此外,在龙门山中段尚有观音崖组中赋存的品位较高、但规模很小的磷矿体。

什邡式磷矿赋矿层位沙窝子组近于对称地分布于大水闸复背斜的北西翼和南东翼,呈一巨大的马蹄形。从汶川雁门、安县黄硐子沟至什邡岳家山,沙窝子组地层区域长度达到 87 km。该组中磷块岩与硫磷铝锶矿共生。磷块岩矿体主要呈层状和似层状,少部分呈透镜状,其形态和厚度变化受底板凹凸不平的古岩溶侵蚀面控制,顶面则较平整。横向变化有"薄化尖灭、尖灭再现"的显著特征。清平式磷矿产于太平推覆体太平复向斜西翼,下寒武统长江沟组下部,含磷段为磷质岩和碳质页岩夹白云质灰岩建造,磷块岩层位稳定,厚度大,但品位低。

已发现什邡式磷矿工业矿床 21 处,其中大型 1 处,中型 14 处,小型 6 处;清平式磷矿床 5 处,其中大型 1 处,中型 4 处,据四川省矿产资源潜力评价预测,该区内资源潜力较大,可作为龙门山中段磷矿生产基地未来的接替资源类型。

Ⅳ　峨眉山矿集区

该矿集区面积 98 km²。在峨眉九老硐—高桥发现小型矿床 4 处、矿点 1 处,因品位低厚度薄,已停采多年。该区大地构造位置属扬子陆块南部碳酸盐台地,昆阳式磷矿产于震旦系—寒武系灯影组顶段麦地坪段($Z \in d^m$),一般为白云岩-磷质岩建造。磷块岩矿体为层状、似层状、薄层状和透镜状。该区地质工作程度较高和开发利用时间较早,为四川省最早开发的磷矿(20 世纪 50 年代)。

Ⅴ　甘洛—金口河矿集区

该矿集区位于甘洛、金口河一带,面积 151 km²。金口河老汞山—甘洛大桥发现昆阳式磷矿中型矿床 2 处,已开发利用,总体上看,该区地质工作程度和开发利用程度中等。该区大地构造单元为扬子陆块南部碳酸盐台地。昆阳式磷矿产于震旦系—寒武系灯影组顶段麦地坪段($Z \in d^m$),一般为白云岩-磷质岩建造。磷块岩矿体为层状、似层状,厚度品位变化大。老汞山外围与甘洛大桥深部有较大资源潜力。

Ⅵ　汉源矿集区

该矿集区位于汉源大渡河两岸,面积 407 km²,大地构造单元为扬子陆块南部碳酸盐台地,汉源—甘洛大断裂以东。汉源县大渡河北岸已发现大型矿床 2 处、中型 2 处、矿点 1 处,汉源县大渡河南岸已发现矿点 3 处。含磷层位为筇竹寺组下段($\in q^1$)含钾粉砂岩-磷质岩建造,矿体一般为层状、薄层状和透镜状,厚度变化大。发育矿层1~3层,一般厚1~2 m,最厚8~9 m,长数百到数千米。品位中至低,$w(P_2O_5)$一般为10%~18%,最高为28%,$w(K_2O)$3%~6%,最高为7%左右。总体上看,该区工作程度低,1 000 m以浅资源潜力大。

Ⅶ 甘洛—越西矿集区

该矿集区面积463 km²。大地构造单元主体为康滇基底断隆带,汉源—甘洛大断裂和普雄河断裂之间,含磷段为梅树村上亚阶筇竹寺组下段,为含钾粉砂岩-磷质岩建造。该区已发现汉源式磷矿中型矿床2处,矿点5处,代表性矿床有甘洛县则洛含钾磷矿、越西县顺河含钾磷矿。含钾磷块岩为层状、薄层状,厚度变化大,品位低。工作程度低,资源潜力大。

Ⅷ 峨边矿集区

该矿集区面积194 km²。大地构造单元为扬子陆块南部碳酸盐台地,峨边—金阳大断裂北段东部,昆阳式磷矿产于震旦系—寒武系灯影组顶段麦地坪段($Z \in d^m$),一般为白云岩-磷质岩建造。磷块岩矿体为层状、似层状、薄层状和透镜状,厚度品位变化大。地质工作程度和开发利用程度较低。含磷段地表分布连续,有含矿层1或2层,磷矿层厚度为1.22~3.02 m,但变化较大。已知矿床为峨边县华竹沟、锣鼓坪、麻柳坝、阿力哈别等,包括中型矿床3处、小型矿床2处,建有小矿山。

Ⅸ 马边矿集区

该矿集区为四川磷矿大型矿床集中产出区,面积354 km²。大地构造单元为扬子陆块南部碳酸盐台地,峨边—金阳大断裂中段附近,含磷段为震旦系—寒武系灯影组麦地坪段($Z \in d^m$)为白云岩-磷质岩建造,厚度为39.71~62.41 m。该区磷矿主要分布于沙匡断层(峨边—金阳大断裂的一部分)上盘,含磷地层北起陈子岩,南至姜家溪,断续出露50 km。按矿床分布划分为六股水、老河坝、大院子、分银沟4个矿区,其中老河坝磷矿矿层厚度大,品位较高。磷块岩矿体为层状、似层状,厚度品位变化大,层厚1~25 m。含矿层一般分为上下层矿层,下矿层为区域内主矿层,厚度由南至北递减,规律较明显。已发现昆阳式磷矿大型矿床7处(含超大型1处)、中型4处、小型矿床1处。马边县二坝查明资源储量达到超大型规模。分银沟矿区因位于大风顶自然保护区,工作程度低,其余六股水、老河坝、大院子部分矿段完成勘探,部分矿段正进行普查、详查。

Ⅹ 雷波—金阳矿集区

该矿集区为四川磷矿大型矿床集中产出区,面积781 km²。昆阳式磷矿含磷层位向南延伸,过金沙江,延入云南省。该区大地构造单元为扬子陆块南部碳酸盐台地,峨边—金阳大断裂南段附近,含磷段震旦系—寒武系灯影组麦地坪段($Z \in d^m$)为白云岩-磷质岩建造。昆阳式磷矿磷块岩矿体为层状、似层状,以中低品位矿为主。已发现昆阳式磷矿大型矿床4处(含超大型矿床1处)、中型矿床5处、小型矿床4处。其中,雷波县小沟查明资源储量达到超大型规模。雷波磷矿发现较早,但仅有少量开采,开发利用程度较低；矿产资源潜力评价预测资源量潜力巨大。

### Ⅺ　宁南—布拖矿集区

该矿集区面积 214 km$^2$，磷矿地质工作程度和开发利用程度较低。该区大地构造单元为康滇基底断隆带，小江深断裂带以西。区内有两个含磷层位。一是梅树村下亚阶灯影组顶段(川西南称麦地坪段，滇东称中谊村段)的白云岩-磷质岩建造，为昆阳式磷矿层位；二是梅树村下亚阶筇竹寺组下段细碎屑岩夹磷质岩，为汉源式磷矿层位。已发现昆阳式磷矿矿点 1 处、矿化点 3 处，磷块岩矿体为层状、似层状、薄层状和透镜状，厚度品位变化大。汉源式磷矿已发现小型矿床 1 处、矿点 1 处。布拖县母蓄梁子为近期新发现汉源式磷矿(详查)，矿体长 1 825 m，平均厚 1.40 m。矿产资源潜力评价宁南大垭口—银厂沟预测资源量潜力巨大。

### Ⅻ　会东矿集区

该矿集区为昆阳式磷矿分布区，面积 178 km$^2$。大地构造单元为康滇基底断隆带，小江深断裂带以西，含矿层位属梅树村下亚阶灯影组顶段，为白云岩-磷质岩建造。含矿层过金沙江，延入云南省。已发现大桥大黑山、撒海卡中型矿床 2 处(包括了老矿区大桥河南岸及塘坊)。金沙江西岸四川境内，麦地坪段分布广泛，磷矿层为多层结构，厚度稳定，品位低，走向延伸规模大。会东塘坊—小村子区域预测资源量潜力巨大。

#### 2. 不同类型磷矿空间分布

四川磷矿矿产地几乎全部分布在上扬子陆块西缘，包括米仓山—大巴山基底逆推带、龙门山基底逆推带、康滇前陆逆冲带和扬子陆块南部碳酸盐台地等四个Ⅲ级构造单元。

米仓山—大巴山基底逆推带中有荆襄式磷锰矿和宁强式磷矿二个类型。前者分布于大巴山一带，赋存震旦系陡山沱组中，为重庆、湖北该类型磷矿延入四川省内部分，出露范围小，在全省查明资源量占比也很小，不到 0.2%。后者分布于川北米仓山，产于灯影组顶段(宽川铺段)中，该类型磷矿品位较低，在全省查明资源量占比很小，不到 0.1%。

昆阳式磷矿出现于扬子陆块南部碳酸盐台地和康滇前陆逆冲带，在省内分布范围大，从峨眉—雷波—金阳到会理—会东，含矿岩系断续分布 300 多千米。该类型磷矿占全省查明资源量的 81% 以上。该类型磷矿矿石工业类型以硅镁质为多，次为钙硅、镁硅质类型，镁质矿石少，没有钙质型矿石；总的特点是硅、镁含量高，铁铝质含量低，属高硅、高镁质磷块岩矿石。矿石类型分布有明显规律性，从南到北，矿石类型分布呈现出硅镁质—镁质—硅镁(镁硅)质—镁质—镁硅(硅镁)质的有规律的重复变化特征；其中，钙硅质类型仅见于中部雷波地区东侧。矿石类型的这一变化特点，是与区内含磷地层沉积厚度在纵横向上的变化规律相一致，即由盆中厚度沉积中心向盆周厚度薄化区方向上，矿石类型的分布则一般表现出由硅镁质—镁质的变化特点。四个矿石类型相比较，矿石质量以硅镁质类型为好，依次为镁硅质、镁质、钙硅质类型矿石。该类型的原生富矿夹于中等品位矿体之间，分布较局限；风化富矿常见于地表风化带。

汉源式磷矿比较集中地出现在扬子陆块南部碳酸盐台地,但和昆阳式磷矿并不出现在同一地区。汉源式磷矿主要分布于汉源—甘洛、越西等地区,在布拖、会东有个别矿点。该类型磷矿出现在海相碎屑岩建造中,为含钾磷矿,约占全省查明资源量的 6%。筇竹寺组中磷矿石(汉源式)有硅质含钾磷块岩、镁硅质含钾磷块岩和硅镁质含钾磷块岩三种类型。硅质含钾磷块岩主要分布在靠近古陆或水下隆起一侧,镁硅质及硅镁质含钾磷块岩则多出现在远离古陆的地方,镁硅矿石中陆源物质与硅质矿物明显较硅镁质多。这种矿石类型分布,说明矿床形成与沉积环境相关密切。

龙门山基底逆推带中有什邡式和清平式两个类型磷矿。什邡式磷矿产于泥盆系沙窝子组中,分布于什邡、绵竹、安县一带,断续延长 87 km 左右;该类型磷矿约占全省查明资源量的 8.8%,清平式磷矿约占全省的 4%。什邡式磷矿磷块岩平均品位较高,矿床浅部和地下深部,矿石品位差异不大;磷块岩与硫磷铝锶矿共生,磷矿石工业类型可分为磷块岩矿和硫磷铝锶矿两大类;硫磷铝锶矿产于砾屑磷块岩之上,局部呈夹层状出现于磷块岩矿体中。清平式磷矿赋存于寒武系长江沟组,分布于汶川、什邡、安县地区,矿体空间形态变化较大。

川南筠连—叙永、天全—宝兴等地的磷块岩矿普遍规模较小,一般厚度不大,品位较低,仅有部分为地方企业小规模利用。

## 三、磷矿的时间分布

### 1.不同时代磷矿床类型

四川省已发现的含磷层位众多,含磷层主要为海相沉积地层。全省共计有 21 个含磷层。本书介绍的 6 个类型(亚类)均属沉积型磷矿。震旦纪陡山沱期、早寒武世梅树村期(早期、晚期)、晚泥盆世早期是四川省磷矿的几个主要成矿时期,不同时期的磷矿类型不同。

早震旦世,磷矿分布范围局限,为荆襄式磷锰矿。

早寒武世,磷矿分布地域广,有昆阳式、汉源式、清平式及宁强式磷块岩矿床。川西南(昆阳式磷矿)磷质岩建造厚度大,分布广,向北,龙门山(清平式磷矿)和米仓山地区(宁强式磷矿),磷质岩建造厚度渐薄,成矿性减弱,含磷较低,分布范围也比较狭小。

晚泥盆世,有什邡式磷块岩矿床,与硫磷铝锶矿共生,与早寒武世清平式磷矿各自赋存在龙门山中段不同的推覆构造中。

其他时代形成的沉积型磷矿,矿体规模小,一般不具工业意义。

### 2.不同时代磷矿床规模

四川省磷矿大多属中低品位矿石,富磷矿主要产自什邡式磷矿、昆阳式磷矿中等品位矿床中的某些层位,产地集中于马边、雷波、什邡、绵竹等地,主要矿区有老河坝、小沟、莫红、王家坪、马槽滩、岳家山等。

按不同时代统计矿床规模,统计结果如图 1-18 所示。

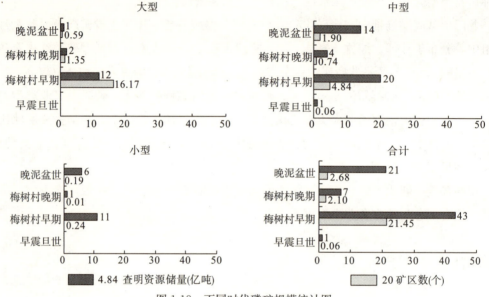

图 1-18　不同时代磷矿规模统计图

从图 1-18 中可以看出,四川省磷矿中型矿床所占比例较大(超过 50%),大型和小型矿床亦有一定比例。大型(含超大型)矿床见于早寒武世和晚泥盆世地层,主要赋矿地层为震旦系—寒武系灯影组麦地坪段,尤其是早寒武世梅树村早期,大、中型矿床比例高,达 32 个。

已发现矿床数量以早寒武世梅树村早期、晚泥盆世居多,占 59.72%;查明资源储量也以梅树村早期占绝对优势。全部 43 个梅树村早期矿床查明资源储量累计达 21.45 亿吨,占全省的 81.57%;其他 3 个时代磷矿床数量占 40.28%,查明资源储量占 18.43%(图 1-19)。

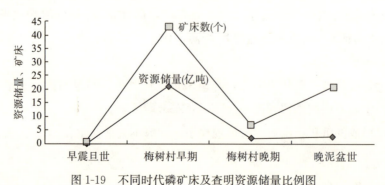

图 1-19　不同时代磷矿床及查明资源储量比例图

### 3. 不同时代的磷矿石类型

据资料统计，四川 $w(P_2O_5)>30\%$ 的磷矿石资源量为 4 287.4 万吨，仅占全省查明资源量的 2%，由此可见，四川富磷矿是偏少的。富磷矿产地集中于马边、雷波、什邡、绵竹等地。主要矿区有老河坝、小沟、莫红、王家坪、马槽滩、岳家山等。富矿石主要产自什邡式磷矿、昆阳式磷矿中等品位矿床中的某些层位。

(1)早震旦世，以大巴山一带陡山沱组所产磷块岩矿为代表，资源量规模小，磷矿品位低，矿石中磷锰含量呈消长关系。矿石质量与典型的荆襄式磷矿差异较大，矿石矿物包括胶磷矿、菱锰矿；脉石矿物包括白云石、锰白云石、方解石、锰方解石、石英、玉髓、黏土矿物、黄铁矿等。

(2)早寒武世梅树村早期昆阳式磷矿，具有钙高、镁低、铝铁较低、硅含量变化较大的特点，伴生有益组分有碘、氟、铀、稀土等，其中老秤山和大桥磷矿中碘含量较高，达到综合利用指标。按现行的《磷矿地质勘查规范》的分类方案，矿石工业类型为混合型、碳酸盐型磷块岩矿。以马边磷矿为代表，磷酸盐矿物主要为氟磷灰石及微晶银星石，杂质矿物主要为白云石。可经选矿降镁，获得优质磷精矿，用以制造高效复合肥。龙门山中段清平式磷矿，工业类型均属碳酸盐型磷块岩矿，主要由氟磷灰石组成，有少量碳氟磷灰石和氯磷灰石，全部 5 个矿床平均品位为 14%～15%。宁强式磷矿矿石品位低，矿石矿物有胶磷矿、白云石、方解石等，与典型的昆阳式磷矿差异较大。

(3)早寒武世梅树村晚期，筇竹寺组下段所产汉源式磷矿属含钾磷矿，品位较低，矿石中含有 5%～7% 的 $K_2O$。矿石以Ⅲ级品为主，矿石工业类型为硅质及硅酸盐型、混合型磷块岩矿。磷矿石中的钾预期可用于制造钾磷复合肥料。

(4)晚泥盆世，沙窝子组下段所产什邡式磷矿中磷块岩矿石普遍具有品位中高，低硅、镁，高铁、铝的特点。经矿集区全区统计，$w(P_2O_5)$ 平均为 28.66%；酸不溶物平均为 12.53%。主要脉石矿物为黏土矿物，偶见碳酸盐矿物。磷块岩矿石品级以Ⅱ级品为主，部分为Ⅰ、Ⅲ级品，工业类型多属硅酸盐型磷块岩矿，少量属硅质型磷块岩矿。什邡式磷矿中硫磷铝锶矿是一直未被工业利用的磷矿石新类型，为铝磷酸盐为主组成的矿石。硫磷铝锶矿产于砾屑磷块岩之上，局部呈夹层状出现于磷块岩矿体中。地质调查表明，硫磷铝锶矿与什邡式磷矿的分布基本一致。

# 第二章  硫  矿

硫是自然界中十分常见的元素，一般以硫铁矿、自然硫、硫化氢等形式存在。工业利用的主要是自然硫、硫铁矿，石油、天然气中伴生硫也开始利用。其主要用途是制取硫酸和硫磺。世界上硫资源主要分布在北美、中东、中国等地。据《中国矿产资源报告》(2014)，全国硫铁矿查明资源储量为56.93亿吨(矿石量)。

## 第一节  四川省硫矿资源概述

四川省硫矿资源十分丰富，虽然可分为硫铁矿、自然硫、伴生硫、天然气回收硫等四个类型，但其中最主要的是硫铁矿，少量伴生硫，自然硫仅有一些线索。本章主要介绍硫铁矿。据《四川省矿产资源年报》(2014)，四川省硫铁矿查明资源储量在全国排第一位。目前全省硫铁矿保有资源储量、生产规模均排全国前列。

### 一、主要硫铁矿矿产地及规模

#### 1. 四川硫铁矿床数量

根据"全国矿产资源利用现状调查"、《四川省矿产资源年报》资料，截至2013年年底，四川省有硫铁矿上表矿区66个。根据《四川省硫矿资源潜力评价成果报告》(郭强等，2012)等资料，补充新增未上表单元，截至2013年年底，本书整理的硫铁矿区68个，其成矿地质特征如表2-1所示。

表2-1  四川省硫铁矿主要矿产地成矿特征一览表

| 序号 | 矿产地名称 | 规模 | 类型 | 成矿地质特征 |
|---|---|---|---|---|
| 1 | 广元市朝天区谢家湾 | 小型 | 沉积型硫铁矿(火山—沉积型) | 龙门前山盖层逆冲带。龙门山—大巴山成矿带/广元—江油成矿带。曾家河似箱形背斜中段，矿体产于上二叠统吴家坪组下部煤层之下，矿层厚0.68~1.28 m，品位为16.57%~19.55% |
| 2 | 南江县潮水洞 | 小型 | 热液型硫铁矿 | 米仓山基底逆冲带。龙门山—大巴山成矿带/米仓山成矿带。矿体赋存于大理岩与闪长岩脉的内外接触带上，厚1.74~12.78 m。硫铁矿平均品位24.45% |
| 3 | 青川县通木梁 | 小型 | 热液型硫铁矿 | 龙门后山基底推覆带。龙门山—大巴山成矿带/广元—江油成矿带。轿子顶背斜北西翼，在晶屑凝灰岩、辉绿辉长岩之间有透镜状铜、锌、硫矿体产出。矿体6个，呈似层状、透镜状 |

续表1

| 序号 | 矿产地名称 | 规模 | 类型 | 成矿地质特征 |
|---|---|---|---|---|
| 4 | 青川县侯家村 | 小型 | 热液型硫铁矿 | 龙门前山盖层逆冲带。龙门山—大巴山成矿带/广元—江油成矿带。松盖坝向斜西翼，矿体赋存于寒武系磨刀垭组石英砂岩夹页岩中，呈囊状、鸡窝状、透镜状，厚0.15～3.72 m，平均0.80 m。硫铁矿平均品位30% |
| 5 | 江油市吴家山 | 小型 | 热液型硫铁矿（杨家院式） | 龙门前山盖层逆冲带。龙门山—大巴山成矿带/广元—江油成矿带。仰天窝向斜南东翼，矿体赋存于泥盆系观雾山组白云岩段第一亚段。氧化带褐铁矿延深平均55 m；原生硫铁矿延深126 m。倾角56°～63°。长2 100 m，厚0.3～1.3 m，薄而稳定。硫铁矿品位21.00%～28.43% |
| 6 | 江油市杨家院 | 中型 | 热液型硫铁矿（杨家院式） | 龙门前山盖层逆冲带。龙门山—大巴山成矿带/广元—江油成矿带。仰天窝向斜北西翼，矿体赋存于泥盆系观雾山组白云岩段第一亚段。氧化带褐铁矿延深平均117 m；查明原生矿平均延深406 m，倾角60°～80°，长470 m，平均厚15.49 m。硫铁矿以Ⅱ级品为主 |
| 7 | 北川擂鼓镇麻柳湾 | 小型 | 沉积型硫铁矿（火山—沉积型） | 龙门前山盖层逆冲带。龙门山—大巴山成矿带/广元—江油成矿带。唐王寨向斜西南转折端，矿体产于上二叠统吴家坪组下部主煤层之下。矿层平均厚0.88 m，平均含硫19.04% |
| 8 | 安县太平五郎庙 | 小型 | 沉积型硫铁矿（火山—沉积型） | 龙门前山盖层逆冲带。龙门山—大巴山成矿带/安县—都江堰成矿带。矿体产于上二叠统吴家坪组下部主煤层之下。矿层平均厚1.3 m，$w(TS)$8.21%～20.09%，平均15%。硫铁矿之下伴生铝土矿 |
| 9 | 绵竹市天池 | 中型 | 沉积型硫铁矿（火山—沉积型） | 龙门前山盖层逆冲带。龙门山—大巴山成矿带/安县—都江堰成矿带。天池倒转向斜内，矿体赋存于上二叠统吴家坪组下部主煤层之下，平均厚1.25 m，坑道取样：$w(TS)$为8.01%～22.03%，平均15%。硫铁矿之下伴生铝土矿 |
| 10 | 汶川县三江 | 中型 | 热液型硫铁矿 | 龙门前山盖层逆冲带。龙门山—大巴山成矿带/安县—都江堰成矿带。矿体赋存于泥盆系观雾山组白云岩中，呈似层状、透镜状、串珠状，厚0.5～3 m。硫铁矿平均品位为10%～44%。伴生铅、锌 |
| 11 | 崇州市银厂沟 | 小型 | 热液型硫铁矿 | 龙门前山盖层逆冲带。龙门山—大巴山成矿带/安县—都江堰成矿带。矿体赋存于泥盆系观雾山组白云岩中，呈透镜状，厚0.5～1.0 m，矿石硫铁矿品位：$w(TS)$为15%～30%，共生铅锌矿品位：$w(Pb)$为0.3%～3.2%，$w(Zn)$为5%～12% |
| 12 | 大邑县银厂沟 | 小型 | 热液型硫铁矿 | 龙门前山盖层逆冲带。龙门山—大巴山成矿带/安县—都江堰成矿带。矿区位于懒板凳—白石飞来峰内，矿体赋存于泥盆系观雾山组白云岩中，Ⅰ号矿体硫铁矿（隐状矿体）长118 m，斜深85 m，呈薄脉状、不规则状，平均厚1.55 m，平均品位：$w(TS)$为33.29%；Ⅱ号矿体铅锌矿长125 m，斜深86 m，呈薄层状、似层状，平均厚1.50 m，矿石平均品位：$w(Zn)$为5.46%、$w(Pb)$为1.19%、$w(TS)$为5%～7%。均为原生矿 |
| 13 | 大邑县永胜 | 小型 | 热液型硫铁矿 | 龙门山基底逆推带/龙门前山盖层逆冲带。龙门山—大巴山成矿带/安县—都江堰成矿带。矿区位于懒板凳—白石飞来峰内，矿体赋存于泥盆系观雾山组白云岩中，呈隐伏层状产出，长360 m，斜深350 m，平均厚1.27 m。硫铁矿平均品位32.43% |
| 14 | 天全县阴山沟 | 小型 | 热液型硫铁矿（打字堂式） | 龙门后山基底推覆带。龙门山—大巴山成矿带/宝兴成矿带。有2个矿体，赋存于斜长花岗岩与奥陶系地层外接触带、白云岩间破碎带中，Ⅰ矿体为主要矿体。Ⅰ、Ⅱ矿体长50～400 m，厚1.80～14.71 m，平均品位37.04% |
| 15 | 天全县双鼻孔 | 小型 | 热液型硫铁矿（打字堂式） | 龙门后山基底推覆带。龙门山—大巴山成矿带/宝兴成矿带。有1个矿体，赋存于奥陶系宝塔组与$F_1$断层接触部位、断层破碎带的白云岩中，严格受断层控制，呈似层状、豆荚状、串珠状产出，矿体两端有铁帽出露。厚0.46～4.44 m，品位为18.30%～48.57% |
| 16 | 天全县黄沙河 | 小型 | 热液型硫铁矿 | 龙门后山基底推覆带。龙门山—大巴山成矿带/宝兴成矿带。矿体赋存于震旦系—寒武系灯影组下部白云岩中，有大小矿体8个，矿石品位8%～46.79%。Ⅰ号矿体为主矿体，长400 m，平均厚度1.22 m，似层状产出 |
| 17 | 天全县鬼招手 | 小型 | 热液型硫铁矿（打字堂式） | 龙门后山基底推覆带。龙门山—大巴山成矿带/宝兴成矿带。矿体产于奥陶系宝塔组白云质大理岩中，矿体3个，矿体埋深0～73 m，倾角0°～12°，长100 m，厚3～12 m。硫铁矿以Ⅲ级品为主 |

| 序号 | 矿产地名称 | 规模 | 类型 | 成矿地质特征 |
|---|---|---|---|---|
| 18 | 天全县打字堂 | 中型 | 热液型硫铁矿（打字堂式） | 龙门后山基底推覆带。龙门山—大巴山成矿带/宝兴成矿带。矿体产于奥陶系宝塔组白云质大理岩中，呈大椭长透镜状，矿体延深最大可达450 m，长1 400 m，厚1~26 m。硫铁矿以致密块状为主，平均品位一般大于30%，最高可达43.67%；次为浸染状矿石，平均品位18.8% |
| 19 | 天全县三岔沟 | 小型 | 热液型硫铁矿 | 龙门山基底逆推带/龙门后山基底推覆带。龙门山—大巴山成矿带/宝兴成矿带。有矿体3个，赋存于泥盆系养马坝组底部、甘溪组白云岩顶部侵蚀面之上，呈层状产出，厚0.25~1.7 m。硫铁矿品位为13%~17% |
| 20 | 天全县高宝顶（闭坑） | 小型 | 热液型硫铁矿 | 龙门后山基底推覆带。龙门山—大巴山成矿带/宝兴成矿带。矿体赋存于震旦系—寒武系灯影组下部白云质大理岩，主矿体呈囊状产出，平均厚度19.54 m，平均品位26.54% |
| 21 | 天全县大渔溪 | 小型 | 热液型硫铁矿 | 龙门后山基底推覆带。龙门山—大巴山成矿带/宝兴成矿带。大渔溪背斜南东翼，有3个矿体，赋存于灯影组白云岩与晋宁—澄江期花岗岩接触带中。②矿体为主要矿体，呈透镜状产出，厚2.32~2.96 m，品位为27.14%~46.06% |
| 22 | 汉源县银厂沟 | 小型 | 热液型硫铁矿 | 峨眉山断块。上扬子中东部成矿带/汉源—甘洛—峨眉成矿带。矿体受断裂裂隙影响，赋存于震旦—寒武系灯影组上部白云岩中，厚0.1~1.5 m。围岩蚀变主要为硅化，与硫铁矿化关系密切。浅部硫铁矿品位低，深部品位达25%~35% |
| 23 | 荥经县凰仪 | 小型 | 热液型硫铁矿 | 峨眉山断块。上扬子中东部成矿带/汉源—甘洛—峨眉成矿带。断裂发育，矿体赋存于二叠系阳新组灰岩、泥灰岩中，厚2.50~2.75 m，呈似层状、透镜状、囊状产出。硫铁矿品位平均达21% |
| 24 | 洪雅县张村乡三矿山 | 小型 | 热液型硫铁矿 | 峨眉山断块。上扬子中东部成矿带/汉源—甘洛—峨眉成矿带。$F_1$、$F_2$断层为主要控矿构造，矿体产于$F_1$断裂上盘的破碎带内外侧，长125 m，厚0.5~12.5 m。矿石品位在40%以上。容矿岩石为震旦—寒武系灯影组白云岩 |
| 25 | 洪雅县张村乡贯坪 | 小型 | 热液型硫铁矿 | 扬子陆块南部碳酸盐台地/峨眉山断块。上扬子中东部成矿带/汉源—甘洛—峨眉成矿带。硝水坪背斜北东翼，矿体赋存于震旦—寒武系灯影组白云岩中，厚0.77~0.90 m，呈透镜状产出。硫铁矿品位为35%~40% |
| 26 | 华蓥市绿水洞 | 中型 | 沉积型硫铁矿（火山-沉积型） | 华蓥山滑脱褶皱带。四川盆地成矿区/盆地东部华蓥山成矿带。龙王洞背斜中段东翼，矿体赋存于上二叠统龙潭组底部主煤层之下，呈层状、似层状，平均厚1.02 m。硫铁矿平均品位为14.9% |
| 27 | 邻水县石堰口 | 小型 | 沉积型硫铁矿（火山-沉积型） | 华蓥山滑脱褶皱带。四川盆地成矿区/盆地东部华蓥山成矿带。有3个矿体，赋存于上二叠统龙潭组底部主煤层之下，呈似层状、透镜状，主矿体厚0.50 m，平均品位为15.72% |
| 28 | 华蓥市溪口马流岩 | 小型 | 沉积型硫铁矿（火山-沉积型） | 华蓥山滑脱褶皱带。四川盆地成矿区/盆地东部华蓥山成矿带。有5个矿体，赋存于上二叠统龙潭组底部主煤层之下，呈似层状、透镜状，主矿体厚0.87~1.10 m，平均品位为13.1% |
| 29 | 长宁县龙蟠溪 | 中型 | 沉积型硫铁矿（火山-沉积型）（叙永式） | 叙永—筠连叠加褶皱带。上扬子中东部成矿带/筠连—古蔺成矿带。位于珙长背斜北东翼，矿体赋存于上二叠统龙潭组第一段。含矿段平均厚7.40 m，矿层平均厚1.95 m。硫铁矿平均品位为15.99% |
| 30 | 长宁县官兴 | 中型 | 沉积型硫铁矿（火山-沉积型）（叙永式） | 叙永—筠连叠加褶皱带。上扬子中东部成矿带/筠连—古蔺成矿带。位于珙长背斜北东翼，矿体赋存于上二叠统龙潭组第一段。含矿段平均厚5.90 m，矿层平均厚2.72 m。硫铁矿平均品位为15.17% |
| 31 | 江安县富安 | 大型 | 沉积型硫铁矿（火山-沉积型）（叙永式） | 叙永—筠连叠加褶皱带。上扬子中东部成矿带/筠连—古蔺成矿带。珙长背斜北东翼，矿体赋存于上二叠统龙潭组第一段。矿体倾角为15°~60°，长8 500 m，厚1.04~5.46 m，平均厚3.11 m。硫铁矿平均品位15.39% |
| 32 | 兴文县古宋一号井田 | 大型 | 沉积型硫铁矿（火山-沉积型）（叙永式） | 叙永—筠连叠加褶皱带。上扬子中东部成矿带/筠连—古蔺成矿带。珙长背斜北东翼，矿体赋存于龙潭组第一段。矿体倾角25°~38°，含矿段平均厚7.50 m，长6 300 m，矿层厚1.77~4.84 m，平均为2.68 m。硫铁矿平均品位15.20% |

| 序号 | 矿产地名称 | 规模 | 类型 | 成矿地质特征 |
|---|---|---|---|---|
| 33 | 兴文县古宋二号井田 | 大型 | 沉积型硫铁矿（火山-沉积型）（叙永式） | 叙永—筠连叠加褶皱带。上扬子中东部成矿带/筠连—古蔺成矿带。珙长背斜北东翼，矿体赋存于龙潭组第一段。含矿段平均厚 8.00 m，矿体倾角 30°～38°，长 4 600 m，厚 2.05～4.42 m，平均 2.72 m。硫铁矿平均品位为 15.10% |
| 34 | 兴文县东梁坝 | 中型 | 沉积型硫铁矿（火山-沉积型）（叙永式） | 扬子陆块南部碳酸盐台地/叙永—筠连叠加褶皱带。上扬子中东部成矿带/筠连—古蔺成矿带。珙长背斜北东翼，矿体赋存于上二叠统龙潭组第一段。含矿段平均厚 7.40 m，矿层平均厚 1.84 m。硫铁矿平均品位 13.21% |
| 35 | 兴文县先锋德赶坝 | 大型 70 686 | 沉积型硫铁矿（火山-沉积型）（叙永式） | 扬子陆块南部碳酸盐台地/叙永—筠连叠加褶皱带。上扬子中东部成矿带/筠连—古蔺成矿带。珙长背斜北西翼，矿体赋存于上二叠统龙潭组第一段。矿体埋深 0～400 m，倾角为 7°～18°，长 3 000 m，含矿段平均厚 13.30 m，矿层平均厚 1.75 m。硫铁矿平均品位为 19.81% |
| 36 | 兴文县先锋龙塘 | 中型 | 沉积型硫铁矿（火山-沉积型）（叙永式） | 扬子陆块南部碳酸盐台地/叙永—筠连叠加褶皱带。上扬子中东部成矿带/筠连—古蔺成矿带。珙长背斜北西翼，矿体赋存于上二叠统龙潭组第一段。含矿段平均厚 10.70 m，矿体埋深 0～300 m，倾角为 13°～15°，长 2 550 m，矿层厚 2.53～3.17 m，平均厚 2.48 m。硫铁矿平均品位为 20.48% |
| 37 | 兴文县先锋周家 | 大型 | 沉积型硫铁矿（火山-沉积型）（叙永式） | 叙永—筠连叠加褶皱带/筠连—古蔺成矿带。上扬子中东部成矿带/筠连—古蔺成矿带。珙长背斜南西翼，矿体赋存于龙潭组第一段。含矿段平均厚 8.50 m，矿体埋深 0～600 m，倾角为 0°～16°，长 4 000 m，矿层平均厚 2.97 m。硫铁矿平均品位为 19.93% |
| 38 | 兴文县先锋新塘 | 中型 | 沉积型硫铁矿（火山-沉积型）（叙永式） | 扬子陆块南部碳酸盐台地/叙永—筠连叠加褶皱带。上扬子中东部成矿带/筠连—古蔺成矿带。珙长背斜北西翼，矿体赋存于上二叠统龙潭组第一段。含矿段平均厚 5.60 m，矿体埋深 0～740 m，倾角为 10°～15°，长 3 400 m，矿层平均厚 2.16 m。硫铁矿平均品位为 20.00% |
| 39 | 兴文县先锋新华 | 大型 | 沉积型硫铁矿（火山-沉积型）（叙永式） | 叙永—筠连叠加褶皱带。上扬子中东部成矿带/筠连—古蔺成矿带。珙长背斜南西翼，矿体赋存于上二叠统龙潭组第一段。矿体埋深 600 m，倾角为 12°～23°，长 8 200 m，含矿段平均厚 5.00 m，矿层平均厚 2.23 m。硫铁矿平均品位为 17.04% |
| 40 | 兴文县玉竹山 | 大型 | 沉积型硫铁矿（火山-沉积型）（叙永式） | 叙永—筠连叠加褶皱带。上扬子中东部成矿带/筠连—古蔺成矿带。珙长背斜北东转折端，矿体赋存于龙潭组第一段。含矿段平均厚 7.60 m，矿层平均厚 2.45 m。硫铁矿平均品位为 16.00% |
| 41 | 兴文县先锋铜锣坝 | 中型 | 沉积型硫铁矿（火山-沉积型）（叙永式） | 叙永—筠连叠加褶皱带。上扬子中东部成矿带/筠连—古蔺成矿带。珙长背斜南西翼，矿体赋存于龙潭组第一段。矿体倾角为 25°～30°，长 2 925 m，含矿段平均厚 4.00 m，矿层平均厚 2.53 m。硫铁矿平均品位为 17.89% |
| 42 | 兴文县先锋川堰 | 大型 | 沉积型硫铁矿（火山-沉积型）（叙永式） | 叙永—筠连叠加褶皱带。上扬子中东部成矿带/筠连—古蔺成矿带。珙长背斜南西翼，矿体赋存于龙潭组第一段。矿体埋深 50～500 m，倾角为 12°～25°，长 6 722 m，含矿段平均厚 4.60 m，矿层平均厚 2.04 m。硫铁矿平均品位为 17.85% |
| 43 | 叙永县落叶坝（六一坝） | 大型 | 沉积型硫铁矿（火山-沉积型）（叙永式） | 叙永—筠连叠加褶皱带。上扬子中东部成矿带/筠连—古蔺成矿带。大寨背斜北翼，矿体赋存于龙潭组第一段。矿体倾角为 0°～22°，长 1 300 m，含矿段平均厚 4.87 m，矿层平均厚 3.09 m。硫铁矿平均品位为 13.80% |
| 44 | 古蔺县岔角滩井田 | 中型 | 沉积型硫铁矿（火山-沉积型）（叙永式） | 叙永—筠连叠加褶皱带。上扬子中东部成矿带/筠连—古蔺成矿带。古蔺复式背斜北翼，矿体赋存于上二叠统龙潭组第一段。矿体埋深 0～845 m，倾角 15°～40°，长 3 500 m，含矿段平均厚 4.21 m，矿层平均厚 3.05 m。硫铁矿平均品位为 15.07% |
| 45 | 叙永县两河渡船坡 | 大型 | 沉积型硫铁矿（火山-沉积型）（叙永式） | 叙永—筠连叠加褶皱带。上扬子中东部成矿带/筠连—古蔺成矿带。矿体赋存于上二叠统龙潭组第一段、洛窝背斜翼部。矿体平均厚 3.16 m，埋深 500 m，倾角为 5°～20°，长 3 200 m，含矿段平均厚 4.50 m。氧化带深度 63～23 m。平均品位为 16.82% |
| 46 | 叙永县沈家山井田 | 中型 | 沉积型硫铁矿（火山-沉积型）（叙永式） | 叙永—筠连叠加褶皱带。上扬子中东部成矿带/筠连—古蔺成矿带。大寨背斜南翼，矿体赋存于上二叠统龙潭组第一段。含矿段平均厚 3.20 m，矿层平均厚 1.81 m。硫铁矿平均品位 15.00% |

| 序号 | 矿产地名称 | 规模 | 类型 | 成矿地质特征 |
|---|---|---|---|---|
| 47 | 叙永县两河乐郎 | 大型 | 沉积型硫铁矿(火山-沉积型)(叙永式) | 叙永—筠连叠加褶皱带。上扬子中东部成矿带/筠连—古蔺成矿带。矿体赋存于上二叠统龙潭组第一段,茶叶沟背斜北东倾没端。长9 000 m,厚为3.52~4.86 m。硫铁矿平均品位$w(TS)$为14.31% |
| 48 | 叙永县大树 | 大型 | 沉积型硫铁矿(火山-沉积型)(叙永式) | 叙永—筠连叠加褶皱带。上扬子中东部成矿带/筠连—古蔺成矿带。矿体赋存于上二叠统龙潭组第一段,大安山向斜北部。矿体埋深0~391 m,倾角为5°~20°,长5 400 m,厚3 m。平均品位为16.82% |
| 49 | 叙永县大树西 | 大型 | 沉积型硫铁矿(火山-沉积型)(叙永式) | 叙永—筠连叠加褶皱带。上扬子中东部成矿带/筠连—古蔺成矿带。矿体赋存于上二叠统龙潭组第一段,大安山向斜北部。矿体埋深0~500 m,倾角为5°~20°,长3 200 m,厚3 m。平均品位为16.79% |
| 50 | 叙永县两河五角山 | 超大型 | 沉积型硫铁矿(火山-沉积型)(叙永式) | 叙永—筠连叠加褶皱带。上扬子中东部成矿带/筠连—古蔺成矿带。矿体赋存于上二叠统龙潭组第一段,矿段构造以褶皱为主,主体构造为洛窝背斜,矿体沿褶皱两翼分布。矿体埋深450~552 m,倾角为5°~25°,长4 400 m,厚5 m,氧化带深度46 m。平均品位为17.06% |
| 51 | 叙永县震东井田 | 中型 | 沉积型硫铁矿(火山-沉积型)(叙永式) | 叙永—筠连叠加褶皱带。筠连—古蔺成矿带。上扬子中东部成矿带/筠连—古蔺成矿带。井田面积24.25 km²,有可采煤层4层。硫铁矿体赋存于上二叠统龙潭组第一段。硫铁矿平均品位$w(TS)$为16.32% |
| 52 | 叙永县两河金华 | 大型 | 沉积型硫铁矿(火山-沉积型)(叙永式) | 叙永—筠连叠加褶皱带。上扬子中东部成矿带/筠连—古蔺成矿带。矿体赋存于上二叠统龙潭组第一段,大安山向斜北西翼。矿体厚0~5.9 m,平均4.8 m。矿石品位为12.70%~18.49%,平均为15.54% |
| 53 | 古蔺县石屏 | 大型 | 沉积型硫铁矿(火山-沉积型)(叙永式) | 扬子陆块南部碳酸盐台地/叙永—筠连叠加褶皱带。上扬子中东部成矿带/筠连—古蔺成矿带。古蔺复式背斜北翼,有东、西两段,矿体赋存于上二叠统龙潭组第一段。矿体埋深0~132 m,倾角为14°~27°,长5 400 m,含矿段平均厚4.40 m,矿层平均厚2.84 m。硫铁矿平均品位为15.33% |
| 54 | 叙永县灯盏坪井田 | 中型 | 沉积型硫铁矿(火山-沉积型)(叙永式) | 叙永—筠连叠加褶皱带。上扬子中东部成矿带/筠连—古蔺成矿带。古蔺复式背斜北翼,矿体赋存于上二叠统龙潭组第一段。含矿段平均厚4.60 m,矿层平均厚1.81 m。硫铁矿平均品位为13.50% |
| 55 | 珙县观斗(洛表) | 大型 | 沉积型硫铁矿(火山-沉积型)(叙永式) | 叙永—筠连叠加褶皱带。上扬子中东部成矿带/筠连—古蔺成矿带。落木柔背斜北翼,矿体赋存于上二叠统龙潭组第一段。含矿段平均厚4.80 m,矿层平均厚2.16 m。硫铁矿平均品位为19.46% |
| 56 | 叙永县两河放马坝 | 大型 | 沉积型硫铁矿(火山-沉积型)(叙永式) | 叙永—筠连叠加褶皱带。上扬子中东部成矿带/筠连—古蔺成矿带。矿体赋存于上二叠统龙潭组第一段,大安山向斜西部扬起端。矿体露头全长9 000 m。矿层厚2.73~3.80 m,平均品位$w(TS)$为16.39%。矿石矿物为黄铁矿、白铁矿,脉石矿物为高岭石。近地表矿体受风化淋滤,形成硫铁矿氧化带 |
| 57 | 古蔺县象顶井田 | 大型 | 沉积型硫铁矿(火山-沉积型)(叙永式) | 叙永—筠连叠加褶皱带。上扬子中东部成矿带/筠连—古蔺成矿带。古蔺复式背斜北翼,矿体赋存于上二叠统龙潭组第一段。含矿段平均厚5.50 m,矿层平均厚2.17 m。硫铁矿平均品位为15.00% |
| 58 | 古蔺县茨竹沟井田 | 大型 | 沉积型硫铁矿(火山-沉积型)(叙永式) | 叙永—筠连叠加褶皱带。上扬子中东部成矿带/筠连—古蔺成矿带。古蔺复式背斜北翼,矿体赋存于上二叠统龙潭组第一段。含矿段平均厚7.10 m,矿层平均厚1.80 m。硫铁矿平均品位为14.27% |
| 59 | 古蔺县大村勘查区 | 超大型 | 沉积型硫铁矿(火山-沉积型)(叙永式) | 扬子陆块南部碳酸盐台地/叙永—筠连叠加褶皱带。上扬子中东部成矿带。大村向斜深部,包括新华、中乐、土城三段,矿体赋存于上二叠统龙潭组第一段。含矿段平均厚3.50 m,矿层平均厚2.59 m。硫铁矿平均品位为15.28% |
| 60 | 古蔺县芭蕉坪 | 小型 | 沉积型硫铁矿(火山-沉积型)(叙永式) | 叙永—筠连叠加褶皱带。上扬子中东部成矿带/筠连—古蔺成矿带。古蔺复式背斜北翼,矿体赋存于上二叠统龙潭组第一段,矿体倾角为33°~35°,长1 260 m,含矿段平均厚8.10 m,矿层平均厚1.97 m。硫铁矿平均品位为14.52% |
| 61 | 叙永县后山井田 | 大型 | 沉积型硫铁矿(火山-沉积型)(叙永式) | 叙永—筠连叠加褶皱带。上扬子中东部成矿带/筠连—古蔺成矿带。矿体赋存于上二叠统龙潭组第一段,大安山向斜南翼。含矿段平均厚4.64 m,矿层平均厚2.00 m。硫铁矿平均品位为17.38% |

| 序号 | 矿产地名称 | 规模 | 类型 | 成矿地质特征 |
|---|---|---|---|---|
| 62 | 叙永县后山三斗米 | 大型 | 沉积型硫铁矿（火山-沉积型）（叙永式） | 扬子陆块南部碳酸盐台地/叙永—筠连叠加褶皱带。上扬子中东部成矿带/筠连—古蔺成矿带。矿体赋存于上二叠统龙潭组第一段，大安山向斜南翼。矿体长 5.2 km，厚 0.57～3.43 m。平均品位 16.04％ |
| 63 | 叙永县后山海坝 | 大型 | 沉积型硫铁矿（火山-沉积型）（叙永式） | 扬子陆块南部碳酸盐台地/叙永—筠连叠加褶皱带。上扬子中东部成矿带/筠连—古蔺成矿带。矿体赋存于龙潭组第一段，大安山向斜南翼。矿体长 6.5 km，平均厚 1.65 m。品位一般为 18％～24％。矿段内褶曲不发育，断层发育，断层成组出现 |
| 64 | 古蔺县石宝 | 超大型 | 沉积型硫铁矿（火山-沉积型）（叙永式） | 叙永—筠连叠加褶皱带。上扬子中东部成矿带/筠连—古蔺成矿带。石宝向斜转折端，矿体赋存于龙潭组第一段，含矿段平均厚 3.10 m，矿层平均厚 2.17 m。硫铁矿平均品位为 15.82％ |
| 65 | 古蔺县椒园 | 大型 | 沉积型硫铁矿（火山-沉积型）（叙永式） | 叙永—筠连叠加褶皱带。上扬子中东部成矿带/筠连—古蔺成矿带。石宝向斜南翼，矿体赋存于龙潭组第一段。含矿段平均厚 3.70 m，矿层平均厚 2.09 m。硫铁矿平均品位为 16.24％ |
| 66 | 盐源县草坪子Ⅴ号矿 | 小型 | 热液型硫铁矿 | 上扬子陆块/盐源—丽江逆冲带。盐源—丽江成矿带/盐源盆地成矿带。矿山梁子式铁矿共生硫铁矿，矿体赋存于大板山岩体内接触带矽卡岩中，呈透镜状产出。平均厚 9.74 m。硫铁矿平均品位为 30.72％ |
| 67 | 盐源县矿山梁子 | 小型 | 热液型硫铁矿 | 盐源—丽江逆冲带。盐源—丽江成矿带/盐源盆地成矿带。受基底断裂及火山机构控制，硫铁矿与磁铁矿共生，形成独立矿体（地表未出露），产于铁矿体边部尖灭端，多呈透镜状、不规则状，厚 1～17.5 m，平均厚 4.2 m。硫铁矿平均品位为 16.73％ |
| 68 | 会东县铁柳 | 小型 | 热液型硫铁矿 | 康滇基底断隆带。康滇隆起成矿带/会理—会东成矿带。矿区由铅厂河（白岩桥）、小石林、染家村、干沟四段组成，矿体分布明显受构造和地层双重控制，矿体围岩为震旦—寒武系灯影组及麦地坪段白云岩，矿体位于近南北向转北东向断裂的西侧，即上盘的破碎带中。硫铁矿以Ⅱ级品为主 |

#### 2. 四川硫铁矿床规模

根据"全国矿产资源利用现状调查"、《四川省硫矿资源潜力评价成果报告》等资料，截至 2013 年年底，全省累计查明资源储量（矿石量）超过 3 000 万吨的大型（含超大型）硫铁矿矿床 26 个，占查明矿床总数的 38.24％；大于 200 万吨的中型硫铁矿矿床 15 个，占总数的 22.06％；小于 200 万吨的小型硫铁矿矿床 26 个，占总数的 39.70％。

## 二、已查明资源量及地理分布

#### 1. 已查明的硫铁矿资源

根据《四川省矿产资源年报》、《四川省硫矿资源潜力评价成果报告》、"全国矿产资源利用现状调查"等资料统计，补充近年古叙矿区各井田等新增未上表资源储量，截至 2013 年年底，四川省累计查明硫铁矿石资源量 24.09 亿吨。

根据《四川省矿产资源年报》，截至 2014 年年底，四川省硫铁矿石资源储量 9.59 亿吨，占全国的 16.84％，其中 68 个矿区基础储量 3.8 亿吨。据 2015 年上半年出炉的《2014 四川省国土资源公报》，作为四川优势矿产，四川硫铁矿在全国查明资源储量中排第 1 位。

以硫元素量统计,截至 2014 年年底,四川省 10 个伴生硫上表矿区基础储量 3.7 万吨,其中资源储量 0.46 万吨。此外,根据《四川省硫矿资源潜力评价成果报告》等资料,截至 2013 年年底,四川省有铁铜铅锌磷矿伴生硫矿产地 14 处,累计查明伴生硫资源储量 5 860 万吨。各类共伴生硫矿中,矿山梁子式铁矿中硫含量最高,达 16.73%。川东北地区普光气田天然气资源量 8 916×$10^8$ m³,硫化氢含量($H_2S$)高达 14%～18%,目前已通过天然气净化生产硫磺。

## 2. 地理分布

四川省硫铁矿以与煤矿异体共生的硫铁矿为主,主要分布于四川省南部(图 2-1),即川南泸州、宜宾地区,包括珙县、江安、长宁、兴文、叙永、古蔺等地。

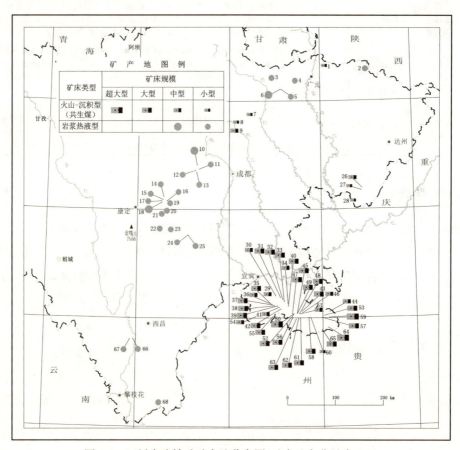

图 2-1　四川省硫铁矿矿产地分布图(矿产地名称见表 2-1)

大型、超大型矿床均分布于川南地区。从资源储量地理分布(图 2-2)可以看出,12 个市州累计探获资源量的分布可分为三个级次,泸州、宜宾最多,分别为 16.66 亿吨、6.96 亿吨;其次为绵阳、雅安、德阳、广安、凉山、阿坝,累计查明资源储量依次为 1 189 万吨、1 129 万吨、975 万吨、708 万吨、233 万吨、225 万吨;甘孜、广元、巴中、成都、眉山等累计查明资源储量较少。

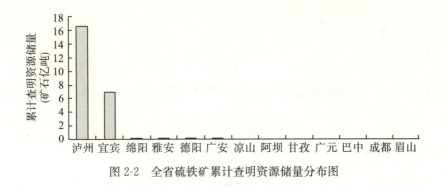

图 2-2　全省硫铁矿累计查明资源储量分布图

全省 12 个市州上表矿区硫铁矿石资源储量的分布与累计探获的资源储量类似，也可分为三个级次(图 2-3)，泸州、宜宾硫铁矿保有资源储量最多，依次为 5.46 亿吨、4.12 亿吨；其次为德阳、广安、绵阳、雅安、成都，保有资源储量依次为 975 万吨、674 万吨、669 万吨、541 万吨、457 万吨；广元、甘孜、阿坝、凉山、眉山、巴中等保有资源储量较少，均不及 300 万吨。

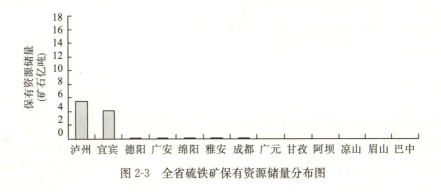

图 2-3　全省硫铁矿保有资源储量分布图

## 三、四川硫铁矿资源特点

四川省硫铁矿资源丰富，综合来看，全省的硫铁矿资源具有如下特点。

### 1. 硫矿资源类型

四川省硫资源结构有硫铁矿、伴生硫铁矿、自然硫和天然气回收硫四种类型。其中硫铁矿特别是与煤矿异体共生的硫铁矿占全省硫资源量的 98% 以上；其次是与铁、铜铅锌多金属等固体矿产的伴生硫；四川自然硫产地很少，分布零星，据《四川省区域矿产总结》(四川省地质矿产局，1990)，全省仅有 8 处矿(化)点；天然气中共伴生硫资源也较重要，目前部分气田正在进行回收硫的开发。由于四川的硫矿资源主要是硫铁矿，因此，本章主要总结占全省硫矿资源量绝对优势的硫铁矿特征。

2.分布相对集中

四川是我国重要的硫铁矿产地之一，全省有 12 个市州均探获有资源储量，但硫铁矿资源分布相对集中，查明资源储量主要集中于川、滇、黔三省交界的四川南部的泸州、宜宾地区(图 2-1)。

3.矿石以中低品位为主

无论是矿床数量，还是资源储量，四川硫铁矿床主要类型是与煤共生的叙永式沉积型硫铁矿(火山-沉积型)，其查明资源储量占有绝对优势，占比达 98％以上；该类型硫铁矿矿石以中低品位为主，一般为 10％~20％。川南硫铁矿分布集中，属中、低品位易选矿石，无论重选、浮选和重、浮联选，精矿品位均可达 35％以上，产率均可达到或接近 90％。

热液型硫铁矿品位高，但全省富硫铁矿(S 含量≥35％)查明资源储量所占比例极小。

与铁、铜、铅锌、磷等矿产伴生的硫矿资源量，攀枝花式铁矿的伴生硫排第 1 位，什邡式磷矿的伴生硫排第 2 位。

4.综合开发利用

四川省硫铁矿、伴生硫矿曾经不同程度地作过选矿试验和加工利用途径研究，总体而言，硫矿资源可利用性较好，煤系硫铁矿、热液型硫铁矿、有色金属伴生硫矿、天然气伴生硫矿已不同程度地开发利用。与煤共生的硫铁矿占绝对优势。硫铁矿富集于煤系地层的底部，矿层厚度稳定，含硫一般为 15％~20％，虽然品位较低，但矿石选矿性能良好，可以平硐开采。

在川南珙县—洛表一线以东，至古蔺县赤水河之间，东西长 150 km、宽约 55 km 范围内，赋存煤、硫铁矿共生矿床，煤系的上部含煤，煤系的底部为硫铁矿层，后者沉积于阳新灰岩古侵蚀面上，它们具有分布广，储量多，厚度、品位、质量均较稳定的特点。硫铁矿与煤矿属异体共生。晚二叠世大规模成矿作用，在形成四川省最大规模的硫铁矿之后，又形成了四川省最大规模的无烟煤层。煤炭是重要的能源矿产，硫铁矿是基本化工原料，硫煤共生，能源配套，综合开发利用条件好，是省内主要开采对象。

## 四、硫矿资源勘查概况

四川省硫矿开发历史较早。据张明远在《化学通报》上撰写的"我国利用硫铁矿制硫史"初步考证，四川硫矿在唐昭宗天复三年(公元 903 年)即已用于军事。宋《全蜀艺文志》《图经衍义》及明代李时珍《本草纲目》《方舆纪要》和《灌县志》等，均有四川产硫矿的记载。在清代，江油、天全、古蔺、江安、兴文、华蓥山、南川、会理、彭县、广元等县都有炼硫记述。据1934年四川中心工业试验所刊第一期载，四川年产硫1 500吨。1949年产量下降仅800吨，至1956年年产3万吨，1985年年产13.6万吨。

四川硫铁矿的地质调查工作始于1931年，先后有侯德封、李春昱等在广元、南江一带，以及川东一带进行过调查，记述了二叠系乐平煤系中黄铁矿的产出情况及与煤层的共生关系。常隆庆等在越西、天全一带调查热液型硫铁矿，并探讨了其成因。李陶在彭县铜矿调查伴生硫铁矿，并估算了储量。1943～1944年，白家驹对全国硫铁矿矿业著有纪要，其中详细记述了四川硫矿产地及矿产赋存情况。

四川硫铁矿床的正规勘查工作始于20世纪50年代中期和后期。1956～1958年，四川省地质局天全队、绵阳队分别在天全和江油勘查。1959～1960年，四川省地质局甘孜队、红坭乡队、一〇一队、一〇二队、西昌队、物探队等在会理、会东、越西、丹巴、泸定、九龙等地发现了一些热液型硫铁矿产地。同时西南煤田地质勘探局的七队、一三五队、一三六队在川南和川东对二叠系煤田勘探的同时，对共生的硫铁矿作过一般性评价；冶金部地质局川鄂分局三〇四队、六〇三队在二叠系煤系地层中对菱铁矿勘查时，也对硫铁矿作过一般评价。

20世纪60年代开始，四川硫铁矿的勘查工作大量展开，先后有四川省劳改局勘探队、四川省化工地质队、四川省地质局所属川南综合普查大队、泸州队、二〇二队、玻璃原料队、宜宾队、一一三队、二〇八队、四〇七队在川东、川南开展普查与勘探。

20世纪80年代以来，在进行硫铁矿勘查的同时，一些单位和学者对四川硫铁矿，特别是川南硫铁矿进行了分析和研究，总结了四川硫铁矿成矿特征、划分成因类型。1980年，四川省地质局二〇二队编制了《四川南部上二叠统硫铁矿成矿远景区划》，初步总结了本区硫铁矿床的矿化规律，划分了三类成矿远景区，提出了50个成矿远景地段，预测远景资源量。1984年，王朝钧等完成《川南地区煤硫矿产资源综合开发利用方案研究报告》，对硫煤矿产资源的地质赋存条件、建设条件、开发利用、服务方向、工作步骤、建设规模、资源配套、环境保护和经济效益进行了全面分析研究。1985年，全国矿产储量委员会发布了《川南地区煤、硫铁矿床综合勘探若干暂行规定》，划分了煤、硫铁矿床综合勘探类型，即：第一类型：煤层较稳定、硫铁矿层稳定；矿床构造简单或中等；第二类型：煤层较稳定、硫铁矿层较稳定；矿床构造中等或简单。1991年，四川省地质局二〇二队完成《川南硫铁矿远景调查报告》，从资源分布特征的角度，将全区划分为四个富集区、9个矿区、53个矿段；选出可供普查、详查的靶区32个。

四川省矿产资源潜力评价项目组于2012年完成了硫矿资源潜力评价工作，对全省硫铁矿成矿规律进行了综合研究，并预测了潜在的资源量。

# 第二节 硫铁矿类型

## 一、硫铁矿矿床类型划分

中国硫铁矿床分布广泛，控矿因素多，成因复杂，目前尚未形成统一系统的成因类型划分方案。从工业利用角度分类，《硫铁矿地质勘查规范》（DZ/T 0210—2002）将矿床工业类型划分为硫铁矿型、煤系沉积型、多金属型 3 大类，进一步分为 9 个工业类型。《矿产资源工业要求手册》（矿产资源工业要求手册编委会，2010）分为煤系沉积型硫铁矿矿床、沉积变质型硫铁矿矿床、火山岩型硫铁矿矿床、多金属型硫铁矿矿床、沉积-改造型硫铁矿矿床沉积、热液充填交代型硫铁矿矿床、矽卡岩型硫铁矿矿床 7 种。

卢炳所著《中国硫铁矿地质》（1984）一书，以矿床的基本成矿地质作用作为划分大类的基础，根据矿床的成矿和产出地质条件进一步划分亚类。该书将我国硫铁矿床划分5 大类 8 亚类，其中，四川叙永大树划归煤系沉积矿床。

阎俊峰等（1982，1994）从物质来源出发进行矿床分类，将我国硫铁矿床划分 2 大类 4亚类 8 小类，认为四川叙永式和贵州大方猫场式硫铁矿床成矿物质主要来源于地球内部，划归大陆火山（岩浆）-气液矿床中的火山构造沉陷型硫铁矿床。

甘朝勋（1985）提出西南硫矿带硫铁矿产于晚二叠世早期、其生成与峨眉山玄武岩喷溢活动密切相关的观点，认为它们都是富硫玄武岩浆的衍生物，成因类型主要属火山-沉积矿床。通过矿床类型的研究，在川滇黔交界一带，建立了银厂沟式、猫场式、林口式和三岔河式 4 个硫铁矿床类型。

据阎俊峰等（1994）介绍，滇东、黔西、川南一带龙潭煤系含有数十层夹矸石，其中存在若干高温矿物之完善晶体，认为此类夹矸石为酸性火山灰沉积。阎俊峰等研究离火山中心的远近关系后，综合分析由近及远、由西南至东北区域矿床类型应为：老鸡场式、猫场式、云龙式、叙永式，解释其叙永式相当于甘朝勋（1985）的三岔河式。研究提出贵州大方猫场式、四川叙永式硫铁矿属火山构造沉陷型硫铁矿床成矿理论。阎俊峰等认为，四川盆地东部、北部其他地区同一层位的硫铁矿床的成因尚需进一步研究。

汤中立等在《中国古生代成矿作用》（2005）中基本沿用《中国矿床》的观点，对大方猫场、叙永大树硫铁矿作对比介绍，认为成矿物质主要来自火山喷发，而矿质富集方式则以沉积作用为主，属火山-沉积矿床；指出，此类硫铁矿床分布集中，矿床和矿点上百个，是我国最重要硫铁矿矿集区。通过研究，建立"扬子陆块西部晚二叠世与陆相玄武岩、海陆交互相沉积岩有关的硫、Mn、Fe、铝土矿、煤矿床成矿系列"以及"川滇黔产于晚二叠世玄武岩-火山碎屑岩-黏土岩和碳质页岩中的硫铁矿、煤矿床成矿亚系列"。

《重要化工矿产资源潜力评价技术要求》(熊先孝等，2010)，根据不同的成矿地质条件和成矿方式，将硫铁矿矿床的成因类型划分为：沉积型、沉积变质型、岩浆热液型、海相火山岩型、陆相火山岩型和自然硫等六种类型。将叙永式硫铁矿命名为"叙永式煤系地层沉积型硫铁矿床"。

## 二、四川硫铁矿类型

### 1.硫铁矿类型

《四川省区域矿产总结》(四川省地质矿产局，1990)把全省硫铁矿划分为沉积矿床、火山岩矿床、热液充填交代矿床三类；沉积矿床还可进一步划分为煤系沉积矿床、碳酸盐岩和砂页岩与其他岩石组合的沉积矿床两个亚类；认为硫铁矿总的特征是：矿床成因类型较多，而以煤系沉积硫铁矿(川南硫铁矿)为主。该总结把杨家院硫铁矿划分为沉积型(沉积改造)，打字堂硫铁矿划分为热液充填交代型；把伴生硫划分为金属硫化物矿床中的伴生硫、钒钛磁铁矿中的伴生硫、硫磷铝银矿床中的伴生硫三类。四川省地矿局二〇二地质队卓君贤撰文(1991)指出，长期以来，人们一直将川南晚二叠世硫铁矿作为煤系沉积型硫铁矿床的典型代表。通过大范围的研究工作，卓君贤认为该硫铁矿不属于煤系沉积，而是火山-沉积型矿床。

前人对四川硫铁矿的类型划分有不同认识。《矿产资源工业要求手册》(2010)、卢炳在《中国硫铁矿地质》(1984)中把四川大树划归煤系沉积矿床；阎俊峰等(1982，1994)把四川叙永式硫铁矿划归大陆火山(岩浆)-气液矿床中的火山构造沉陷型硫铁矿床，卓君贤(1991)称为火山-沉积矿床，汤中立等(2005)认为叙永大树硫铁矿属火山-沉积矿床，熊先孝等(2010)把叙永式硫铁矿划分为叙永式煤系地层沉积型硫铁矿床。

《四川省硫矿资源潜力评价成果报告》(2012)按照预测类型把四川主要硫铁矿划分为沉积型、岩浆热液型和伴生硫3大类，把川南叙永硫铁矿划为沉积型，把杨家院硫铁矿矿床打字堂硫铁矿矿床划为岩浆热液型。

依据《四川省区域矿产总结》(1990)和前人研究资料，将全省硫矿类型综合列于表2-2。

表 2-2　四川省硫矿资源简表

| 矿床式 | 类型 | 大型 | 中型 | 小型 | 矿点 | 矿化点 | 代表性矿床(点) |
|---|---|---|---|---|---|---|---|
| 叙永式 | 沉积型(火山-沉积型、煤系沉积型) | 26 | 12 | 6 | 19 | | 叙永大树、兴文先锋 |
| 杨家院式 | 热液型(沉积型、沉积改造型、岩浆热液型) | | | | | | 江油杨家院 |
| 打字堂式 | 热液型(热液充填交代型、岩浆热液型) | | 3 | 21 | 16 | 4 | 天全打字堂 |

表头："类型或产出形式"、"规模及矿产地数量/个"

续表

| 类型或产出形式 | | 规模及矿产地数量/个 | | | | | 代表性矿床(点) |
|---|---|---|---|---|---|---|---|
| 矿床式 | 类型 | 大型 | 中型 | 小型 | 矿点 | 矿化点 | |
| 金属硫化物矿床中的伴生硫(李伍式、呷村式) | | | 5 | 5 | | | 九龙李伍、白玉呷村 |
| 钒钛磁铁矿床中的伴生硫(攀枝花式) | | | 2 | 2 | | | 盐边红格、米易白马 |
| 硫磷铝锶矿床中的伴生硫(什邡式) | | 1 | 1 | 1 | | | 绵竹马家坪、燕子崖 |
| 中二叠统、上三叠统煤系硫铁矿 | | | | | 4 | 8 | 峨眉、雷波;大竹林家沟 |
| 其他层位岩石组合中沉积硫铁矿 | | | | | 2 | 17 | 雷波青杠背 |
| 自然硫 | | | | | 4 | 4 | 巴塘党恩、会东尖山包 |
| 天然气共伴生硫 | | | | | | | 普光气田等 |

从前文和表 2-2 可以看出,虽然四川硫铁矿类型多,类型划分也有不同意见,但其中最主要的是叙永式硫铁矿,其次是杨家院式和打字堂式硫铁矿。

叙永式硫铁矿成矿作用较为独特,与华北地块及其他聚煤盆地中多数小而分散的硫铁矿不同,成矿作用主要是在玄武岩缺失区外生沉积作用过程中发生的,大部分矿区无明显的火山岩,但主要成矿物质来源于火山喷发物。目前它的矿床分类尚有争议,一种观点认为是正常沉积矿床,另一观点认是火山-沉积矿床。

杨家院式硫铁矿产于泥盆系观雾山组白云岩中,《四川省区域矿产总结》(1990)认为属产于碳酸盐岩中的沉积矿床或者是沉积改造矿床。打字堂式硫铁矿产于奥陶系宝塔组白云质大理岩中,《四川省区域矿产总结》(1990)认为具热液充填交代型硫铁矿床特征。《四川省硫矿资源潜力评价成果报告》(2012)按预测类型把它们划为"岩浆热液型"。由于这两类硫铁矿层控特征明显,有热液活动特征,与岩浆岩关系尚待研究,故本书划为热液型。

2.硫矿预测类型

全国矿产资源潜力评价项目组提出了矿产预测类型的概念,《重要矿产预测类型划分方案》(陈毓川等,2010)把矿产预测类型定义为"从预测角度对矿产资源的一种分类",《重要化工矿产资源潜力评价技术要求》(熊先孝等,2010)把硫矿床划分为沉积变质型、沉积型、岩浆热液型、火山型、自然硫 6 类。根据上述要求及四川省硫铁矿特点,《四川省硫矿资源潜力评价成果报告》(2012)中列入的预测类型包括:沉积型硫铁矿、岩浆热液型硫铁矿、固体矿床中伴生硫。此外,天然气中伴生硫资源很重要,但未列为该项工作的矿产预测类型。各预测类型(矿床式)的简要特征如表 2-3 所示。

表 2-3　四川省硫矿预测类型(矿床式)简要特征表

| 重要性 | 矿床式 | 分布 | 主要成矿条件 |
|---|---|---|---|
| 主要类型 | 叙永式沉积型硫铁矿 | 川南 | 二叠系龙潭组煤系地层,阳新组灰岩侵蚀面之上,高岭石黏土岩建造 |

| 重要性 | 矿床式 | 分布 | 主要成矿条件 |
|---|---|---|---|
| 重要类型 | 杨家院式<br>热液型硫铁矿 | 龙门山北段 | 泥盆系观雾山组上段第一亚段，厚层块状细—中粒白云岩夹生物白云岩 |
| 重要类型 | 打字堂式<br>热液型硫铁矿 | 龙门山南段 | 奥陶系宝塔组白云质大理岩 |
| 次要类型 | 什邡式<br>沉积型磷矿伴生硫 | 龙门山中段 | 泥盆系沙窝子组下段，磷质岩—水云母黏土岩—硅质岩建造 |
| 次要类型 | 攀枝花式岩浆型<br>钒钛磁铁矿伴生硫 | 太和、白马、攀枝花、红格 | 华力西期基性—超基性侵入岩 |
| 次要类型 | 拉拉式火山沉积<br>变质型铜矿伴生硫 | 会理 | 古元古界河口群落凼组火山碎屑沉积建造 |
| 次要类型 | 大梁子式热液型<br>铅锌矿伴生硫 | 会东、会理 | 震旦—寒武系灯影组碳酸盐岩建造 |
| 次要类型 | 呷村式火山岩型<br>铅锌矿伴生硫 | 白玉—昌台 | 上三叠统图姆沟组，流纹岩、流纹质火山屑岩、钙质千枚岩及含硅质的结晶灰岩 |
| 次要类型 | 李伍式火山沉积<br>变质型铜矿伴生硫 | 九龙李伍 | 中元古界李伍岩群，泥、砂质沉积变质岩夹变质火山岩系 |
| 次要类型 | 矿山梁子式陆相火山<br>岩型铁矿共生硫 | 盐源矿山梁子 | 二叠纪火山活动中心地带，赋矿地层二叠系平川组、栖霞组、茅口组、峨眉山玄武岩组等 |

## 三、主要硫铁矿基本特征

### 1. 主要硫铁矿及矿床式

前面简要介绍了对四川硫铁矿类型的不同认识，本书综合各类划分方案，采用全国矿产资源潜力评价系列丛书中《重要矿产及区域成矿规律研究技术要求》(陈毓川等，2010b)提出矿床式"是一定区域内有成因联系的同类矿床类型的代表"的概念，以矿床式代表不同的类型，主要介绍叙永式、杨家院式和打字堂式硫铁矿的特征。

1)叙永式硫铁矿床

叙永式硫铁矿分于川滇黔交界的四川南部地区，含矿层位是上二叠统的龙潭组(海陆交互相)，以及与之大体相当的吴家坪组(海相)。川南地区分布有 57 处矿床、矿点，是大、中型矿床集中产地，也是我国主要硫铁矿分布比较集中的地区之一。

上二叠统龙潭组(吴家坪组)硫铁矿矿体产于含煤岩系底部，假整合于中二叠统阳新组(茅口组)灰岩古侵蚀面上，煤、硫共生，层位稳定，主要分布在川南地区，华蓥山、龙门山等地也有分布。川南地区为叙永式硫铁矿首屈一指的产区，其中又以珙县、兴文、长宁、江安、叙永、古蔺等县最为富集，面积达 5 800 km²，硫铁矿折合硫储量约占全国纯硫总量的 20%，是国外罕见、规模巨大的硫铁矿分布区。

叙永式硫铁矿矿体在各矿床(井田)内一般呈单斜层状、似层状及透镜状产出，受背、向斜影响部分地段呈褶曲形态。矿层总体为单层结构，厚度严格受底板古岩溶侵蚀面地形起伏的控制，厚度平均为 1.10~4.46 m，夹石厚度大于 1 m 者少见，矿石品位较贫，多为Ⅲ品级。含矿岩石多为高岭石黏土岩，含矿段的上覆岩层一般为碳质黏土岩及煤层，下伏岩层为灰岩。硫铁矿的厚度变化在小范围内还受基底中二叠统灰岩古侵蚀面的起伏控制。当基底低洼时，矿层变厚；基底凸起时，矿层变薄，甚至为无矿天窗。

此外，叙永式硫铁矿的伴生矿产可综合利用。硫铁矿风化淋滤的产物多为褐铁矿，全氧化矿石 $w(\mathrm{TFe})$ 为 19.90%~29.44%、$w(\mathrm{TS})$ 为 0.18%~2.46%，可作炼铁原料。在近地表的阳新组灰岩低洼处，由于富氧的酸性水相对集中，风化淋滤作用极强，含矿段与硫铁矿石中 Fe、S 几近全部流失，形成囊状、鸡窝状优质高岭土，可作优质陶瓷原料，该类型矿产俗称"叙永石"。硫铁矿选矿尾渣中铁、高岭石也有一定利用价值。

川南地区煤系地层之下硫铁矿床具有它本身的特点，既不同于山西阳泉煤系硫铁矿，更不同于内生(硫铁矿)矿床。川南硫铁矿沉积时主要位于古陆边缘滨岸沼泽附近，比较集中地分布在峨眉山玄武岩的缺失区。从川滇黔交界地区玄武岩和硫铁矿分布来分析，晚二叠世大规模成矿作用与离火山中心的远近有关。

此外，省内与叙永式硫铁矿相似的还有龙门山中北段吴家坪组硫铁矿与华蓥山地区龙潭组硫铁矿，有查明矿床 7 处，矿床规模以小型为主，矿层厚度普遍较薄，但工作程度低。四川盆地中部，珙县—华蓥山—达州地区处于峨眉山玄武岩分布的边缘地带，尖灭特征十分清楚，玄武岩分布不连续，厚零到数十米，故可推断龙门山中北段、华蓥地区晚二叠世硫铁矿成矿作用与川南地区相近，可能为相同的成因类型。

2)杨家院式和打字堂式硫铁矿床

《四川省区域矿产总结》认为天全县打字堂具热液充填交代型硫铁矿床特征，在简单的成因分析中，将江油杨家院归为沉积型硫铁矿，同时也认为是沉积改造型硫铁矿。杨家院式和打字堂式硫铁矿层控特征明显，断层破碎带、层间破碎带、节理、裂隙、层理、片理等小构造是控矿的主要地质条件，特别是在两种小构造的交叉处，更利于矿体的富集。本类硫铁矿由于主要受构造和岩性的控制，因而矿体形态也较复杂，矿体一般较小，多呈透镜状、脉状、巢状、串珠状产出。杨家院式硫铁矿产于泥盆系观雾山组白云岩中，打字堂式硫铁矿产于奥陶系宝塔组白云质大理岩中。它们共同特征是矿石物质组分较简单，有部分富矿。目前所见的该类中、小型规模的矿床的矿体围岩均毫无例外以碳酸盐岩类的白云岩、白云质大理岩、结晶灰岩为主。围岩蚀变有黄铁矿化、白云石化、方解石化、大理石化、绿泥石化、绢云母化、重晶石化及硅化。

本类硫铁矿研究程度低，硫铁矿成矿是否与岩浆侵入活动有关尚不清楚，前人有热液充填交代、沉积改造、岩浆热液型等提法，本书统归为热液型。

2.其他硫铁矿床(点)

《四川省区域矿产总结》第 6 册(非金属分册)总结了其他层位岩石组合中沉积硫铁矿:"有震旦系、奥陶系、志留系、三叠系、侏罗系等 10 个层位,矿产地分布零星,中生代以前,多集中于康滇构造带,中生代的,则分布于川中红层地区。已发现矿产地 19 处,其中矿点 2 处,矿化点 17 处。总体来看,该类型硫铁矿以产于砂岩、粉砂岩、页岩居多,矿化微弱,规模小,一般不具工业价值。"

其他矿种中共伴生硫也是四川常见的硫铁矿类型。

金属硫化物矿床类型繁多,成因复杂,层位各异。其特征是矿石以硫化矿为主,黄铁矿、磁黄铁矿含量高,氧化矿和混合矿少量。矿床实例有:九龙李伍式铜矿(李伍、黑牛硐),白玉呷村式火山岩型铅锌银多金属矿(呷村、嘎衣穷、胜莫隆),会理拉拉式铜矿,会东大梁子式铅锌矿(大梁子、天宝山)等。白玉呷村铅锌银多金属矿床有硫铁矿工业矿体 62 个之多,矿体规模大小不等,长几十米至几百米。在拉拉铜矿和大梁子铅锌矿,伴生硫得到了实际利用。

攀枝花式钒钛磁铁矿床中的伴生硫平均含量低,白马矿区为 0.536%,太和矿区为 0.47%。该类矿床中所含的金属硫化物有 20 余种,其中最主要的为磁黄铁矿、黄铁矿和黄铜矿。

硫磷铝锶矿床中的伴生硫产于四川著名的什邡式磷矿,伴生硫的矿石类型有细粒黄铁矿和硫磷铝锶矿两种。黄铁矿呈粒状、团块状、条带状、网脉状,粒度为 0.04～2 mm 不等,局部可富集成黄铁矿石或黄铁矿化硫磷铝锶矿。硫磷铝锶矿呈均质体、隐晶质至显微晶质集合体产出,为乱絮状、云片状、肠状,集合体大小不等,为 0.01～40 mm。绵竹王家坪,矿石全硫平均含量为 7.96%。

# 第三节　典型矿床及成矿模式

## 一、叙永式硫铁矿

上二叠统含煤岩系底部硫铁矿层位稳定,在我国西南地区上扬子陆块广泛分布,四川是该类硫铁矿首屈一指的分布区。四川南部叙永、古蔺、长宁、江安、珙县、兴文一带硫铁矿床规模大,连片产出,分布相当集中。在清代,江安、兴文等地已有炼硫。20 世纪建成的川南硫铁矿是四川省重要的化工矿山。在四川龙门山中北段、华蓥山地区相应的层位中也有硫铁矿,但分布局限,矿层厚度较薄,资源潜力小。

阎俊峰等(1994)综合甘朝勋、周义平等的研究成果,川滇黔交界一带,根据离晚二叠世火山中心的远近，由近及远、由西南至东北区域矿床类型分布为：老鸡场式、猫场式、云龙式、叙永式 4 个硫铁矿床类型。

老鸡场式离火山中心最近，矿床品位 10％～14％，矿床实例有老鸡场、镇雄。

猫场式离火山中心较近，矿床品位 16％～18％，矿床实例有猫场、大方、顺河。

云龙式离火山中心较远，矿床品位 14％～16％，矿床实例有云龙、中寨、积金、林口。

叙永式离火山中心更远，矿床品位 15％～20％，矿床实例有大树、渡船坡。

### 1. 区域成矿特征

#### 1) 成矿时代

叙永式硫铁矿形成于晚二叠世早期。川南硫铁矿与全国其他地方一般的煤系沉积硫铁矿不同，成矿作用发生于晚二叠世早期，其生成与峨眉山玄武岩形成有关，是富硫玄武岩浆的衍生物。在四川峨眉山玄武岩分布区之外 100 km 左右的范围内，阳新组之上常出现高岭石黏土岩，内含灰岩及硅质岩团块，大小混杂，棱角清楚，这可能与峨眉山玄武岩喷溢活动有关。

#### 2) 成矿地质背景

叙永式硫铁矿分布于上扬子陆块(Ⅱ级)之下三个(Ⅲ级)构造单元：上扬子陆块南部碳酸盐台地、龙门山基底逆推带、四川前陆盆地。其中，上扬子陆块南部是最主要分布区，龙门山中北段、四川盆地华蓥山地区分布局限。该类型矿床的在四川南部向东延入重庆，向南延入云南、贵州，构造单元均属于上扬子陆块。根据含矿岩段成因标志恢复晚二叠世初期的古地理环境，上扬子区总体上可能为低平原、古陆及玄武岩山地的边缘堆积区。

#### 3) 含矿地层岩性

含矿地层为二叠系吴家坪组、龙潭组，在绵竹—达州—渠县一带及以东、以北，含矿地层龙潭组逐渐相变为吴家坪组，含矿性变差。重庆—叙永一带，龙潭组厚 88～142 m，发育良好，以灰、深灰色粉砂质黏土岩为主，夹玄武岩屑粉砂岩；底部为黏土质角砾岩，硫铁矿、菱铁矿、黏土矿常富集，可供开采；中、上部夹多层泥、硅质灰岩；含煤 2～10 层，煤系总厚 3～20 m，向四周煤层减少、变薄。

川南地区，龙潭组之上为飞仙关组，之下为阳新组(即茅口组、栖霞组的合称)，沉积序列稳定。龙潭组可分为 4 段，含硫铁矿地层为龙潭组下段(第 1 段)，整个含矿段在区域内厚度较稳定，岩性变化不大，含矿段易于对比，在硫铁矿之上，发育有一稳定的无烟煤层。龙潭组第 2、3 段为含煤段，第 4 段为灰岩段(旧称长兴组)。

硫铁矿的富集与岩石组合有密切关系。该区含矿层中岩石主要有二种类型，一是硫铁矿高岭石黏土岩，二是硅质岩。岩石类型单一的硫铁矿高岭石黏土岩分布区的硫铁矿矿体密集、矿化程度高，矿石品位高；硫铁矿高岭石黏土岩、硅质岩组合分布区，硫铁矿半富集；岩石类型单一的硅质岩区，则无硫铁矿的沉积。

#### 4）火山旋回

与东吴运动相伴，上扬子陆块出现了显生宙最大规模的镁铁质-超镁铁质岩浆侵入活动和喷溢活动（与峨眉山地幔柱活动有关）。川、滇、黔大陆溢流玄武岩形成面积 130 000 km²，呈岩被状假整合于中二叠世灰岩之上。东吴运动使康滇地块和上扬子地区全部隆起，遭到风化剥蚀。川南龙潭组底部硫铁矿产于含黄铁矿高岭石黏土岩中，其下阳新组灰岩风化程度仅达高岭石阶段。

在玄武岩流的边缘地带，形成有大规模的叙永式硫铁矿。云南镇雄—贵州大方—贵州毕节—四川叙永，自西向东含矿岩系依次为火山岩（玄武岩）—火山碎屑岩—沉积火山碎屑岩—火山碎屑沉积岩—沉积岩（黏土岩），组成一套完整的环峨眉山玄武岩区分布的火山-沉积含矿建造平面分布景观。

#### 5）典型矿床选取

叙永式硫铁矿分布很广，其中先锋矿区研究程度较高，具一定的代表性。该矿区位于兴文县 250°方向，直距 15 km，行政区划隶属珙县陈胜乡、兴文县周家镇、仙峰乡、石海镇、大坝镇。东连古宋矿区，西与芙蓉煤矿相接，矿体沿走向长约 42 km，平均宽12 km，面积约 504 km²。该矿区硫铁矿与煤共生，为硫煤矿区，矿区全硫含量为 12.08%～30.31%，平均品位为 18.83%。硫铁矿查明资源储量大，经四川省矿产储量委员会批准的矿石资源量累计达 2.87 亿吨。先锋矿区成矿地质环境、矿床特征在本类型矿床中具有代表性，勘查工作程度高，选其为叙永式硫铁矿典型矿床。

### 2.矿床地质特征

#### 1）地层

先锋矿区为沉积岩分布区，出露地层有二叠系中统阳新组、上统龙潭组、三叠系下统飞仙关组。二叠系上统龙潭组（$P_3l$）岩性为灰、深灰色黏土岩、泥岩、粉砂岩，夹细粒岩屑砂岩及煤层、碳质泥岩，上部夹生物碎屑灰岩，底部为硫铁矿层。含矿岩系为之上为龙潭组第一段，其上龙潭组第二段、第三段为含煤岩系段，岩性组合为砂泥类岩石为主，中夹黏土岩，厚 84.72～135 m，含煤 5～10 层，其中可采煤层两层（$B_3$、$B_4$）、局部可采煤层 1 层（$A_1$）；含矿岩系之下为二叠系中统阳新组（$P_2y$），属碳酸盐岩组合，呈假整合接触，厚>200 m。从上到下地层特征简述如下。

三叠系下统飞仙关组（$T_1f$）

第五段：以紫红色泥岩及灰绿色砂岩为主，夹紫灰色细粒长石岩屑砂岩及少量生物碎屑灰岩薄层，平均厚 110 m。

第四段：灰绿色夹暗紫色粉砂质泥岩、粉砂岩、细砂岩等，夹薄层生物碎屑灰岩，平均厚 100 m。

第二、三段：为紫红色泥岩与灰绿色粉砂岩互层，夹灰紫色中-厚层细粒长石岩屑砂岩，平均厚 184 m。

第一段：为灰绿色薄至中厚层状泥岩、砂质泥岩，夹薄层粉砂岩及泥质灰岩，平均厚 90 m。

——————  整合  ——————

二叠系上统龙潭组($P_3l$)

第四段：为深灰色砂质泥岩、泥岩、黏土岩及生物碎屑灰岩，含多层煤线，不含可采煤层。产动物化石。厚度一般为 36.19 m。

第二、三段：为含煤段，岩性为灰色粉砂岩、砂质泥岩、黏土岩夹细粒砂岩，局部夹薄层菱铁矿，产 *Gigantoptris* 等植物，以及有孔虫、双壳类等化石。顶部赋存可采煤层两层，该段厚 97.57~117.14 m，平均厚 108.56 m。

第一段：为含硫段，底部为硫铁矿黏土岩，其上为菱铁质黏土岩、黏土岩，其层序自上而下为：

⑤含碳质黏土岩，局部夹泥灰岩透镜体或菱铁矿薄层，见浸染状、结核状硫铁矿，厚 0.1~3 m；

④无烟煤层($A_1$)，分布稳定，在矿区内局部可采，局部地段相变为碳质页岩，厚 0.1~3.6 m；

③含硫铁矿高岭石黏土岩，硫铁矿呈结核状细脉状产出，厚 0~1.5 m；

②黏土岩，常呈豆状、似鲕状构造，含浸染状硫铁矿，一般不具工业意义，厚 1.50~11.20 m；

①硫铁矿层，硫铁矿呈不同形态的集合体，分布于高岭石基质中，品位为 12~20%。底部有厚 0~0.2 m 厚黏土，结构松散，系平行不整合面上古风化壳，厚 1.10~4.46 m

·············  假整合  ·············

二叠系中统阳新组($P_2y$)(即栖霞组、茅口组的合称)

为灰-深灰色中厚层状石灰岩、生物碎屑灰岩，夹燧石结核，含钙质泥岩及碳质条带。

2)构造

大地构造处于上扬子陆块、扬子陆块南部碳酸盐台地、叙永—筠连叠加褶皱带，珙长背斜为本区主要褶皱构造。先锋矿区位于珙长背斜南西翼，为一缓倾斜的单斜构造。次级褶皱不发育，断层较少。

3)矿体特征

先锋矿区规模大，由西至东划分了 8 个矿段，分段开展过勘查。硫铁矿含矿段($P_3l^1$)位于二叠系上统龙潭组含煤段($P_3l^{2+3}$)之下、二叠系中统阳新组($P_2y$，旧称茅口组)灰岩古侵蚀面之上，为一套浅灰、灰白色硫铁矿高岭石黏土岩。

矿体产状与地层一致，呈层状、似层状产出，走向北西—南东，倾向南西，倾角为15°～45°。全矿区矿体沿走向长 42.2 km，矿层平均厚 2.28 m，全硫含量 12.08%～30.31%，平均品位为 18.83%。

矿区中部周家矿段是先锋硫煤矿区硫铁矿厚度稳定、品位最高的矿段之一，矿段地质图如图2-4所示。含矿层上部为黏土岩、含菱铁质黏土岩，厚1.56～7.11 m，平均为5.34 m；下部为硫铁矿层，厚0～7.00 m。矿石按自然类型自上而下分为：密集浸染状黄铁矿（棚矿），厚0.15～0.92 m，平均0.53 m；树枝状黄铁矿（腰矿），厚0.36～4.34 m，平均1.61 m；团块状，结核状黄铁矿（底矿）厚0～2.40 m，平均0.93 m。

4）矿石特征

矿石自然类型自上而下分为：密集浸染状黄铁矿（棚矿），树枝状黄铁矿（腰矿），团块状、结核状黄铁矿（底矿）。

矿石矿物以黄铁矿为主（25%～60%），白铁矿次之（0～5%），少量胶黄铁矿（2%）。脉石矿物主要为高岭石（35%～60%）、水云母（1%～20%）、珍珠陶土（5%～30%）；含少量石英、长石、地开石，偶含金红石。伴生矿物有黄铜矿、铜蓝、方铅矿、闪锌矿、方解石、石膏等。

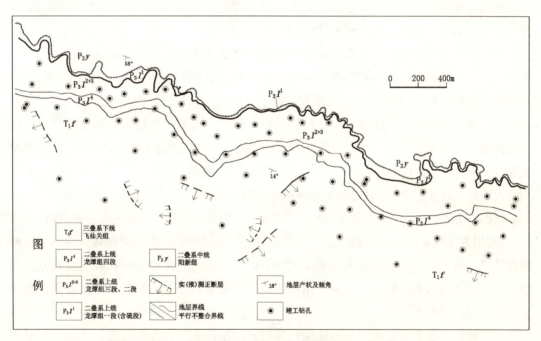

图2-4　兴文县先锋硫煤矿区周家矿段地质图（据四川省地质矿产勘查开发局二○二地质队）

矿石结构为半自形-自形晶粒结构、他形粒状结构、碎裂结构、变胶状环带结构；矿石构造为浸染状、条带状、网脉状、根须状、树枝状、团块状、结核状等构造。

矿石成分，以周家矿段为例，全硫含量 13.90%～29.53%，平均19.93%，变化系数12.59%。在全硫中硫化物硫 $w(SrT)$ 为 91%，有机硫 $w(SyT)$ 为 8%，硫酸盐硫 $w(SIY)$ 为 1%。有效硫占99%。

有害元素均在允许含量范围之内，有害组分 $w(Pb)$ 为 $0.002\%\sim0.17\%$、$w(Zn)$ 为 $0.0002\%\sim0.34\%$、$w(As)$ 为 $0\sim0.016\%$、$w(F)$ 为 $0.03\%\sim0.152\%$、$w(CaO)$ 为 $0.119\%\sim0.558\%$、$w(MgO)$ 为 $0.1\%\sim0.24\%$、$w(C)$ 为 $0.017\%\sim0.184\%$、$w(H_2O^+)$ 为 $8.4\%\sim9.83\%$。

矿体地表露头及浅部矿石氧化程度较高，呈氧化-半氧化状态。矿石品位与矿层厚度互为消长。在纵向上，矿层中、下部品位偏低，上部品位高。

矿石属中低品位高岭石质黄铁矿。据《四川省兴文县先锋硫铁矿区周家矿段详细勘探地质报告》，经实验室选矿实验样分析，原矿含硫 $19.13\%\sim22.94\%$，精矿含硫 $43.48\%\sim39.5\%$，精矿回收率 $90\%$ 以上，矿石易选。

### 3.成矿模式

#### 1)矿床成因

汤中立等著《中国古生代成矿作用》(2005)认为叙永式硫铁矿的形成可分为两个时期，即风化作用铁质预富集期、沉积成岩黄铁矿成矿期。

风化作用铁质预富集期：中二叠世末，该区隆起，阳新(茅口)灰岩遭到风化剥蚀，在岩溶地形上堆积沉积了富铁黏土(钙红土)、氧化铁层。

沉积成岩黄铁矿成矿期：晚二叠世早期，峨眉山玄武岩喷溢，同时龙潭组含煤碎屑岩(包括火山碎屑岩)沉积。随后在沉积物埋藏早期，受厌氧细菌作用，孔隙水(淤泥水)中 $SO_4^{2-}$ 被还原为 $S^{2-}(H_2S)$，并与早期堆积的富铁黏土和氧化铁发生化学反应，形成黄铁矿层，矿石具团块状、脉状、浸染状等结构，矿层多为单一矿层，且厚度变化大。由于龙潭组沉积厚度小，可以得到上覆海水下渗补给，成岩早期处于半封闭环境，硫源补给较充足，生物还原的硫主要为富轻硫，且变化范围宽。成矿区玄武岩分布区前沿，不断得到火山喷发气液及玄武岩风化区地表水的补给，海水及地下水硫源丰富，从而形成规模巨大硫铁矿矿集区，而与华北地块及其他聚煤盆地中多数小而分散的硫铁矿有明显差别。

《四川省区域矿产总结》把叙永式硫铁矿划归煤系沉积型，认为川南地区为陆缘近海湖相环境。该区主要矿床的硫同位素组成分散，矿层中硫的来源不一。硫同位素分馏强烈，硫主要来自海水硫酸盐经细菌作用而还原成硫化氢，参与成矿的铁很可能来自玄武岩在黏土化过程中析出的。

川南地区晚二叠世古地理基本轮廓较为清晰，随古地理位置的改变，沉积环境呈现有规律的变化，由西向东，渐由陆相冲积平原向海相的海滩冲洗带演变，海陆分界线与中晚二叠世玄武岩分布区东界大体一致。从岩相古地理分析，硫铁矿比较集中地分布在峨眉山玄武岩的缺失区，形成的沉积环境古陆边缘滨岸沼泽附近。西部筠连、珙县一带为宣威组分布区，以具有板状交错层理的砂岩占有岩比上的优势，泥岩类及以煤层为主的有机岩类相对较少；植物的繁茂也指示了陆相的生物特征。主要陆源来自玄武岩，造岩成分中凝灰质占有绝对优势。东部兴文—叙永—古蔺一线为龙潭组分布区，基本岩性以砂、泥岩频繁交互为特征，泥岩类及有机岩类（包括碳质页岩、夹矸和煤层）相对增多、增厚，层间夹有多层碳酸盐岩夹层，砂岩中出现大量浪成交错层理及砂纹层理，大量以碳酸盐类为主的盆内物源比例陡增，生物中化石动植物均有，海相化石的出现也指示了环境的巨变，符合近海岸线成煤沼泽的地理特征。区域上不同的岩相古地理环境，形成了不同的矿产，在筠连、珙县地段有煤无硫，兴文洛表地段以硫为主，叙永地区西段有硫无煤，古蔺地区则煤、硫共生。

从区域上看，部分矿区如华蓥市绿水洞，龙潭组硫铁矿层之下有间断分布的晚二叠世峨眉山玄武岩，岩性为灰绿色、灰黑色杏仁状、气孔状玄武岩，厚 0~70 m。龙门山中北段、华蓥山地区上二叠统硫铁矿分布局限，矿层厚度较薄。四川盆地中部，珙县—华蓥山—达州地区处于峨眉山玄武岩分布的边缘地带，尖灭特征十分清楚，玄武岩厚零到数十米，故可推断龙门山中北段、华蓥山地区晚二叠世硫铁矿沉积成矿作用与川南地区相近。

总的来看，硫铁矿成矿作用主要是在外生沉积作用过程中发生的，但成矿物质来源可能是由岩浆作用直接或间接提供的。

2）成矿模式

先锋矿区矿石自然类型自上而下主要分为：密集浸染状黄铁矿（棚矿），树枝状黄铁矿（腰矿），团块状、结核状黄铁矿（底矿）。由于地壳运动，在底矿、腰矿沉积后曾有一个短暂的暴露，使硫铁矿层产生各种干裂收缩纹，在成岩期沿着干裂纹重新形成各种树枝状、条带状、脉状、团块状等混杂的多姿多彩的构造。地壳再次沉降，继续沉积了以浸染状构造为主的棚矿。

硫铁矿层往西追索，在玄武岩尖灭端附近，见玄武岩直接覆于硫铁矿层之上。矿层缺少动植物化石，缺少层理，有机碳含量极低，一般为 $0.083\%$~$0.30\%$，不及煤系地层黏土岩的 1/10，且有随距玄武岩愈远而逐渐增加之趋势；含矿层的微量元素（F、$TiO_2$、Zr、V、Cu 等）与该区玄武岩相近，且有由近至远逐渐减少之趋势。含矿层陆源碎屑很少。

中二叠世末，东吴运动使本区上升为陆，中二叠世阳新组灰岩遭受风化剥蚀形成古风化壳，给晚二叠世早期含矿层提供了物质基础（高岭石与褐铁矿）。同时东吴运动还导致邻区玄武岩喷溢和火山活动，从地球内部带来大量铁质、硅质和富含硫的气体。随后徐徐海侵进入，则火山物质与大量古风化壳物质混合一起，在当时处于滨岸沼泽、海水局限流通、水能量不强、波浪作用微弱、具碱性还原介质的特定环境内。

川南晚二叠世硫铁矿的成矿物质（硫、铁）主要来源于与玄武岩有关的火山物质，矿床在滨岸沼泽或潟湖环境下以胶体化学方式沉积，并经成岩期后生改造，是通过化学沉积作用（氧化铁还原为硫化铁）、火山沉积作用（源源不断地提供巨量的硫元素）形成的硫铁矿床。

之后，由于玄武岩喷发末期，气体成分改变（主要为 $CO_2$），加之海水中大量的硫已耗尽，海水温度逐渐变低，Eh 从强还原向弱还原过渡，有利于的 $FeCO_3$ 沉积形成，故在硫铁矿层顶板中沉积含较多球粒状、细晶状菱铁矿黏土岩。最后，由于潟湖的淤塞变浅而逐渐沼泽化，出现了 $A_1$ 煤层的底板根土岩（root clay，又称底黏土）。

　　典型矿床兴文县先锋硫铁矿成矿与沉积作用有关,火山、岩浆活动直接或间接地提供了成矿物质来源,其成矿模式如图2-5所示。

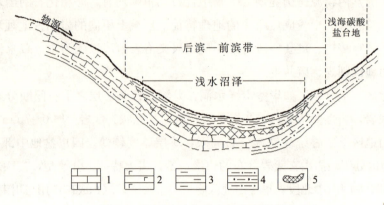

图2-5　先锋矿区典型矿床成矿模式图
(据四川省地质矿产勘查开发局二〇二队地质队)
1. 灰岩; 2. 玄武岩; 3. 黏土岩; 4. 砂质黏土岩; 5. 硫铁矿

## 二、杨家院式硫铁矿

　　杨家院式硫铁矿主要分布在龙门山北段地区,所在大地构造单元为上扬子古陆块(Ⅱ级),龙门山基底逆推带(Ⅲ级);属上扬子成矿亚省,Ⅲ级元属龙门山—大巴山 Fe-Cu-Pb-Zn-Mn-V-磷-硫-重晶石-铝土矿成矿带。已发现杨家院式硫铁矿的16处矿产地均分布在江油市域范围内,其中中型1处(杨家院),小型1处(吴家山)。在仰天窝地区清代铁矿老硐较多,历史上开采过硫铁矿浅部氧化形成的褐铁矿。废矿渣及地名亦是重要的找矿线索,如老矿山、矿湾里、矿厂湾、矿硐窝、矿槽子、硫磺沟等。

　　1. 区域成矿特征

　　1)成矿时代
　　杨家院式硫铁矿分布于泥盆系观雾山组中,含矿岩系以厚大的黄铁矿化白云岩为特征。《四川省硫矿资源潜力评价成果报告》根据硫铁矿产出特征,初步认为成矿作用可能与低温热液有关,成矿时代大致属印支期。
　　2)成矿构造背景
　　杨家院式硫铁矿形成的地质环境为龙门山地区震旦纪至泥盆纪为离散型板块边界,大地构造上位于上扬子陆块西缘龙门山基底逆推带龙门前山盖层逆冲带,楼子坝推覆岩片;硫铁矿化带沿仰天窝向斜呈带状断续分布,仰天窝向南东翼地层正常,北西翼地层层序倒转;矿体明显受层位控制,局部则因构造影响有跨层现象,各已知矿床矿点均发现有与成矿有关的断裂构造。

3）含矿岩系岩性组合

主要的含硫铁矿层位为中上泥盆统观雾山组上段第一亚段，岩性为灰-深灰色厚层块状细-中粒白云岩夹生物白云岩，又称白云石化白云岩，含丰富的珊瑚、苔藓虫及海百合化石，被白云石交代后呈花斑状构造。

4）沉积环境

中泥盆世晚期—观雾山期，本区位于长期隆起的古陆剥蚀区附近，这些古陆内元古界基底广泛出露，经长期剥蚀风化，沉积物源源不断带入附近沉积盆地。在封闭的环境中，盆地水体咸化程度较高，稳定的还原的沉积环境，有利于白云岩的巨厚沉积和硫铁物质的浓集。

5）典型矿床选取

江油地区杨家院式硫铁矿产地共计有 16 处，其中杨家院矿床是四川省工作程度最高、唯一为工业化开采利用的该类型矿床，最终查明的矿床资源储量规模属中型，矿床由单一的硫铁矿组成，含矿层位稳定，具有代表性，故选取为杨家院式硫铁矿典型矿床。

矿床所在仰天窝地区硫铁矿浅部强烈氧化，氧化带一般深数十米至百米，浅部硫铁矿已氧化成褐铁矿，前人曾作为铁矿开采，用以炼铁铸锅，该地冶铁史达百余年。尤以 1958 年大炼钢铁开采最盛。杨家院矿区位于江油市北东，直距 63 km。属热液型硫铁矿，累计查明矿石量 910.05 万吨，TS 品位为 14.95％～43.88％，平均为 29％。20 世纪在矿区建成的雁门硫铁矿是四川省重要的化工矿山。

2. 矿床地质特征

1）地层

杨家院矿区内为沉积岩分布区。分为唐家垭、杨家院、彭家梁矿段（图 2-6），硫铁矿属半隐伏矿床，地表可见铁帽。

矿区出露地层泥盆纪为一套完整海进沉积序列。下统平驿铺组为碎屑岩建造，厚度大于 380 m；下统甘溪组、中下统养马坝组、中统金宝石组、中上统观雾山组为碎屑岩、碳酸盐岩建造，厚度 466～1 110 m；上统沙窝子组、茅坝组为碳酸盐岩建造，厚度大于 190 m。

观雾山组为主要的含硫铁矿层位。观雾山组上段第一亚段（$Dgw^{2-1}$），岩性为灰-深灰色厚层块状细-中粒白云岩夹生物白云岩，含丰富的珊瑚、苔藓虫及海百合化石。仰天窝向斜内以杨家院矿区观雾山组上段含矿性研究较详，描述如下。

观雾山组上段第三亚段（$Dgw^{2-3}$）

灰色中厚层状细晶白云岩，泥质白云岩，见硅质燧石条带，见腕足类化石　　　厚 24 m

观雾山组上段第二亚段（$Dgw^{2-2}$）

浅灰-灰色泥质白云岩，夹一层页岩　　　　　　　　　　　　　　　　　　　厚 28 m

观雾山组上段第一亚段（$Dgw^{2-1}$）

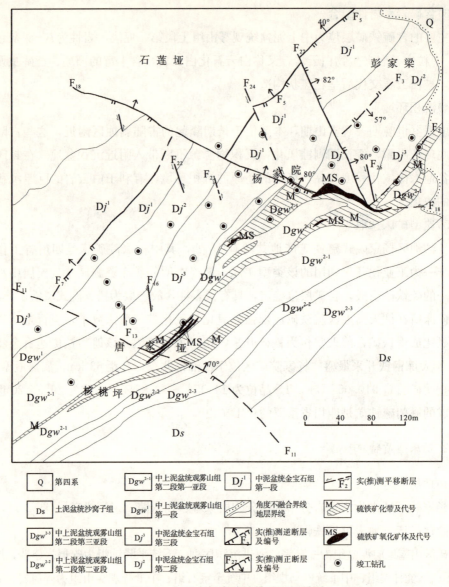

图 2-6　江油市杨家院硫铁矿区地质图

图例：

| Q | 第四系 |
| Dgw²⁻¹ | 中上泥盆统观雾山组第二段第一亚段 |
| Dj¹ | 中泥盆统金宝石组第一段 |
| F₂ | 实(推)测平移断层 |
| Ds | 土泥盆统沙窝子组 |
| Dgw¹ | 中上泥盆统观雾山组第一段 |
| | 角度不整合界线 地层界线 |
| Dgw²⁻³ | 中上泥盆统观雾山组第二段第三亚段 |
| Dj³ | 中泥盆统金宝石组第三段 |
| F₇ | 实(推)测逆断层及编号 |
| M | 硫铁矿化带及代号 |
| Dgw²⁻² | 中上泥盆统观雾山组第二段第二亚段 |
| Dj² | 中泥盆统金宝石组第二段 |
| F₂₂ | 实(推)测正断层及编号 |
| MS | 硫铁矿氧化矿体及代号 |
| | 竣工钻孔 |

| 为含矿段 | 合计厚150 m |
| --- | --- |
| ⑥灰色厚层状中晶白云岩，见弱黄铁矿化白云岩 | 30 m |
| ⑤灰色厚-巨厚层块状弱黄铁矿化白云岩，见强黄铁矿化白云岩 | 22 m |
| ④灰色厚层角砾状白云石化白云岩 | 21 m |
| ③深灰色厚层块状中晶白云岩，弱黄铁矿化白云岩，花斑状构造，见黄铁矿化或矿体 | 40 m |
| ②灰色厚层状白云岩，花斑状构造，夹一层页岩 | 24 m |
| ①灰色厚层块状中晶白云岩 | 60 m |

—————— 整合 ——————

观雾山组下段(或第一段，$Dgw^1$)

灰色厚层状灰岩

—————— 整合 ——————

金宝石组第三段($Dj^3$)

浅灰色厚层块状石英砂岩

2)构造

大地构造位置处于上扬子陆块龙门山基底逆推带龙门前山盖层逆冲带，楼子坝推覆岩片中的仰天窝向斜北西翼。

矿区位于仰天窝向斜北西翼，矿区内部总体呈单斜构造，地层层序倒转，断层发育，按其形态可划分为三组。第一组为走向断层组，包括 $F_1$~$F_9$，断层走向与岩层走向一致，或呈5°~10°交角，规模较大，成叠瓦状排列。其中 $F_2$、$F_4$ 为矿前构造，与硫铁矿成矿关系密切；$F_3$、$F_6$ 为矿后构造，破坏硫铁矿体。第二组为横向逆断层组，包括 $F_{11}$、$F_{18}$、$F_{24}$、$F_{27}$ 等，断层走向与岩层走向近于垂直，其中北西向 $F_{18}$、$F_{11}$ 为导矿断裂，规模大，与成矿关系密切。第三组为斜交断层组，断层走向与岩层走向斜交，其交角大于30°，规模小，多属派生构造，与成矿关系不大。

3)岩浆岩

杨家院式硫铁矿明显受层位控制，但有低温热液成矿作用显示。矿区内无明显侵入岩体。在龙门山北段仅有少量岩浆岩，且岩石类型单一，为辉绿(玢)岩呈岩墙状，与围岩呈侵入接触关系，界线明显。岩脉呈北北东向雁行排列，斜穿仰天窝向斜、杞树沟背斜和唐王寨向斜，出露长度约20 km，宽20~60 m。在北川陈家坝侵入寒武系邱家河组的辉绿岩脉岩，最新测得锆石 SHRIMP U-Pb 年龄值为(213.4±3.4)Ma(白富正等，2015)，表明辉绿岩脉形成于印支期。

4)矿体特征

硫铁矿化带呈北东走向带状连续分布，总长1 700 m。矿化带厚度不一，向深部有变厚趋势，矿体厚度与矿化带厚度呈正相关关系。硫铁矿化带厚度：北东彭家梁5~20 m，中部杨家院50~70 m，南西唐家垭12~50 m，矿区平均41 m。

矿体明显受层位控制，局部则因构造影响有跨层现象。矿体呈透镜状、脉状断续分布，倾向北西，倾角陡，局部近于直立。有大小矿体13个，主要矿体有3个，分别是MS1、MS2和MS3，其中MS1最大厚度55.80 m，一般为15.49 m；MS2位于MS1矿体之上，平均厚度2.64 m；MS3位于MS1矿体之下，最大厚度5.42 m，一般为3.5 m。

4~12线附近，主矿体控制最大走向长470 m，最大斜深为4勘探线，斜深0~95 m为褐铁矿(氧化带)，95~501 m为硫铁矿(原生带)。4~12线矿体倾角60°~80°，较陡，一般68°。

矿区围岩蚀变微弱，见白云石化、铅锌矿化、黄铁矿化和蛇纹石化。

5)矿石特征

矿石结构主要分为半自形、它形粒状结构、斑状结构。构造为块状构造；矿石中黄铁矿见显微莓群结构、细球菌类结构、红藻结构，叠层石构造等。

矿石矿物主要是黄铁矿，偶见少量的白铁矿和微量的闪锌矿；脉石矿物主要是白云石，次为少量的泥质、有机质及石英。

矿石质量较好，主成矿元素 TS 含量 14.95%～43.88%，不同品级矿石以Ⅱ级品所占比例较大。

由于受构造、地形、降水和地下水活动的影响，区内矿体氧化带发育，黄铁矿在地表均已氧化为褐铁矿。但由于地表第四系厚度大，褐铁矿体露头零星，矿石多为松散状，仅在 1、12 勘探线 $Dgw^{2-1}$ 岩层中见浸染状、脉状褐铁矿，另在 D12、D7、D10 老硐中见厚达 18 m 的块状褐铁矿。从全区来看，矿体的氧化深度在 60～162 m，标高 870～830 m 间，一般达地下潜水面以下。830 m 标高以下均为原生黄铁矿。

硫铁矿氧化带与原生带分界面呈波状起伏、参差交错，形成过渡带。但过渡带不发育，一般厚 10～20 m，在矿石的利用上不具重要地位，因此未单独划出。

1965 年，四川省地质局二一一地质队在地质勘查期间，采集大样一件，委托四川省地质局中心实验室进行选矿试验。中心实验室分别采用重选法和浮选法进行选矿试验，两者效果均好。

3.成矿模式

1)矿床成因

对杨家院式硫铁矿矿床成因尚有不同认识。《四川省区域矿产总结》将江油杨家院归为沉积型或者沉积改造型硫铁矿；谢建强、帅德权(1988)在矿石中发现不少罕见的黄铁矿的生物组构。如黄铁矿的显微莓群结构、黄铁矿的细球菌类结构、黄铁矿的红藻结构、黄铁矿的叠层石构造，认为是层控型黄铁矿矿床；四川省矿产资源潜力评价按照预测类型划归岩浆热液型。

《四川省硫矿资源潜力评价成果报告》认为，四川前陆盆地天然气中的硫化氢可能是导致铁硫化物沉淀形成杨家院式硫铁矿的主要硫源，观雾山组下段碧鸡山式鲕状赤铁矿则可能是形成矿床的主要铁源。印支期构造活动，含矿流体沿断裂迁移，在块状白云岩层中层间裂隙、破碎带富集成矿。矿床可能为低温热液作用形成。

2)成矿模式

杨家院式硫铁矿受层位、岩性和构造控制，地质填图可以圈出硫铁矿化带，其产状与围岩产状大体一致，层位稳定，主要容矿岩石岩性为厚层块状细-中粒白云岩夹生物白云岩，又称白云石化白云岩。观雾山上段第一亚段地层硫铁矿化较为普遍，其白云岩厚度大，白云岩较纯，白云石化和硫铁矿化强烈地带更有利硫铁矿的富集；观雾山组其他岩性段、亚段及金宝石组虽有矿化，但不具规模。

综合分析杨家院式硫铁矿形成的环境以及矿体和矿石特征，初步认为中泥盆世晚期在古陆边缘沉积盆地封闭的环境中沉积形成白云岩和富铁硫物质的沉积，印支期构造活动，热液流体沿断裂迁移——选择观雾山组上段第一亚段厚层块状白云岩层中层间裂隙、破碎带富集成矿——后期受构造改造。地表硫铁矿不稳定，风化为褐铁矿，形成铁帽。成矿模式如图 2-7 所示。

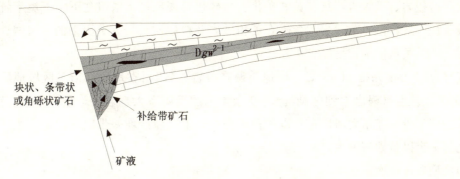

图 2-7　杨家院硫铁矿典型矿床成矿模式图

## 三、打字堂式硫铁矿

打字堂式硫铁矿分布于四川省西部盆地与山区交界地区。大地构造位置属上扬子陆块龙门山基底逆推带、龙门后山基底推覆带南段，宝兴背斜两翼，该区采矿历史较长，在清朝末年即有人开采炼硫，1938～1942 年，年产硫 10～20 吨，有硫磺旧采坑。已勘查的矿产地 9 处，其中天全县有打字堂中型矿床 1 处，鬼招手、双鼻孔小型矿床 2 处；宝兴县有月儿岩矿点 1 处。

### 1. 区域成矿特征

1）成矿时代

打字堂式硫铁矿矿体呈透镜状赋存于中上奥陶统宝塔组白云质大理岩、白云岩之中，《四川省硫矿资源潜力评价成果报告》认为，硫铁矿可能与花岗岩、辉绿岩脉等侵入或热液活动有关，根据矿床上覆地层关系、热液成矿遮挡层位推断，成矿时代在志留纪之后，暂定为加里东晚期。

2）成矿构造背景

打字堂式硫铁矿分布于上扬子古陆块龙门山前陆逆冲带、龙门后山基底推覆带南段，含矿地质体沿宝兴背斜两翼分布，背斜核部出露新元古界黄水河群、南华系苏雄组以及澄江-晋宁期侵入岩等。奥陶系地层以假整合覆于澄江-晋宁期侵入岩之上，矿体呈透镜状赋存于中上奥陶统宝塔组之中，为一套浅海相碳酸盐岩建造。该类型硫铁矿受构造和岩性控制，可能与后期热液活动有关,在背斜核部岩体内部发现有辉绿岩脉,但侵入时代不详。

3)含矿岩系岩性组合

含矿岩系岩性为中上奥陶统宝塔组,其岩性为灰、灰白色薄—中层状白云质大理岩,局部地段为青灰色薄—厚层状结晶灰岩,具有黄铁矿化,岩性较稳定,厚度为 2.5~30 m,变化较大,地表有部分硫铁矿氧化带出露;含矿岩系顶板为黑色炭质板岩,底板为石英砂岩。含硫段宝塔组上、下地层关系清楚,宝塔组之上为奥陶—志留系龙马溪组灰黑、黑色含碳质板岩、千枚岩,具弱黄铁矿化、强硅化等现象;宝塔组之下中下奥陶统巧家组为浅灰色,灰白色石英砂岩,含砾石英粉砂岩及粉砂质页岩,夹少量的白云岩、白云质砂岩,偶见黄铁矿细粒呈星点状分布。

据《1/20 万宝兴幅 H-48-XIII 区域地质调查报告》(四川省地质局第二区域地质测量队,1976),从宝兴锅巴岩到弥勒沟长 30 余千米的奥陶系大理岩层,是一个铜、铅锌、黄铁矿的成矿带,在东大河以东,以黄铜矿为主,中段溜沙坡一带以闪锌矿为主,西大河弥勒沟一带以黄铁矿为主。

4)典型矿床选取

天全县打字堂硫铁矿是一个老矿山,20 世纪建成的打字堂硫铁矿是四川省重要的化工矿山。矿区位于天全县城 280°方向,直距 24 km,行政区划属天全县紫石乡。据《四川西康地质志》记载,1929~1931 年谭锡畴、李春昱就调查了天全打子堂硫铁矿地质矿产情况;1939 年,丁毅教授到矿区作了较详细的检查工作。区域上勘查的硫铁矿中,除打字堂为中型矿床外,其余同类型矿产地规模较小,且打字堂矿区开展过普查、勘探,资料较丰富,故选取为典型矿床。矿区地质图如图 2-8 所示。

2. 矿床地质特征

1)地层

矿区出露地层较简单,有志留系、奥陶系,分为龙马溪组、宝塔组、巧家组等,奥陶系地层以假整合覆于晋宁-澄江期花岗岩之上,巧家组主要为石英砂岩,厚 20~70 m,时夹似层状、透镜状磷矿,宝塔组($O_{2-3}b$)为灰白色白云质大理岩,厚 0~30 m。宝塔组上覆地层龙马溪组,为黑色碳质板岩、绿灰色板岩等。

2)构造

矿区位处上扬子陆块龙门山基底逆推带南段,区域上宝兴背斜核部出露中元古界黄水河群、下震旦统苏雄组以及澄江-晋宁期侵入岩等结晶岩石,构成坚硬的"基底层",晚震旦世以来断续隆起,由于断层的破坏,两翼不对称,北(西)翼倾角 40°~50°,南(东)翼倾角达 70°以上。矿区位于次级构造打字堂背斜北西翼,区内断裂发育,有北西、北东两组断裂,其北东组常错断矿体。

3)岩浆岩

区域上有酸性至基性侵入岩出露,打字堂背斜核部岩体为澄江-晋宁期二长花岗岩。

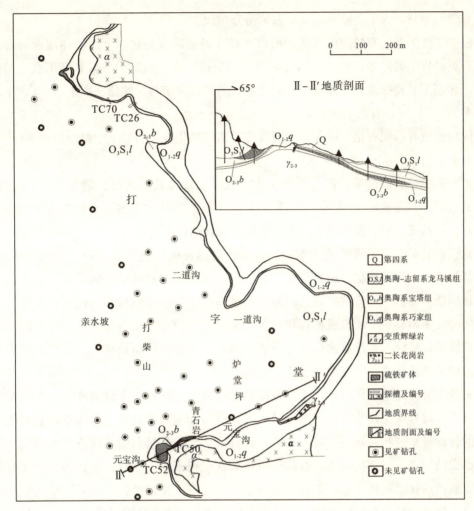

图 2-8  天全县打字堂硫铁矿区地质图

变质辉绿岩在矿区分布广，具深浅不同的灰绿色，颗粒小，较坚硬，几乎全由绿泥石组成，仅有少量的微绿色化斜长石的细小晶体，结构不明。普遍发育有黄铁矿化，显微镜下观察很多地方残留有辉石，具辉绿结构。

4)矿体特征

奥陶系地层不整合覆于澄江-晋宁期二长花岗岩之上，赋矿层位为宝塔组($O_{2-3}b$)。硫铁矿体呈隐伏、半隐伏状态，深部钻孔(图 2-8)控制表明矿体为一大椭长透镜体，南、北两端窄，中部宽，边部薄，核部厚；矿体延长 1 400 m，深部延伸 50～300 m，最大可达450 m，厚 1～26 m，平均 9.1 m。

矿体位于黑色板岩之下，石英砂岩之上，薄层白云质大理岩层之中，填充于板岩与石英砂岩间不协调褶皱所成的空隙内，同时交代矿化的白云质灰岩，并使其变质为白云质大理岩，形成了富厚的矿石堆积，因而矿床的形状及其延伸延长在很大程度上取决于原来裂隙的形状，大小及矿化白云质灰岩分布情况。

由于矿体走向上有局部的起伏，所以产状在各地略有变化，个别矿体尾缘有变陡而窜入石英砂岩中的趋势，但一般则局限于一定层位，产状稳定。南部Ⅱ勘探线，矿体倾向南，北部ⅩⅥ勘探线，矿体整体倾向北东，局部倾向南西。倾角一般小于 80°，平均倾角则多为 15°~20°，有的剖面矿体几乎水平。

围岩蚀变有绿泥石化、硅化、碳酸盐化、绢云母化等，属低—中温围岩蚀变。

5)矿石特征

矿石矿物组成较简单，矿石几乎全由黄铁矿组成，局部见有少量方铅矿、闪锌矿，极少的黄铜矿、褐铁矿(主要分布于地表)，与黄铁矿密切伴生的脉石矿物有方解石、白云石及少量石英，还可能有极少量含锶碳酸盐及含钡硫酸盐矿物。

黄铁矿分黄绿色、浅黄色中细晶，金黄色粗晶及褐绿色胶状三种。根据野外观察，胶状黄铁矿多成为结核状、扁豆形态，被包围在细晶质的黄铁矿之间形成斑点状构造及胶结状构造，而粗晶的黄铁矿则在细晶质的黄铁矿中呈不规则散布。这三种矿物形态及其空间分布关系显然反映出成矿作用的各个阶段，一般呈胶质者最先生成，其次为细晶质的黄铁矿，最后为粗晶黄铁矿及部分成穿插的细中晶质的黄铁矿。因先成矿物被后来的矿液继续交代反应，以致矿物逐渐变得粗大完整。

黄铁矿有时完全取代围岩，而呈致密状块构造的纯矿石，在致密纯矿石中亦常发现有白云质大理岩的交代残余物，有的呈不规则分布而成团块状斑点状构造，有时不同矿阶段的黄铁矿呈带状并列而成带状构造，部分次生黄铁矿呈葡萄状同心环带构造。胶状黄铁矿成结构状、扁豆状构造，石英砂岩中黄铁矿则多呈星点状浸染状构造，部分较富集的则成斑点状团块状分布，矿石与脉石因此常成镶嵌交错结构，同时因彼此常互起反应而成交替残余结构及熔蚀结构。黄铁矿矿物之间亦常成重叠镶嵌结构。

矿石常具自形-他形粒状结构、交代(残余)结构、他形粒状镶嵌结构。

自形-他形粒状结构：黄铁矿晶粒为 0.08~0.1 mm，最大粒径可达 10 cm，最小约 0.01 mm 自形者晶形以立方体为主，五角十二面体较少见。

交代(残余)结构：黄铁矿交代围岩，致密状黄铁矿聚合体中常见未交代完全的残余围岩团块。

他形粒状镶嵌结构：黄铁矿呈他形粒状镶嵌于脉状矿物间。

构造以致密块状构造、浸染状构造为主，次为脉状构造、团块状构造。

致密块状：黄铁矿呈紧密结合的聚集体，一般其中无脉石，矿物颗粒交错穿插。矿石品位一般大于 45%，比重可达 4.3 t/m³，矿石致密而坚硬。

浸染状构造：黄铁矿远少于脉石矿物，呈细粒星散状稀疏分布于矿石之中，矿石品位一般小于 45%，黄铁矿粒度一般小于 0.1 mm。脉状构造：先后生成的黄铁矿细脉、方解石细脉、石英细脉相互交错、穿插。黄铁矿一般为他形细粒聚合而成细脉。

团块状构造：黄铁矿细粒聚合斑状，不均匀分布于脉石之间。

矿石按自然类型及品位可划分为致密块状矿石和浸染状矿石两种。

致密块状矿石：黄绿色、金黄色，致密块状，一般呈中粗粒集合体，具粒晶结构，块状构造，主要矿物为黄铁矿，少量方铅矿、闪锌矿，极少见黄铜矿。黄铁矿含量>66％，硫含量>35％。

浸染状矿石：浅黄色、灰色，侵染状构造、脉状构造、团块状构造。由黄铁矿、白云石组成，黄铁矿含量>20％，$w(S)$ 为 12％。

矿石以致密块状为主，平均品位一般大于 30％，最高可达 43.67％，次为浸染状矿石，平均品位为 18.8％。各元素含量(％)：$w(Pb)$ 为 0.01～0.02，$w(Zn)$ 为 0.1～0.46，$w(As)$ 为 0～0.007，$w(F)$ 为 0.01～0.06。矿石的化学成分较简单，主要有用元素为 S，而 F、C、Pb、Zn、As 几种有害元素含量均保持在较低水平，矿石中的 Cu(0.01％～0.03％)、Au(0～0.004 g/t)等伴生有益组分含量也十分低，难以综合利用。矿石质量优良。

矿石中大部分可直接利用，浸染状矿石选矿效果亦好，原矿品位 17.89％，精矿品位 45.15％，尾矿品位 1.95％，精矿回收率 93.1％。

### 3.成矿模式

#### 1)矿床成因

打字堂式硫铁矿受构造和岩性控制，矿体形态较复杂，多呈透镜状、脉状、巢状、串珠状产出。矿体规模较小，一般长几十米至几百米，最短约数米，最长达 1 400 m(打字堂)；厚几十厘米至十米不等；延深 50～300 m，一般小于 100 m，最深可达 450 m(打字堂)。

打字堂式硫铁矿的形成可能与岩浆岩的侵入及热液活动有关。与成矿作用同时生成的围岩蚀变有绿泥石化、硅化、碳酸盐化、绢云母化等，它们都是由低—中温的典型围岩蚀变；矿物共生组合(共生矿物有黄铜矿、方铅矿、闪锌矿，脉石矿物有白云石、石英等)也是属中温性质，不含任何的高温标志矿物，推测矿床是在中温热液期形成。《四川省区域矿产总结》认为打字堂式硫铁矿为以交代作用为主的热液充填交代矿床，《四川省硫矿资源潜力评价成果报告》按照预测类型划归岩浆热液型或热液型，认为因矿床形成的矿液来源是热水溶液，且在中温阶段形成，矿床形成的方式为充填和交代双重作用，属中温热液充填交代式矿床。

#### 2)成矿模式

打字堂式硫铁矿成矿物质绝大部份均来自热液，极少部分可能取自围岩，其形成可能与辉绿岩、地下热水关系密切。硫与铁可能是以胶体溶液混溶一起，这种胶体溶液上升到浅部后，由于温度的下降，再结晶为晶质黄铁矿，并与围岩发生交代作用。这种矿化程序在矿石的结构构造中常可找到它们的踪迹。

地下热水活动将澄江-晋宁期花岗岩及其围岩中分散的硫元素溶解出来，初步集中，沿着构造裂隙等通道向上运移，把它们携带到对容矿构造有利的空间或碳酸盐类岩石在褶皱过程中造成的层间虚脱和节理裂隙等成矿理想场所，以填充、交代的方式形成硫铁矿。

硫铁矿体赋存于奥陶系中上统白云质大理岩之中，白云质大理岩化学性质活泼，易于元素交代置换，而在上覆的龙马溪组碳质页岩、板岩则形成了矿液的良好隔档层，使矿液得以保存、沉淀、凝胶，形成块状硫铁矿体。矿层之底板为下奥陶统的石英砂岩，其化学性质较弱，硫铁矿只能于其砂岩的孔隙之中呈浸染状矿石产出或充填于垂直层面的一组张裂隙中成为硫铁矿脉。成矿模式如图2-9所示。

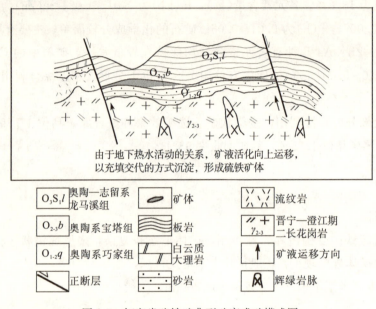

由于地下热水活动的关系，矿液活化向上运移，
以充填交代的方式沉淀，形成硫铁矿体

| | | | | |
|---|---|---|---|---|
| $O_3S_1l$ | 奥陶—志留系龙马溪组 | | 矿体 | | 流纹岩 |

$O_3S_1l$ 奥陶—志留系龙马溪组　　▬ 矿体　　 流纹岩

$O_{2-3}b$ 奥陶系宝塔组　　〰 板岩　　$γ_{2-3}$ 晋宁—澄江期二长花岗岩

$O_{1-2}q$ 奥陶系巧家组　　 白云质大理岩　　↑ 矿液运移方向

正断层　　 砂岩　　 辉绿岩脉

图 2-9　打字堂硫铁矿典型矿床成矿模式图

# 第四节　四川省硫铁矿成矿规律

## 一、成矿地质背景

硫铁矿和伴生硫矿在各种地质环境中均有产出。不同地质构造单元由于经历的发展阶段不同和因构造活动性差异造成的沉积作用、火山活动、侵入活动、变质作用的差异，使其成矿作用特征及形成的矿产各具特色。

### 1. 峨眉山玄武岩喷发活动

与东吴运动（即峨眉地裂运动）相伴，上扬子康滇大陆裂谷带出现了华南地区显生宙最大规模的镁铁质-超镁铁质岩浆侵入和喷溢活动（与峨眉地幔柱活动有关）。云、贵、川大陆溢流玄武岩形成面积达 130 000 km²，呈岩被状假整合于中二叠世晚期阳新组灰岩之上，厚达 1 000~4 500 m 的暗色岩系，K-Ar 年龄 253.3 Ma。与此同时形成大规模镁铁质-超镁铁质侵入岩，四川会理-攀枝花一带共有大小岩体 140 余个，面积达 399.5 km²。

在晚二叠世龙门山地区亦出现了玄武岩的强烈喷发，形成有大石包组枕状玄武岩。

该阶段是华南地区古生代最重要的一次成矿作用，也是四川的主要成矿作用时期之一。与康滇大陆裂谷镁铁质-超镁铁质侵入岩浆活动，形成了大型、超大型钒钛磁铁矿床（伴有 Cu、Ni、Pt）；与峨眉山玄武岩浆活动有关，形成了火山热液型铜矿床，及川、滇、黔地区 Hg、Sb、As、Au 的初步富集，为后期成矿提供了重要的物质来源。扬子陆块南部叙永式硫铁矿成矿与峨眉山玄武岩的喷溢有关，规模以大型矿床为主，龙门山中北段、华蓥山地区形成少量晚二叠世硫铁矿。四川省晚二叠世时期形成的硫铁矿累计查明资源储量占全省的 98% 以上。该阶段也是华南地区重要的成煤时期，川、滇、黔地区晚二叠世陆相、海陆过渡相地层中形成了许多大型、特大型硫铁矿和煤矿。

### 2. 印支期—喜马拉雅期造山作用

刘树根、罗志立(1991)研究认为，龙门山地区晚三叠世发生过辉绿岩的侵入，说明其时仍处于拉张环境，系晚二叠世峨眉地裂运动的继续。古生代—新近纪龙门山—大巴山一带先后经历了印支期板内(陆内)褶皱造山作用和燕山期—喜马拉雅期推覆造山作用，前次造山作用特征及产物只能局部或隐约地包容于后期造山带构造中。在古生代时期，龙门山—大巴山一带由于在浅海、滨海、潟湖相的古地理环境中沉积有大量的白云岩、白云质灰岩，尔后造山过程中与地下热流体活跃，在封闭的还原环境以及适宜的物化条件下，在一定的构造空间(如断层带、裂隙)中可形成硫铁矿。龙门山—大巴山热液型硫铁矿规模以中小型矿床为主，属与地下热流体有关的 Pb、Zn、硫铁矿矿床成矿系列。

### 3. 层位和岩相古地理环境

四川绝大多数硫铁矿受层位控制。规模最大的川南地区硫铁矿产于上二叠统含煤岩系底部，矿层厚度受不整合面起伏控制；杨家院式硫铁矿分布于泥盆系观雾山组中，含矿层位稳定，矿体产状与围岩基本一致；打字堂式硫铁矿赋于中上奥陶统宝塔组白云质大理岩中，矿体呈透镜状断续分布。四川省越西县(三叠系白果湾组)等其他沉积硫铁矿矿化也受层位控制(焦凤辰，1989)。

与沉积作用有关的硫铁矿岩相古地理环境清晰，晚二叠世，川南地区由西向东由陆相冲积平原向海相的海滩转变，为潟湖边缘的潮坪或陆缘近海湖相环境的凝灰岩、沉凝灰岩分布区，是叙永式硫铁矿床比较集中出现的场所。

## 二、硫铁矿的空间分布

### 1.硫铁矿成矿区带及矿集区划分

四川硫铁矿资源分布广泛,全省 12 个市州有硫铁矿查明资源储量。以《四川省成矿区带划分及区域成矿规律》(曾云等,2015)一书所划分的全省成矿区带为基础,根据《四川省硫矿资源潜力评价成果报告》提出的硫矿(硫铁矿、伴生硫矿)Ⅴ级成矿区带划分方案,全省共划分仰天窝(杨家院式)、天全(打字堂式)、兴文和古叙(叙永式)等 20 个硫铁矿Ⅴ级区(表 2-4),其中硫铁矿 4 个,铁铜铅锌磷矿中共伴生硫矿 16 个。川南地区 37

**表 2-4　四川省硫铁矿成矿区带划分表**

| Ⅰ级<br>(成矿域) | Ⅱ级<br>(成矿省) | Ⅲ级<br>(成矿带) | Ⅳ级 | Ⅴ级 | 备注 |
|---|---|---|---|---|---|
| Ⅰ-3 特提斯成矿域 | Ⅱ-8 巴颜喀拉—松潘成矿省 | Ⅲ-31 南巴颜喀拉—雅江 Li-Be-Nb-Ta-Au-Cu-Pb-Zn-水晶成矿带 | Ⅳ-12 九龙断块 Cu-Zn-Au-Ag-Li-Be 成矿远景区 | Ⅴ5 江浪穹窿<br>Ⅴ6 长枪穹窿 | 李伍式铜矿共、伴生硫 |
| | Ⅱ-9 喀剌昆仑—三江成矿省 | Ⅲ-32 义敦—香格里拉 Au-Ag-Pb-Zn-Cu-Sn-Hg-Sb-W-Be 成矿带 | Ⅳ-17 白玉赠科—昌台—乡城火山沉积盆地 Cu-Pb-Zn-Ag-Au-Sb-Hg-S-重晶石成矿远景区 | Ⅴ4 白玉昌台 | 呷村式铅锌矿共、伴生硫 |
| Ⅰ-4 滨太平洋成矿域(叠加在古亚洲成矿域之上) | Ⅱ-15 扬子成矿省 | Ⅲ-73 龙门山—大巴山 Fe-Cu-Pb-Zn-Mn-V-P-S-重晶石-铝土矿成矿带 | Ⅳ-24 广元—江油 Fe-Mn-Pb-Zn-S-Ag-铝土矿-砂金成矿远景区 | Ⅴ1 仰天窝硫铁矿 | 杨家院式硫铁矿 |
| | | | Ⅳ-25 安县—都江堰 Cu-Zn-P-蛇纹石-花岗岩成矿远景区 | Ⅴ2 九顶山 | 什邡式磷矿共、伴生硫 |
| | | | Ⅳ-26 宝兴地区 Cu-Pb-Zn-S-铝土矿成矿远景区 | Ⅴ3 天全 | 打字堂式硫铁矿 |
| | | Ⅲ-75 盐源—丽江—金平 Au-Cu-Mo-Mn-Ni-Fe-Pb-S 成矿带 | Ⅳ-32 盐源盆地东缘裂谷带 Fe-Cu-Au-Mn-S 成矿远景区 | Ⅴ10 黄草坪—草坪子<br>Ⅴ11 矿山梁子—大小沟　Ⅴ12 河坪子 | 矿山梁子式铁矿共、伴生硫 |
| | | Ⅲ-76 康滇断隆 Fe-Cu-V-Ti-Ni-Sn-Pb-Zn-Au-Pt-稀土-石棉成矿带 | Ⅳ-37 冕宁—攀枝花 Fe-V-Ti-Cu-Ni-Pt-Pb-Zn-稀土成矿远景区 | Ⅴ9 太和、Ⅴ13 白马<br>Ⅴ15 攀枝花、<br>Ⅴ16 红格 | 攀枝花式钒钛磁铁矿共、伴生硫 |
| | | | Ⅳ-39 会理—会东 Cu-Fe-Pb-Zn-Au 成矿远景区 | Ⅴ14 会理<br>Ⅴ17 会东大梁子<br>Ⅴ18 会东红光—野租 | 大梁子式铅锌矿共、伴生硫 |
| | | | | Ⅴ19 落凼—板山头<br>Ⅴ20 红泥坡—力洪 | 拉拉式铜矿共、伴生硫 |
| | | Ⅲ-77 上扬子中东部 Pb-Zn-Cu-Ag-Fe-Mn-Hg-S-P-铝土矿-硫铁矿-煤成矿带 | Ⅳ-45 筠连—古蔺硫-煤成矿远景区 | Ⅴ7 兴文<br>Ⅴ8 古叙 | 叙永式硫铁矿 |

处以硫为主矿种的硫铁矿床累计查明矿石量 23.62 亿吨，全省 14 处伴生硫矿，累计查明资源储量仅 0.59 亿吨（硫元素量）。

四川省以硫为主矿种的硫资源相对集中于川南兴文、川南古叙、仰天窝、天全 4 个 V 级区内。这 4 个 V 级区根据矿产资源分布和资源潜力，可以分成仰天窝、天全等 7 个以硫为主矿种的重点矿集区（图 2-10），其中川南古叙 V 级区因面积太大，进一步细分成乐郎—岔角滩、田坝—观兴等 4 个矿集区。各矿集区的特征如下所述。

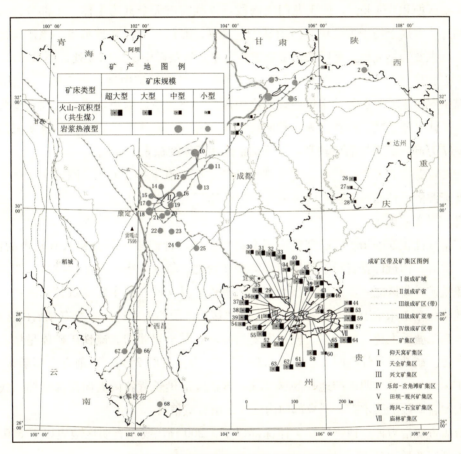

图 2-10 四川省硫铁矿成矿区带及矿集区

### Ⅰ 仰天窝矿集区

矿集区面积 245 km²，位于龙门山北段、绵阳市江油市。构造位置属上扬子古陆块龙门山基底逆推带龙门前山盖层逆冲带、仰天窝向斜两翼。《1/20 万广元幅区域地质调查报告》（四川省地质局第二区域地质测量队，1966）在龙门山北段曾划分两个远景区：一为仰天窝黄铁矿远景区，一为月坝黄铁矿远景区，编号为 Ⅸ、Ⅹ，由于后一远景区仅有 1 个广元月坝矿点，未发现有更多的矿产地，故只圈定 1 个仰天窝矿集区。硫铁矿床类型主要为热液型，查明杨家院式硫铁矿中型矿床 1 处、小型矿床 1 处，发现矿点 14 处。硫铁矿体赋存于泥盆系观雾山组上段第一亚段白云石化白云岩中，矿体明显受层位控制，矿化带产状与围岩基本一致，呈北东-南西向带状分布，向深部有变宽之趋势。矿体呈透镜状、薄层状、脉状断续分布，有厚大矿体产出。硫铁矿查明资源储量983.41万吨。矿石质量好，仰天窝矿集区属可探索的区域。

硫矿资源潜力评价，杨家院式硫铁矿已知矿床矿点下推300 m，圈定了1 000 m以浅、有资源潜力预测区，预测资源量为5 092.01万吨。

Ⅱ　天全矿集区

矿集区面积574 km²，位于龙门山南段，以雅安市天全县为主体，小部分跨入宝兴县。构造位置属上扬子古陆块龙门山基底逆推带、龙门后山基底推覆带。该矿集区硫铁矿床类型主要为热液型，查明产于宝塔组打字堂式硫铁矿中型矿床2处、小型矿床2处，发现矿点、矿化点6处，查明产于灯影组其它热液型硫铁矿中型矿床1处、小型矿床3处。赋矿层位主要为奥陶系宝塔组，其次为震旦—寒武系灯影组，围岩岩性主要为碳酸盐岩。矿体呈透镜状、脉状、串珠状断续分布，有厚大矿体产出。硫铁矿查明资源储量1 108.17万吨。硫平均品位较高，天全矿集区属可继续探索的区域。

硫矿资源潜力评价，打字堂式硫铁矿已知矿床矿点下推300 m，圈定了1 000 m以浅、有资源潜力预测区，预测资源量为1 714.18万吨。

Ⅲ　兴文矿集区

矿集区面积959 km²，以宜宾市兴文县为主体，含矿段小部分跨入宜宾市的江安、长宁、珙县。构造位置属扬子陆块南部碳酸盐台地、叙永—筠连叠加褶皱带。四川省重要的硫铁矿矿集区之一，矿床类型为叙永式硫铁矿。含矿岩系主要受珙长背斜控制，仅洛表观斗一个矿床位于落木柔背斜北翼。矿集区西部及西南部边缘发育有峨眉山玄武岩。含矿段为二叠系上统龙潭组第一段，主要为高岭石黏土岩建造。硫铁矿矿体呈层状、似层状产出。硫铁矿累计查明资源储量6.96亿吨，占全省的29%。目前有大型矿床9处、中型矿床7处，各查明矿产地控制深度浅，含矿段沿珙长背斜两翼向深部延伸，找矿潜力巨大。含矿段沿落木柔背斜翼部向南延入云南省威信县。

硫矿资源潜力评价估算已知矿体深部以下1 200 m，或未查明区地表以下800 m范围，预测资源量达7.17亿吨。

Ⅳ　乐郎—岔角滩矿集区

矿集区面积744 km²，位于泸州市叙永、古蔺二县。构造位置属扬子陆块南部碳酸盐台地、叙永—筠连叠加褶皱带，是四川省重要的硫铁矿矿集区之一，矿床类型为叙永式硫铁矿。含矿岩系主要受古蔺复背斜控制，峨眉山玄武岩不发育。矿集区位于古蔺复背斜北翼，发育有次级褶皱茶叶沟背斜、洛窝背斜、柏杨林—大寨背斜及大安山向斜等，含矿段为二叠系上统龙潭组第一段，主要为高岭石黏土岩建造。硫铁矿矿体呈层状、似层状产出。硫铁矿累计查明资源储量9.41亿吨，占全省的39%。目前有超大型矿床1处、大型矿床14处、中型矿床3处、小型矿床1处，各查明矿产地控制深度浅，含矿段沿背斜两翼(或向斜核部)延伸，近地表浅部尚有大片待查明具资源潜力区域，找矿潜力巨大，含矿段向东延入贵州省习水县，向南延入云南省威信县。

硫矿资源潜力评价估算已知矿体深部以下 1 200 m，或未查明区地表以下 800 m 范围，预测资源量达 14.19 亿吨。

V 田坝—观兴矿集区

矿集区面积 247 km²，位于泸州市叙永县。构造位置属扬子陆块南部碳酸盐台地、叙永—筠连叠加褶皱带。矿床类型为叙永式硫铁矿。含矿岩系主要受河坝向斜控制，含矿段为二叠系上统龙潭组第一段，主要为高岭石黏土岩建造。硫铁矿矿体呈层状、似层状产出。黑泥矿点，含矿段平均厚 8.20 m，矿层平均厚 3.01 m，矿石平均品位 20.05%。

地质工作程度低，有已知矿点，无查明矿床。因含矿段向南延入云南省威信县，具备找矿潜力，仍圈定为矿集区。

硫矿资源潜力评价按含矿段走向 71 400 m，倾向推深 800 m，预测资源量 5.59亿吨。

Ⅵ 海风—石宝矿集区

矿集区面积 799 km²，主体位于泸州市古蔺县，小部分向西进入叙永县，含矿段沿石宝向斜向西延入云南省威信县，沿大村向斜向东延入贵州省习水县。构造位置属扬子陆块南部碳酸盐台地、叙永—筠连叠加褶皱带。矿床类型为叙永式硫铁矿。含矿岩系主要受古蔺复背斜控制，峨眉山玄武岩不发育。矿集区位于古蔺复背斜南翼，发育有次级褶皱石宝向斜、大村向斜，含矿段为二叠系上统龙潭组第一段，主要为高岭石黏土岩建造。硫铁矿矿体呈层状、似层状产出。硫铁矿累计查明资源储量 1.94 亿吨，占全省的8%。目前有大型矿床 1 处，超大型矿床 2 处，各查明矿产地控制深度浅，含矿段沿背斜两翼(或向斜核部)延伸，近地表浅部尚有大片待查明具资源潜力区域，找矿潜力巨大。

硫矿资源潜力评价估算已知矿体深部以下 1 200 m，或未查明区地表以下 800 m 范围，预测资源量达 3.38 亿吨。

Ⅶ 庙林矿集区

矿集区面积 48 km²，位于泸州市古蔺县。构造位置属扬子陆块南部碳酸盐台地、叙永—筠连叠加褶皱带。矿床类型为叙永式硫铁矿。矿集区位于水口寺背斜北东翼，含矿段为二叠系上统龙潭组第一段，主要为高岭石黏土岩建造。硫铁矿矿体呈层状、似层状产出。庙林矿点，含矿段平均厚 6.20 m，矿层平均厚 2.10 m，矿石平均品位 13.30%。

地质工作程度低，无查明矿床。因含矿段向东、向西延入贵州省仁怀县，具备找矿潜力，仍圈定为矿集区。

硫矿资源潜力评价按含矿段走向 18 370 m，倾向推深 800 m，预测资源量 0.96亿吨。

## 2.不同类型硫铁矿空间分布

沉积型(火山-沉积型)硫铁矿分布范围广,从目前四川省划分的Ⅲ级成矿区带来看,主要分布于上扬子中东部成矿带(为叙永式硫铁矿),其次分布于龙门山—大巴山成矿带和四川盆地成矿区(未建立矿床式)。从西南地区来看,该类型硫铁矿含矿地层自川东华蓥山延入重庆,自川南地区延入云南、贵州。根据前人研究,西南硫矿带硫铁矿主要产于二叠纪峨眉山玄武岩中和龙潭组煤系地层底部,呈北西向带状或面式展布。自西而东含矿岩石依次为火山岩(玄武岩)—火山碎屑岩—沉积火山碎屑岩—火山碎屑沉积岩—沉积岩,环火山岩体组成一套喷发沉积相的火山-沉积岩含矿建造平面分带景观,其中可以细分出 4 个含矿岩石区及 4 种矿床类型(甘朝勋,1985;阎俊峰等,1994)。

热液型硫铁矿主要分布于龙门山—大巴山成矿带,杨家院式分布于龙门山北段,打字堂式分布于龙门山南段。热液型硫铁矿多数矿产地成矿时代不明,在其它成矿带也零星分布。但空间分布规律不明显。

与铁铜铅锌磷等矿床中共、伴生的硫铁矿及硫元素广泛分布,特别是分布于川西高原地区和攀西地区的铁、铜、铅、锌等多金属矿床中多含共、伴生硫。

晚二叠世早期沉积型(火山-沉积型)硫铁矿分布范围广。龙潭组底部硫铁矿分布于上扬子中东部成矿带和四川盆地成矿区,与龙潭组地层同期的吴家坪组底部硫铁矿则分布于龙门山—大巴山成矿带。

《四川省区域矿产总结》通过川南成矿单元特征分析、古构造古地理分析,发现含煤岩系中硫铁矿与煤的关系多种多样,在筠连、珙县地段有煤无硫,兴文洛表地段以硫为主,叙永地区西段有硫无煤,古蔺地区则煤、硫共生。通过龙门山大巴山成矿单元特征分析,认为赋存在同一层位的铅锌矿和硫铁矿在空间上一般都不在同一个部位富集,似有消长关系,以中泥盆统内的矿床表现最为突出,该层位的铅锌矿(杨家院式)集中在唐王寨向斜及以南的地区,硫铁矿则集中在其东北的仰天窝向斜内;宝兴褶皱构造南部灯影组和宝塔组中的铅锌矿与硫铁矿,也有铅锌矿集中在靠南的位置,硫铁矿集中在靠北部位的现象。

# 三、硫铁矿的时间分布

## 1.不同时代的硫铁矿床类型

据四川省地矿局编写的《四川省区域矿产总结》,四川省硫矿成矿作用在地史上比较普遍,除石炭系、古近系和新近系外,从前震旦系至第四系均有矿化层位发育,共有 28 个层位,以及晋宁-澄江期花岗岩、辉绿岩、石英闪长岩,华力西期辉长岩、玄武岩等期次岩浆岩。最主要的还是古生代地层,首推二叠系龙潭组,次为泥盆系观雾山组、前震旦系通木梁群、黄水河群、二叠系梁山组、奥陶系宝塔组等。

四川省硫矿以晚二叠世早期($P_3$)为主要成矿期，代表性矿产地有兴文先锋硫铁矿、叙永大树硫铁矿。前人对四川龙潭组、吴家坪组生物地层研究较详，建立有四川地区龙潭阶 5 个生物地层单位，川南地区龙潭组硫铁矿成矿时代可进一步推断为吴家坪早期，相当于前人所称龙潭早期。按 2004 年公布的国际地层表，晚二叠世早期大约为 257 Ma。

热液型硫铁矿多数矿产地成矿时代不明，但成矿作用具有"新生古藏"的特点，一般来说容矿层位为新元古代—古生代地层。打字堂式、杨家院式硫铁矿研究程度低，根据少量资料分析，成矿时代分别暂定为加里东晚期、印支期。

2. 不同层位硫铁矿规模

四川省硫铁矿受地层层位控制特征显著，按不同含矿层位统计矿床规模，结果如图 2-11 所示。

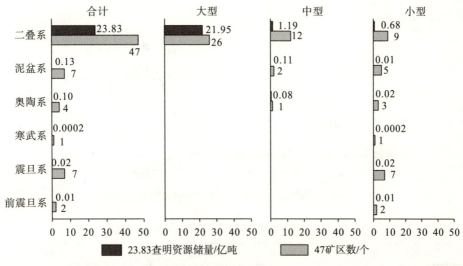

图 2-11 不同层位硫铁矿规模统计图

四川省硫铁矿大型矿床所占比例较大（38.24%），中、小型矿床亦有一定比例。大型（含超大型）矿床仅见于叙永式硫铁矿，硫铁矿容矿（赋矿）地层以二叠系为主，尤其是大、中型矿床比例高，达 38 个，查明资源储量也最多，达 23.83 亿吨。奥陶系、泥盆系有少量中型矿床，仅为 3 个。其它地层没有大、中型矿床产出。

矿床数量、查明资源储量以二叠系占绝对优势。以二叠系为容矿地层的矿床数量占 69.12%，查明资源储量占 98.94%；其他层系矿床数量占 30.98%，查明资源储量占 1.06%。如图 2-12 所示。

3. 不同层位矿石类型

从工业利用角度分类，《硫铁矿地质勘查规范》（DZ/T 0210—2002)将矿石工业类型划分为黄铁矿矿石、磁黄铁矿矿石、多金属黄铁矿矿石三大类，其中黄铁矿矿石细分为两小类。依照这个方案确定，四川省硫铁矿以黄铁矿矿石为主要类型(表2-5)，有少量与铜铅锌矿伴生的多金属黄铁矿矿石。

各矿床矿体地表露头及浅部矿石氧化程度较高，呈氧化—半氧化状态。叙永式硫铁矿氧化带宽度一般为20~120 m，杨家院式硫铁矿氧化带宽度一般为60~100 m，风化淋滤的产物多为褐铁矿。混合带不发育，打字堂式硫铁矿氧化带亦不明显。

原生带中黄铁矿矿石细分为两类，即硅酸盐黄铁矿矿石、碳酸盐黄铁矿矿石。

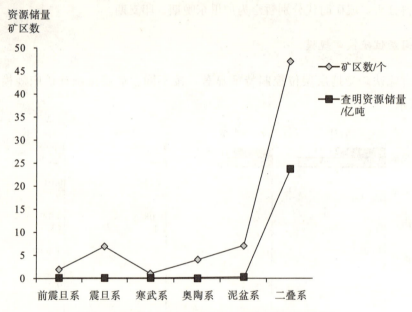

图 2-12   不同层位硫铁矿床及查明资源储量比例图

**表 2-5   四川省硫铁矿矿石工业类型分类简表**

| 工业类型 | | 矿物成分 | 实例 |
|---|---|---|---|
| Ⅰ. 黄铁矿矿石 | 1. 硅酸盐黄铁矿矿石 | 黄铁矿、石英、长石、黏土矿物等 | 二叠系(大树、先锋) |
| | 2. 碳酸盐黄铁矿矿石 | 黄铁矿、白云石、方解石、碳质等 | 泥盆系、奥陶系(杨家院、打字堂) |
| Ⅱ. 磁黄铁矿矿石 | | 磁黄铁矿、黄铁矿、黄铜矿等 | 少见 |
| Ⅲ. 多金属黄铁矿矿石 | | 黄铁矿、黄铜矿、方铅矿、闪锌矿等 | 前震旦系(通木梁、马松岭) |

硅酸盐黄铁矿矿石产于二叠系地层、沉积型(火山-沉积型)硫铁矿中，矿石矿物主要为黄铁矿，有少量白铁矿、胶黄铁矿；脉石矿物主要为高岭石，有少量水云母、地开石、珍珠陶土、三水铝石、金红石；伴生少量黄铜矿、铜蓝、方铅矿、闪锌矿。

碳酸盐黄铁矿矿石产于热液型硫铁矿床中，矿床数量以泥盆系、奥陶系较多，查明资源储量也以泥盆系、奥陶系较大。矿石矿物主要为黄铁矿，有少量白铁矿；脉石矿物主要为白云石、方解石，有少量石英；伴生少量方铅矿、闪锌矿，偶见黄铜矿。

# 第三章 芒 硝

芒硝是一种以含钠硫酸盐类矿物为主要组成的非金属矿产。自然界含钠硫酸盐矿物有14种，目前主要使用的有芒硝、无水芒硝、钙芒硝和白钠镁矾（矿产资源工业要求手册编委会，2010）。我国的芒硝矿资源主要有现代盐湖芒硝矿床和沉积型芒硝矿床两类。现代盐湖芒硝主要集中于青海、内蒙、西藏、新疆四省区，沉积型芒硝主要分布于四川、青海、湖南、云南、湖北、江苏等地。全国查明的芒硝基础储量（折合 $Na_2SO_4$）90 亿吨。四川芒硝资源极为丰富，矿产地分布集中，矿石以钙芒硝（含钙钠的硫酸盐矿物）为主，资源量居全国之首。

## 第一节 四川省芒硝资源概述

### 一、主要芒硝矿产地及规模

#### 1. 芒硝矿产地数量

四川省芒硝集中产于川西平原的成都—眉山—雅安一带，分布面积达 8 328 km²。根据《四川省芒硝资源潜力评价成果报告》（郭强等，2013）、《四川省矿产资源年报》（2014）等资料，四川省有芒硝矿产地 40 处（表 3-1，图 3-1）。

表 3-1 四川省沉积型芒硝矿产地成矿特征一览表

| 序号 | 矿产地名称 | 规模 | 构造位置及成矿带 | 成矿地质特征 |
|---|---|---|---|---|
| 1 | 大邑县安仁 | 矿点 | 川西山前拗陷盆地；四川盆地西部成矿带 | 含矿岩系白垩系上统灌口组。隐伏固体芒硝呈缓倾斜复式层状，工作程度低，无查明资源，根据崇 8 井等资料，下含矿带矿体最大垂直深度未超过 600 m。安仁—苏场一带灌口组中上部产富氯化钠、碘之地下卤水，由下而上可分为卤Ⅰ、卤Ⅱ、卤Ⅲ、卤Ⅳ计 4 个含卤层，其中以卤Ⅲ分布较为稳定，而其他 3 层品位低，卤量小，无工业价值 |
| 2 | 成都市双流区华阳镇十八口 | 中型 | 川西山前拗陷盆地；四川盆地西部成矿带 | 含矿岩系白垩系上统灌口组。牧马山向斜北段转折端，含矿带长 200 m，宽 2 050 m，面积 4.10 km²。下含矿带为主要含硝层段，分为 4 个矿组，其中Ⅱ、Ⅲ矿组为勘探的主要对象，其中Ⅱ矿组厚 6.04 m，含可采矿层 3 层，硫酸钠含量为 38.49%～41.35%；Ⅲ组厚 8.43 m，含可采矿层 2 层 |
| 3 | 新津县大山岭天台寺 | 超大型 | 川西山前拗陷盆地；四川盆地西部成矿带 | 含矿岩系白垩系上统灌口组第二段。牧马山向斜北段转折端，共有下含矿带钙芒硝 11 层，纯矿总厚度平均为 20.12 m。1～9 矿层相当稳定，矿石质量变化小，纯矿平均品位硫酸钠为 36.17%～39.79% |

续表1

| 序号 | 矿产地名称 | 规模 | 构造位置及成矿带 | 成矿地质特征 |
|---|---|---|---|---|
| 4 | 新津县金华兴隆寺 | 超大型 | 川西山前拗陷盆地;四川盆地西部成矿带 | 含矿岩系白垩系上统灌口组第二段。牧马山向斜北西翼,下含矿带矿体埋深0~150 m,倾角为32°~39°,长500 m,厚7.09 m |
| 5 | 新津县大山岭黄泥渡 | 中型 | 川西山前拗陷盆地;四川盆地西部成矿带 | 灌口组第二段下含矿带保存较好。牧马山向斜北西翼,I矿组处于最下部,平均纯矿厚6.16 m,3个矿层组成;II矿组纯厚平均为4.49 m,3个矿层;III矿组纯矿平均厚8.76 m;IV矿组由3个矿层组成,纯矿厚3.08 m。I、II矿组属高品位 |
| 6 | 新津县金华勘探区 | 超大型 | 川西山前拗陷盆地;四川盆地西部成矿带 | 灌口组第二段下含矿带保存较好。牧马山向斜北西翼,矿层厚25~30 m,单层厚1~2 m,平均品位为35%~40%,浸出率为97%~98% |
| 7 | 新津县大山岭勘探区 | 大型 | 川西山前拗陷盆地;四川盆地西部成矿带 | 灌口组第二段下含矿带保存较好。牧马山向斜北西翼,共有钙芒硝矿11层,纯矿总厚度平均20.12 m。1~9矿层相当稳定,矿石质量变化小,纯矿平均品位硫酸钠为36.17%~39.79% |
| 8 | 眉山市彭山区青龙 | 大型 | 川西山前拗陷盆地。四川盆地西部成矿带 | 含矿岩系白垩系上统灌口组第二段。熊坡背斜南东翼,含矿带长2 300 m,宽2 100 m,面积为4 km²,含矿5~17 m,分上、下二个矿组:下矿组16.60~18.65 m,平均厚17.85 m,上矿组厚26.79~30.05 m,平均厚28.91 m |
| 9 | 眉山市彭山区牧马 | 大型 | 川西山前拗陷盆地;四川盆地西部成矿带 | 灌口组第二段下含矿带保存较好。牧马山向斜、眉山向斜及苏码头背斜倾没端的接合部,下含矿带(下硝带)由上、下矿组组成,其中上矿组含可采矿2层,单层厚0.57~2.99 m,平均总厚9.44 m |
| 10 | 眉山市彭山区同乐 | 中型 | 川西山前拗陷盆地;四川盆地西部成矿带 | 含矿岩系白垩系上统灌口组第二段。熊坡背斜南东翼,有4个矿层,其中1、3矿层为勘探的主要对象。3矿层呈复层状产出,单层矿平均厚15.13 m,硫酸钠含量平均34.03%;1矿层呈复层状产出,单层矿平均厚10.98 m,硫酸钠含量平均为34.98% |
| 11 | 眉山市彭山区青龙南 | 大型 | 川西山前拗陷盆地;四川盆地西部成矿带 | 白垩系上统灌口组划分为三段,芒硝产于第二段。熊坡背斜北东翼,勘探地段含矿带长2 500 m,宽2 000 m,面积为5 km²,分上、下矿组,各含2层矿 |
| 12 | 眉山市彭山区观音 | 大型 | 川西山前拗陷盆地。四川盆地西部成矿带 | 含矿岩系白垩系上统灌口组第二段。熊坡背斜南东翼,分上、下两个含矿带,其中上含矿带(上硝带)上矿组含可采矿层4层,平均总厚10.40 m,硫酸钠平均含量为32.59%;下矿组因厚度品位极不稳定,无开发价值 |
| 13 | 眉山市彭山区天鹅 | 中型 | 川西山前拗陷盆地;四川盆地西部成矿带 | 含矿岩系白垩系上统灌口组第二段。熊坡背斜北东翼,有上、下两个含矿带,上含矿带厚17.04~28.72 m,下矿组含1~2层矿,平均厚2.33 m |
| 14 | 眉山市彭山区公义 | 中型 | 川西山前拗陷盆地;四川盆地西部成矿带 | 含矿岩系白垩系上统灌口组第二段。熊坡背斜北东翼,矿层由11层结晶钙芒硝层及夹石层组成,含矿带总厚31.27~35.50 m |
| 15 | 眉山市彭山区江渎 | 中型 | 川西山前拗陷盆地;四川盆地西部成矿。 | 含矿岩系白垩系上统灌口组第二段。位于熊坡背斜、牧马山向斜、苏码头背斜及眉山向斜的结合部,上矿组有2层矿,平均总厚6.95 m,品位为29.74%~39.28%;下矿组1层矿,平均厚2.52 m,平均品位31.04% |
| 16 | 眉山市彭山区农乐 | 大型 | 川西山前拗陷盆地;四川盆地西部成矿带 | 白垩系上统灌口组划分为三段,芒硝产于第二段。熊坡背斜、眉山向斜过渡地段。开采层为3、4矿层。4矿层由4~6个单矿层组成,总厚6.5~8.16 m,平均为6.82 m,3矿层由2~3个单矿层组成,总厚平均为5.68 m |
| 17 | 眉山市彭山区邓庙 | 大型 | 川西山前拗陷盆地;盆地西部成矿带 | 位于熊坡背斜南东翼与眉山向斜北西翼结合处,含矿带赋存于上白垩统灌口组中,该组划分为三段,芒硝产于第二段。有工业矿层8层,分上、下两个含矿带,上含矿带厚54.04~68.06 m,平均为64.56 m;下含矿带厚53.98~61.16 m,平均为57.29 m |
| 18 | 眉山市彭山区义和 | 大型 | 川西山前拗陷盆地;四川盆地西部成矿带 | 灌口组划分为三段,芒硝产于第二段。熊坡背斜南东翼,上含矿带分为上、下两个矿组,其中上矿组含矿4层,平均厚0.97 m;下矿组含矿3层,平均厚度0.9~1.66 m。下含矿带分为上、下两个矿组,其中上矿组含矿2层,平均厚5.54~7.97 m;下矿组含矿2层,平均厚0.86~10.47 m |

| 序号 | 矿产地名称 | 规模 | 构造位置及成矿带 | 成矿地质特征 |
|---|---|---|---|---|
| 19 | 眉山市东坡区正山口 | 大型 | 川西山前拗陷盆地；四川盆地西部成矿带 | 含矿岩系白垩系上统灌口组第二段。熊坡背斜南东翼，有上、下两个含矿带(上、下硝带)及硝间带。上下硝带含矿各11层，硝间带1层。上硝带矿层累计厚23.87~23.93 m，下硝带累计厚26.81~29.95 m |
| 20 | 眉山市东坡区盘鳌 | 中型 | 川西山前拗陷盆地。四川盆地西部成矿带 | 含矿岩系白垩系上统灌口组第二段。熊坡背斜南东翼，矿体长1 000 m，宽785 m，面积为0.8 km²，矿体为复层状，层数多达40层，矿层单层厚0.87~8.16 m，总厚45.34 m |
| 21 | 眉山市东坡区大洪山 | 大型 | 川西山前拗陷盆地；四川盆地西部成矿带 | 含矿岩系白垩系上统灌口组第二段。熊坡背斜南东翼，矿层多达40余层，厚46.67~50.44 m，层位稳定 |
| 22 | 眉山市东坡区岳沟 | 大型 | 川西山前拗陷盆地；四川盆地西部成矿带 | 含矿岩系白垩系上统灌口组第二段。熊坡背斜南东翼，矿体厚度247.87 m，自上而下分为三个硝带共27层，是矿区最主要的工业矿层，厚度与品位变化不大 |
| 23 | 眉山市东坡区岳沟南 | 中型 | 川西山前拗陷盆地；四川盆地西部成矿带 | 含矿岩系白垩系上统灌口组第二段。熊坡背斜南东翼中段，有上、下硝带和硝间带三个含矿带。上硝带上矿组大部已风化淋滤，下矿带有5层可采、累计平均厚11.36 m；硝间带有5层可采，平均厚9.97 m，下硝带上矿组有6层可采，平均厚9.86 m |
| 24 | 雅安市名山区韩大桥 | 矿点 | 川西山前拗陷盆地；四川盆地西部成矿带 | 含矿岩系为灌口组上段。普查区位处名山向斜东翼。下坝地区以下、中含矿层为主；上坝以上、中含矿层为主。局部地段石盐、钙芒硝共存。以石盐为主者，见于下坝，上坝为钙芒硝，盐含量甚微，二者之间为渐变过渡。三含矿带可划出7~11个分层，矿层累计厚16.45~28.56 m，硫酸钠含量多在工业品位以上，富者达27.02%~35.09% |
| 25 | 眉山市东坡区广济 | 超大型 | 川西山前拗陷盆地；四川盆地西部成矿带 | 含矿岩系白垩系上统灌口组第二段，熊坡背斜南东翼中段，共三个含矿带，上含矿带两层矿，厚11.43 m、11.24 m；硝间带两层矿厚4.8 m、6.8 m；下含矿带两层矿厚10.32 m、9.36 m |
| 26 | 雅安市名山区赵家山 | 中型 | 川西山前拗陷盆地；四川盆地西部成矿带 | 位处名山向斜东翼，南庙沟矿之西。长约2 000 m，矿带厚114.92~158.43 m。白垩系上统灌口组第三段已剥蚀，第二段所产钙芒硝可分三个矿带 |
| 27 | 雅安市名山区南庙沟 | 中型 | 川西山前拗陷盆地；四川盆地西部成矿带 | 勘探地段面积3.73 km²。矿区位处名山向斜东翼。白垩系上统灌口组第三段已剥蚀，第二段所产钙芒硝分为上、中、下三个含矿带，其间以二夹石带所分割 |
| 28 | 丹棱县张场 | 大型 | 川西山前拗陷盆地。四川盆地西部成矿带 | 含矿岩系白垩系上统灌口组第二段。矿区位处洪雅向斜北端翘起部位，地层均呈向北突出的弧形分布，矿带长3 700 m、宽2 600 m。单层厚1.01~10.31 m。总计矿层37层，累计最厚70 m |
| 29 | 雅安市名山区小河子 | 大型 | 川西山前拗陷盆地；四川盆地西部成矿带 | 勘探地段东西长2.5 km，南北宽1.8 km，面积为4.47 km²。矿区位处名山向斜东翼、赵家山之南。白垩系上统灌口组第三段已剥蚀，第二段所产钙芒硝分为上、中、下三个含矿带，其间以二夹石带所分割 |
| 30 | 丹棱县金藏 | 中型 | 川西山前拗陷盆地；四川西部成矿带 | 含矿岩系白垩系上统灌口组第二段。矿区位于洪雅向斜东翼北部近转折端，共有37层矿，据已探明的1~29层矿统计，矿层总厚49.36 m，硫酸钠平均品位36.12%，绝大部分为Ⅰ级品。厚度和品位变化各层均较稳定 |
| 31 | 洪雅县殷河 | 大型 | 川西山前拗陷盆地；四川盆地西部成矿带 | 含矿岩系属古近系名山组第二段。矿区位于洪雅向斜核部，划定三个矿组，各组矿厚7.16~31.7 m |
| 32 | 雅安市雨城区草坝 | 中型 | 川西山前拗陷盆地；四川盆地西部成矿带 | 位处名山向斜南东翼，产于灌口组第二段，厚86.43~93.31 m，含矿32层，共分8个工业矿体，3个局部可采矿体。矿石类型主要为钙芒硝矿，平均品位在35%以上 |
| 33 | 丹棱县柏木桥 | 大型 | 川西山前拗陷盆地。四川盆地西部成矿带 | 含矿岩系白垩系上统灌口组第二段。矿区处于熊坡背斜、洪雅向斜结合部，勘探工作针对Ⅱ、Ⅲ矿组进行。Ⅱ矿组含矿12层，可采有4层，厚2.27~5.32 m。Ⅲ矿组含矿12层，可采有5层，厚1.8~3.14 m |

| 序号 | 矿产地名称 | 规模 | 构造位置及成矿带 | 成矿地质特征 |
|---|---|---|---|---|
| 34 | 洪雅县马河山 | 大型 | 川西山前拗陷盆地；四川西部成矿带 | 含矿岩系属古近系名山组第二段。位于洪雅向斜核部，Ⅰ矿组含矿 7 层，单矿层厚 0.78～4.06 m；Ⅱ矿组含矿 2 层，单矿层厚 1.89～2.97 m；Ⅲ矿组含矿 20 层，单矿层厚 0.56～3.73 m |
| 35 | 洪雅县联合 | 大型 | 川西山前拗陷盆地；四川盆地西部成矿带 | 位于丹棱—洪雅凹陷，洪雅向斜核部，出露古近系芦山组、名山组，含矿岩系属古近系名山组第二段（余光坡段）；钙芒硝呈复式层状产出，划分为上含矿带、硝间带、下含矿带。上含矿带编为⑦、⑥、⑤、④、③五个矿层，硝间带编为②矿层，下含矿带编为①矿层。各矿层最大厚度 9.49 m，最小厚度 0.87 m，平均厚 1.99～8.64 m。平均品位 35.36%～38.36% |
| 36 | 洪雅县白塔 | 大型 | 川西山前拗陷盆地；四川盆地西部成矿带 | 含矿岩系属白垩系上统灌口组第二段。矿区位于洪雅向斜、三苏场背斜结合部，有钙芒硝 18 层，其中有 13 层工业矿层，以单层叠覆形式产出，层位稳定，分布连续。厚度一般为 1～3 m，平均含矿率 22% |
| 37 | 天全县兴业 | 小型 | 川西山前拗陷盆地；四川盆地西部成矿带 | 含矿岩系属白垩系上统灌口组第二段。前阳向斜南段封闭端，上矿组由 2 个矿层组成，平均厚 1.6 m，3.6 m；中矿组有 2 层矿，Ⅰ矿体平均厚 23.7 m，Ⅱ矿体由 5 个矿层组成，平均厚 1.5～3.9 m；下矿组由 4 个矿层组成，平均厚 1.0～3.9 m |
| 38 | 雅安市雨城区葫芦坝 | 矿化点 | 川西山前拗陷盆地；四川西部成矿带 | 雅安向斜南端中部、对岩次级背斜核部，通过普查及钻探（541 m/3 孔）证实含矿岩系为灌口组第二段，盐类矿物主要为石膏，硫酸钠含量仅为 5%～13%，未发现可供工业利用的钙芒硝矿。首次在本区灌口组中发现层状石膏矿 |
| 39 | 自贡市自流井构造 | 矿化点 | 威远隆起；四川盆地南部成矿带 | 自流井构造有 4 个钻孔钻遇下三叠统嘉陵江组芒硝矿，埋藏深度在 1 000 m 以上，矿层厚 0.1～0.2 m，不具工业价值 |
| 40 | 长宁县双河 | 矿点 | 川中陆内拗陷盆地；四川盆地南部成矿带 | 双河是目前世界上发现的最古老石（岩）盐矿床，石盐在开采利用，芒硝无查明资源量。矿区位于川南珙长背斜，其中宁二井在震旦系灯影组中、下部钻遇钙芒硝 2 层，埋藏深度为 2 593～2 643 m，厚度分别为 7 m、39 m |

### 2. 芒硝矿床规模

四川省芒硝矿产资源分布集中，矿床规模巨大、矿石品位高，具有良好的可采性。根据《四川省矿产资源年报》、《四川省芒硝资源潜力评价成果报告》，截至 2013 年年底，全省查明芒硝资源均为钙芒硝，累计查明资源储量（硫酸钠量）超过 1 亿吨的大型（含超大型）钙芒硝矿床 22 个，占查明矿床总数的 62.86%；大于 1 000 万吨的中型钙芒硝矿床 12 个，占总数的 34.28%；小于 1 000 万吨的小型钙芒硝矿床 1 个，占总数的 2.86%。

## 二、已查明资源量及地理分布

### 1. 已查明的芒硝矿资源

根据《四川省矿产资源年报》等资料初步统计，截至 2013 年年底，四川省保有芒硝矿石资源储量 215.79 亿吨，折算成硫酸钠量为 91.31 亿吨。四川省 39 个芒硝矿床 2013 年年底保有芒硝矿基础储量 31.97 亿吨（硫酸钠量）。累计查明资源储量和保有资源储量均列全国前茅。据 2015 年上半年发布的《2014 四川省国土资源公报》，作为四川优势矿产，芒硝矿在全国查明资源储量中继续排第 1 位。根据已评审验收的《四川省芒硝矿资源潜力评价成果报告》，仅预测已知矿体深部，芒硝矿估算资源量即达 1 196.71 亿吨。

2.地理分布

川西平原西部的沉积型芒硝矿为四川省发现的主要芒硝矿类型。此类矿床地理分布
呈北东-南西向，北起双流，南止天全，西起大邑，东止彭山，南北长 170 km，东西宽
40～60 km，面积 8 328 km²。全省已探获芒硝资源储量全部分布在该地区。

四川省芒硝矿产地(矿床、矿点、矿化点)分布于川西地区的 9 个区(县)，包括成都
市的双流区、新津县，眉山市的东坡区、彭山区、丹棱县、洪雅县，雅安市的雨城区、
名山区、天全县(如图 3-1 所示)。此外，在自贡、长宁、木里、米易亦有零星见及。

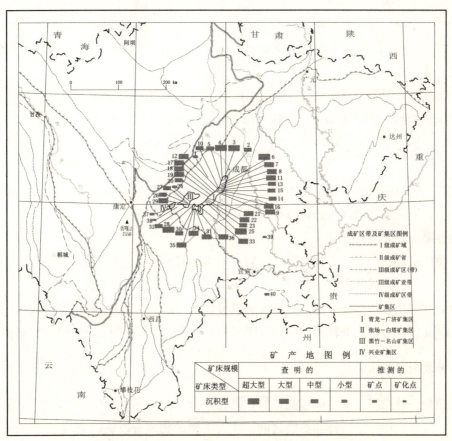

图 3-1　四川省芒硝矿产地及成矿区带略图(矿产地名称见表 3-1)

## 三、四川芒硝资源特点

1.芒硝分布集中

芒硝工业矿床的地理分布十分集中。从图 3-2 可以看出，全省查明的芒硝矿石资源
储量全部分布于成都、眉山、雅安地区。以矿石量计算，三市累计探获资源储量分别为

101.46 亿吨、98.24 亿吨、9.48 亿吨。全省芒硝矿保有资源储量(矿石量,图 3-3)排序为:成都 98.41 亿吨、眉山 94.71 亿吨、雅安 8.50 亿吨。

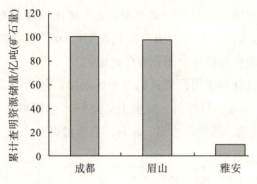

图 3-2　全省芒硝累计查明资源储量分布图

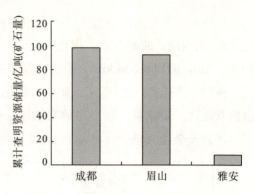

图 3-3　全省芒硝保有资源储量分布图

全省累计查明资源储量(硫酸钠量)超过 1 亿吨的大型(含超大型)芒硝矿床 22 个,占查明矿床总数的 63%。多数中型矿床深部及外围仍具较大资源潜力。

### 2. 矿床埋藏浅,易开采

四川芒硝以固体矿为主,芒硝矿主要分布区地质构造较简单,工作程度较高,根据已掌握的地质资料,经详细分析研究后,在确有把握的情况下,可不经过普查而直接进行一次性勘探,并进行开采。

芒硝矿呈层状产出,产状与围岩一致,沿走向及倾向稳定或较稳定延伸,一般埋藏较浅。川西平原西部各向斜核部灌口组芒硝矿层最大埋藏深度不超过 1 400 m。根据已评审验收的《四川省芒硝矿资源潜力评价成果报告》,预测资源量的矿层埋深较浅,500 m 及 1 000 m 以浅所占比例较大,仅向斜核部有少部分矿层深度为 1 000~1 500 m。

### 3. 开发利用价值高

芒硝是一种微溶于水的硫酸盐矿物,其化学分子式为 $Na_2Ca(SO_4)_2$。芒硝晶体多呈菱板状,沉积顺序介于石膏和石盐之间。矿石主要矿物成分以钙芒硝为主;石膏、石盐含量低,石盐层极薄,不常见;钾、碘、溴等元素含量甚微。四川省钙芒硝矿石 $(Na_2SO_4 \cdot CaSO_4)$ 为主要有用成分,各矿床平均品位一般 25%~40%,其他有用盐类矿物含量低。

四川芒硝保有资源储量较大,埋藏浅,矿石的可利用性好,各矿区交通便利,开发利用价值较高。

## 四、芒硝资源勘查简况

### 1.矿产勘查

西南地区很早就认识并利用芒硝。据文献资料，双流区华阳十八口为成都平原最早的盐井，常璩的《华阳国志》记载，李冰为蜀守时"穿广都盐井诸陂池"，说明四川在战国时已有开凿盐井的历史。清康熙年间，岳家琪在彭山县公义乡黄沟打井取盐时，无意中发现了芒硝。初期生产规模极小，其后，乡民纷纷凿井取水熬硝，开采日盛。清代以后，芒硝产地集中于彭山、眉山。芒硝矿的地质工作最早始于1938年侯德封、杨敬之在彭山调查，首次确认芒硝产于白垩系，所采之硝卤为含芒硝之地下水。

1949年以后，有关地质部门陆续在四川彭山、眉山、云南武定等地对芒硝矿床开展了普查、勘探工作，相继在四川白垩纪、云南侏罗纪地层中均发现罕见的超大型钙芒硝矿床，在四川长宁发现形成于震旦纪的世界上最古老、钙芒硝占有很大比例的盐类矿床。

1960年以后，先后有四川省地质局乐山地质队、温江地质队、二〇七地质队、四川省物探大队、四川省化工地质队、西南冶金勘探公司六〇三队、地质部第七普查大队等地勘单位在新津、双流、彭山、眉山、名山、丹棱、洪雅等地开展过勘查。2010~2011年，四川省化工地质勘查院对彭山邓庙进行延深勘探。上述勘查工作积累了大量的基础资料。

### 2.成矿规律研究

《中国矿床》（袁见齐等，1994）一书以四川新津芒硝作为典型产地进行介绍，以容矿岩石作为分类依据，归入碎屑岩型硫酸钠矿床。

1981年，四川省地质资料处完成《四川省钙芒硝资源概况》，编制了四川省芒硝矿点分布图、四川省川西红盆白垩系钙芒硝矿点分布图。

1990年，四川省地质矿产局编著完成《四川省区域矿总结》，其中第6册（非金属分册）对芒硝等盐类矿产进行了系统的总结，详细阐述了资源概况、地质特征及矿床类型、沉积型芒硝矿床、芒硝矿分布规律及找矿方向。

1996年，地质出版社出版的《中国矿床发现史·四川卷》将川西钙芒硝矿列为四川十大特色矿产之一。该书指出，钙芒硝矿主要赋存于上白垩统及始新统，属内陆湖相沉积矿床；该书分析，芒硝矿（硝水）的发现可能与找盐密切相关。

1998年，由四川科学技术出版社出版、胡正纲主编的《四川省志·地质志》引用文献资料说明四川芒硝的利用已有1500年以上的历史，概略回顾了四川芒硝的地质特征、勘查、开发利用和资源状况。

# 第二节　芒硝矿类型

## 一、芒硝矿床类型划分

自然界既有单一的芒硝矿床，又有多矿种共、伴生的盐湖芒硝矿床。

中国芒硝类矿床根据其形成的地质时代、沉积环境、主要有用矿物组合等不同特点，分为现代内陆盐湖芒硝矿床和古代内陆盐湖芒硝矿床 2 种类型。现代内陆盐湖芒硝矿床多分布在秦岭以北的新疆、青海、宁夏、甘肃、山西、内蒙古、黑龙江，以及西藏等广大的高原或沙漠干旱气候区内的盐湖中。现代盐湖芒硝矿床按其产出状态可分为液相和固相两类。除部分沙下湖和干盐湖芒硝矿床为固相矿床外，其余大部分为固、液相并存矿床。现代盐湖芒硝矿床规模与盐湖本身面积有关，大、中、小型都有，一般埋藏较浅。古代内陆盐湖钙芒硝矿床主要形成于白垩纪和古近纪，大部分分布在四川、云南、湖北、湖南、安徽、山东以及青海、新疆、甘肃等省(区)，含盐盆地受燕山运动后期形成的断陷或拗陷内陆盆地所控制，含盐层厚度较大，并多次成盐。由石膏—钙芒硝—岩盐或石膏—钙芒硝所组成盐韵律反复出现。矿体受构造影响，形状、产状变化较大，常呈层状、似层状或透镜状产出，矿体埋藏较深，除个别矿区埋藏较浅外，一般都在数十米至数百米。

《矿产资源工业要求手册》把芒硝矿床类型分为 3 种。①第四纪盐湖型芒硝矿床，如新疆七角井、新疆巴里坤、内蒙古盐海子芒硝-无水芒硝矿床，青海察尔汗盐湖芒硝矿床；②第四纪砂下湖型芒硝-钙芒硝矿床，如内蒙古达拉特旗沙下湖型芒硝矿床，青海互助硝沟沙下湖型钙芒硝矿床，山西运城界村钙芒硝-白钠镁矾-芒硝矿床；③中、新生代碎屑岩型钙芒硝-无水芒硝矿床，如四川新津金华钙芒硝矿床，四川彭山农乐钙芒硝矿床，江苏洪泽无水芒硝、岩盐矿床，湖南澧县曹家河无水芒硝矿床。

《中国矿床》将新津钙芒硝归入碎屑岩型硫酸钠矿床，运城芒硝、哈密七角井芒硝归入盐湖型硫酸钠矿床。

## 二、四川省芒硝矿床类型

### 1. 成因类型和预测类型

《四川省区域矿产总结》把四川省芒硝矿划分为原生沉积钙芒硝和次生淋滤芒硝矿二类，指出前者是主要成因类型，规模大、蕴藏量丰，具较大工业价值。并把原生沉积钙芒硝"进一步划分为晚白垩世-早第三纪的陆相沉积和晚三叠世的广海潟湖相沉积二个亚类"。此外，四川长宁赋存有全球最古老的震旦系海相碳酸盐岩型钙芒硝层，川南琪长背斜宁二井灯影组有钙芒硝 2 层，因矿层埋藏太深，工业意义很小。次生淋滤芒硝矿仅有米易白草坪、木里麦地龙格给等芒硝矿化点。

矿产预测类型是"全国矿产资源潜力评价评价"项目提出的概念，其含义是"从预测的角度提出的分类"（陈毓川等，2010），分为沉积型、侵入岩体型、变质型、火山岩型、层控"内生"型、复合"内生"型等六大类。本书磷、硫、钾等矿种均按全国统一要求进行了"预测类型"划分。参照该预测类型划分，四川芒硝矿均为沉积型。

四川省芒硝矿成因类型单一，按照上述分类，具工业利用价值的芒硝矿成因类型属古代盐湖沉积型，特别以产于上白垩统灌口组地层的钙芒硝著称于世。该类型目前发现的矿床以大型为主，含盐层厚度较大，并多次成盐，由石膏—钙芒硝—泥岩组成韵律反复出现，矿体埋藏较浅。

2.沉积型芒硝矿形成时期

根据《四川省区域矿产总结》，四川沉积型芒硝矿可分为晚白垩世—始新世、早三叠世、晚震旦世三个时期，但具工业价值的矿床均形成于晚白垩世—始新世时期。

1）晚白垩世—始新世

晚白垩世—始新世是四川省芒硝最主要的成矿时期。该时期芒硝矿集中分布在成都、眉山、雅安一带的盐类矿产（钙芒硝、硬石膏、部分盐卤）的沉积盆地中。含盐区域受燕山运动后期形成的拗陷内陆盆地所控制；含盐层厚度较大，并多次成盐，由石膏—钙芒硝—泥岩组成韵律反复出现，矿体埋藏较浅。

四川芒硝矿大规模成矿作用发生在晚白垩世—始新世，有两个成矿期。产于上白垩统灌口组地层的钙芒硝矿地质构造较简单，目前发现的矿床以大型为主，连片产出，面积达数千平方千米；始新世名山组第二段是芒硝产出的另一个层位，分上、下二个含矿带，其含矿层、矿石特征与灌口组芒硝矿基本相似，但含矿带厚度略有减薄。从后期保存来看，晚白垩世地层的芒硝蕴藏量远远高于始新世地层。

2）早三叠世

该时期形成的芒硝矿仅在自贡地区自流井成盐构造的钻孔中见及。含矿层赋存于三叠系嘉陵江组中，埋藏深度在 1 000 m 以上，矿层厚度仅 0.1~0.2 m，不具工业价值。

3）晚震旦世

该时期芒硝矿分布于川南琪长背斜，位于巨厚盐层的顶部，埋藏深度达 2 593~2 643 m，在震旦系灯影组中有钙芒硝 2 层，矿层埋藏深度太大，目前难以利用。

3.矿床式

每种矿床类型有多个矿床（点）产出，代表这类矿床共性的代表性矿床（典型矿床）称为矿床式（陈毓川等，2010）。如前所述，四川省芒硝矿主要为沉积型，产于晚白垩世—

始新世、早三叠世、晚震旦世三个时期，其中，仅产于晚白垩世—始新世的钙芒硝矿具有工业意义，可用代表性矿床建立矿床式。

新津金华矿区是四川省第一个经详勘探明的芒硝矿床，为四川省建设第一个芒硝骨干企业提供了可靠的资源基地。该矿床属古代内陆硫酸盐湖沉积成因，矿床主要矿物成分以钙芒硝为主，没有发现明显的石盐层或钾盐层，无明显的共伴生矿产，可视为单一的芒硝(钙芒硝)矿床；且该矿床工作程度和研究水平较高，可作为四川省白垩系—古近系碎屑岩中沉积型芒硝矿的代表，因此，在矿床研究中习惯称为新津式沉积型芒硝矿。

自贡地区三叠系嘉陵江组芒硝矿埋藏深度在 1 000 m 以上，矿层厚度仅为 0.1~0.2 m，无工业价值，未建立矿床式。

川南珙长背斜震旦系灯影组有钙芒硝 2 层，埋藏深度为 2 593~2 643 m，厚度分别为 7 m、39 m，矿层埋藏深度大，工业意义很小，未建立矿床式。

### 4. 主要芒硝矿床

四川芒硝的勘查始于 1960 年，截至 2012 年年底，经勘查评价，川西平原西部地区目前有查明资源储量固体矿床 35 处，其中新津金华、彭山邓庙、洪雅联合 3 处具有一定的代表性。在上述三个矿床中，新津金华、彭山邓庙芒硝矿产于白垩系灌口组(Kg)，仅洪雅县联合芒硝矿产于古近系名山组(Em)中。白垩系、古近系沉积岩中的芒硝矿床成矿特征基本一致。

1958 年，新津县工业局根据群众报矿，在新津县金华乡附近凿井取水试验，发现了可用硝水，随即兴办了金华芒硝厂。1960~1963 年，金华矿床先后经过初勘、详细勘探，提交了最终储量报告。金华芒硝矿含矿岩系为灌口组，共有 11 个矿层，为在川西芒硝分布区首次探明的大型钙芒硝矿床。

彭山农乐邓庙是四川省最近一个进行补充勘探的新津式芒硝矿床，成矿时代基本确定为晚白垩世，含矿岩系为灌口组。该矿床查明的资源储量规模属大型，具有一定的代表性；含矿带主要受熊坡背斜北段南东翼控制，与地层产状一致，呈层状稳定产出；分为上、下含矿带，共有工业矿层 8 层(其中上含矿带 4 层、下含矿带 4 层)，其余矿层由于厚度较小，暂不具工业价值；芒硝矿分带、分层有一定的特殊性；芒硝矿主要有用矿物为钙芒硝，无其他明显的共、伴生矿产，矿物组合具有典型性；《四川省芒硝资源潜力评价成果报告》选择邓庙为新津式芒硝矿的典型矿床。

洪雅联合为区域内三个产于名山组的芒硝矿床之一，是由四川省化工地质勘查院 1998 年进行勘探的一个新津式芒硝矿床，目前查明的矿床资源储量规模属大型。名山组含矿带主要受洪雅向斜控制，与地层产状一致，呈层状稳定产出。根据岩性特征及含矿性可分为上含矿带、硝间带、下含矿带。含矿岩系为名山组第二段，成矿时代大致为始新世。该矿床可作为产于古近纪始新世芒硝矿的代表。

### 三、新津式芒硝矿基本特征

四川是全国首屈一指的芒硝产区，矿床规模大，连片产出，分布十分集中。双流-新津-名山地区为新津式沉积型芒硝矿集中分布区。含矿地层古近系名山组、白垩系灌口组为连续沉积的两组蒸发岩建造，其中，主要含矿地层灌口组在川西地区广泛分布，层位更为稳定。

#### 1.大地构造位置

新津式芒硝矿集中分布区的大地构造位置属川西前陆盆地。该盆地西起龙门山构造带前缘，东至龙泉山隆起，呈北东—南西向展布，为印支期末在西部龙门山前陆推覆、逆冲及构造加积负载作用下形成的前陆断陷盆地。该区以晚三叠世须家河组为核心，主要沉积了一套代表山前盆地特征的煤系地层，侏罗纪—古近纪形成了陆相红色碎屑岩-蒸发岩及山前磨拉石建造，第四系松散堆积物尤为发育。

川西盆地由西向东依次为为龙门山山前拗陷区，川西凹陷盆地（邛崃—名山凹陷、熊坡隆起、眉山—普兴场凹陷），龙泉山隆起。盆地古构造环境为中新生代陆相盆地，包括侏罗纪内陆河湖相、白垩纪—古近纪内陆盆地河流—滨湖相—咸水湖相。

#### 2.含矿地层特征

区域上含矿地层为白垩系灌口组、古近系名山组。二组的岩性主要由紫红色粉砂质泥岩，含硬石膏团块组成。

##### 1)白垩系灌口组

灌口组为赵家骧、何绍勋1945年创立。《四川省岩石地层》经过地层清理，将灌口组定义为："以棕色粉砂质岩与砂质泥岩为主，组成不等后韵律互层，时夹泥灰岩、细砂岩及细砾岩、石膏及钙芒硝"。该组地表分布在成都—雅安一带，由北向南沉积物变细。在双流—新津—名山一带，以泥岩为主，夹泥灰岩、石膏及芒硝层。正层型剖面为大邑灌口剖面。正层型剖面未见顶，岩层中盐类矿物已被风化淋滤，含矿性较差。邛崃县夹关场观音岩剖面出露完整，引用如下。

上覆层：名山组棕红色钙屑长石石英砂岩、粉砂岩夹泥岩

——————　整合　——————

灌口组（Kg）

21. 上部为棕红色泥岩、中部为灰绿、黄绿色薄层含白云质泥灰岩及钙质泥岩，下
　　 部为紫红色粉砂岩，含介形类　　　　　　　　　　　　　　　　45.9 m

20. 灰绿、黄灰色薄层泥灰岩与杂色泥岩互层；底为紫红色粉砂岩，水平层理发育，

　　　含介形类、有孔虫　　　　　　　　　　　　　　　　　　　　　　17.1 m

19. 上部为紫红、棕红色泥岩夹灰绿色薄层生物碎屑泥灰岩及杂色泥岩,下部泥岩
　　 与泥灰岩不等厚互层,泥岩含钙质结核,含介形类　　　　　　　　37.2 m

18. 棕红色泥岩与泥质粉砂岩互层,间夹灰绿色薄层含白云质泥灰岩及杂色钙质泥
　　 岩,水平条带和条纹明显可见,含介形类　　　　　　　　　　　　36.69 m

17. 紫红、棕红色泥岩为主,与薄层泥灰岩及杂色页岩呈不等厚互层,底为紫红色
　　 粉砂岩。泥岩中常见钙质结核或团块,含介形类、轮藻　　　　　　46.1 m

16. 紫红、棕红色泥岩夹灰黄、灰绿色薄层灰岩、钙质泥岩、页岩。含介形类 37.5 m

15. 上部为棕红色泥岩夹杂色钙质泥岩、页岩、灰黄、灰绿色薄层灰岩;下部为紫
　　 红色粉砂岩夹泥岩,泥岩含较多的钙质团块,含介形类　　　　　　58.6 m

14. 棕红色粉砂岩、泥岩与灰绿、蓝灰、黄灰色白云质泥灰岩组成韵律层,间夹一
　　 层角砾状泥岩。水平条带、条纹构造发育,含介形类、孢粉　　　　38.3 m

13. 棕红色砂质泥岩夹粉砂岩,上部泥岩夹薄层泥灰岩及杂色钙质泥岩,见溶蚀晶
　　 洞　　　　　　　　　　　　　　　　　　　　　　　　　　　　　47.5 m

12. 棕红色砂质泥岩夹灰绿色角砾状泥岩、杂色泥岩,中下部夹灰绿色厚层角砾岩
　　 及粉砂岩,条带和条纹构造明显　　　　　　　　　　　　　　　　24.2 m

11. 暗棕色中至厚层粉砂岩夹2~3层杂色砂质泥岩,泥岩中含泥灰岩结核　30.7 m

10. 棕红、紫红色泥岩夹杂色泥岩及薄层泥灰岩,含钙质结核及网膜。含介形类

　　　　　　　　　　　　　　　　　　　　　　　　　　　　　　　　25.5 m

9. 棕红色泥岩夹粉砂岩及数层角砾状泥岩;底为棕红色中厚层泥质粉砂岩,钙质晶
　 洞及网膜发育。含介形类　　　　　　　　　　　　　　　　　　　83.4 m

8. 棕红色泥岩、砂质泥岩夹紫红色粉砂岩及三层角砾状泥岩;底为棕红色泥岩

　　　　　　　　　　　　　　　　　　　　　　　　　　　　　　　　47.7 m

7. 紫红、浅棕色厚层角砾状砂质泥岩、泥灰质角砾岩夹紫红色泥岩、粉砂岩;底为
　 紫红色角砾岩夹泥灰岩条带　　　　　　　　　　　　　　　　　　18.0 m

6. 上部为棕红色粉砂质泥岩,下部为同色泥岩及粉砂岩。溶蚀晶洞发育,呈线形排
　 列,水平层理发育　　　　　　　　　　　　　　　　　　　　　　80.4 m

5. 棕红色泥岩、灰质泥岩、粉砂岩,夹棕红色砂质泥岩,中上部夹角砾状泥岩薄
　 层,可见微细条纹构造及溶蚀晶洞　　　　　　　　　　　　　　　55.3 m

4. 上部为棕红色泥岩、砂质泥岩,中下部为同色薄至中厚层粉砂岩夹砂质泥岩,含
　 介形类　　　　　　　　　　　　　　　　　　　　　　　　　　　52.0 m

3. 上部为棕红色泥岩夹中厚层泥质粉砂岩,下部为同色钙屑粉砂岩夹细砂岩条带,
　 含介形类　　　　　　　　　　　　　　　　　　　　　　　　　　34.9 m

2. 棕红色泥岩夹粉砂岩,底为细粒钙屑砂岩　　　　　　　　　　　　30.7 m

1. 棕红色中至细砾岩。砾石成分以灰岩为主,次为石英、砂岩及少量火成岩,分选差,

　　　　　滚圆至半滚圆状，砾径为 0.5~1.6 cm，胶结物以钙质为主，次为砂泥质　　　1.3 m
　　　　　　　　　　　　　　　　　　整合
下伏层：夹关组顶部浅紫红色块状含钙屑长石砂岩

　　灌口组沉积物颗粒细，以泥岩及粉砂岩为主，水平层理及条纹构造发育。灌口组在区内一般以粉砂岩或粉砂质泥岩与夹关组块状砂岩整合接触，界线易于划分；其顶一般为棕红色泥岩、砂质泥岩与古近系整合过渡。

　　灌口组在川西盆地内成北东走向不连续的环状分布，地表分布可大致代表灌口组沉积时期的沉积盆地范围(图 3-4)。盆地内以泥质沉积为主，并发育有石膏、钙芒硝及泥岩间互的含盐沉积岩系。含盐沉积岩系以雅安、名山向斜厚度最大，达 400 m 左右，其上、下多为棕红色泥岩夹薄层泥灰岩，白云质灰岩、粉砂岩。

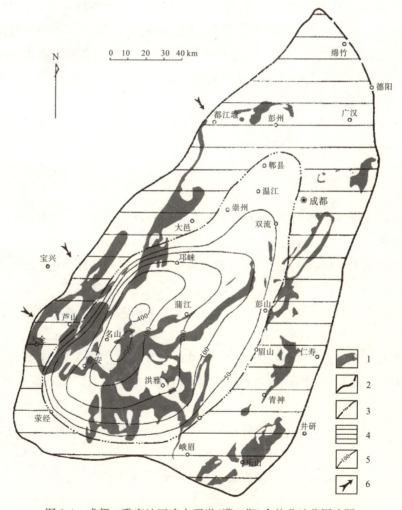

图 3-4　成都—雅安地区晚白垩世(灌口期)含盐盆地范围略图

1. 灌口组出露区；2. 推测湖盆边界；3. 含盐系边界；4. 砂泥质分布区；
5. 含盐系等厚线(m)；6. 主要物源方向

　　盆地内含盐沉积岩系约三分之二的地区遭到不同程度剥蚀,在广汉、成都、双流、眉山一带剥蚀强度最大,一般仅残留其下部及中部地层,残厚多在 200 m 以下。名山—芦山一带灌口组保存较完整,一般厚 800~1 000 m,向东逐渐减薄。含盐系厚度也以名山地区最厚,达 400 m,向东向西迅速减薄或相变为砂岩及泥岩。

　　根据区域分布和钻孔资料,灌口组中有两个含矿带。上含矿带为暗紫红色泥质粉砂岩夹钙芒硝矿层,见石膏团块。钙芒硝矿呈细斑晶竹叶状、菊花状、团粒状;下含矿带为浅蓝灰色、暗紫红色钙芒硝矿与暗紫红色泥质粉砂岩、浅蓝灰色含石膏泥质粉砂岩互层,石膏呈团块及条带顺层分布。

　　2)古近系名山组

　　名山组由四川省二区测队 1976 年命名于名山县城西金鸡关至余光坡一带,原称"名山群"。原义为:上段棕红色泥岩为主夹少量泥质粉砂岩、灰黑色泥页岩及暗棕色泥质角砾岩、灰绿色泥灰质角砾岩(井下为石膏、钙芒硝层);下段棕红色灰质成泥质粉砂岩,夹少许红色泥岩,底为暗棕色中、厚层状石英粉砂岩夹细砂岩。《四川省岩石地层》经过地层清理,将名山组定义为:"棕红、紫红色泥岩为主,夹棕色泥质、石英粉砂岩、灰黑色页岩及泥灰质角砾岩(岩溶成因),底部偶夹细砂岩,富含介形类化石"。正层型剖面为四川省名山县余光坡剖面。

上覆地层:芦山组,棕红色中—厚层粉砂岩与砂质泥质互层

——————　　整合　　——————

| | |
|---|---|
| 名山组 | 494.5 m |
| 10. 棕红、砖红色泥岩夹棕红、灰绿色薄层泥质粉砂岩、泥岩含零星灰质结核 | 81.8 m |
| 9. 棕红色泥岩夹粉砂质泥岩、粉砂岩,底为泥质粉砂岩 | 64.8 m |
| 8. 棕红色泥岩夹粉砂质泥岩,中部间夹暗紫、灰黑色泥页岩。含介形类 *Cyprinotus* | 74.6 m |
| 7. 暗紫色角砾状泥岩与灰绿色泥灰角砾岩夹暗紫红色泥岩,底为棕红色粉砂质泥岩 | 30.0 m |
| 6. 上部棕红色泥岩、下部棕红色中—厚层状泥质粉砂岩夹粉砂质泥岩 | 47.1 m |
| 5. 紫红、棕红色泥岩与浅棕色中—厚层状泥质粉砂岩互层,底部夹灰黑色泥页岩,含介形类 *Sinosypris funingensis*, *Paraeucypris priunis* | 72.3 m |
| 4. 棕红、紫红色泥岩,下部夹泥质粉砂岩。含介形类 *Limnocythere* | 34.7 m |
| 3. 棕红色中—厚层灰质粉砂岩 | 31.1 m |
| 2. 暗棕色中—厚层粉砂岩,局部夹细砂岩、粉砂质泥岩,含介形类 | 58.1 m |

——————　　整合　　——————

下伏地层:灌口组,棕红色泥岩、泥质粉砂岩互层

层型剖面上未记述有盐类矿物，区域上和钻孔资料显示名山组为夹石膏和钙芒硝的地层，可划分出两个含矿带。上含矿带灰绿、深灰色钙芒硝呈层状产于紫红色中厚层状泥岩、砾质泥岩和粉砂岩中，并含硬石膏团块或条带；下含矿带由紫红色粉砂岩、砂质泥岩和少量细砂岩组成，钙芒硝矿为灰色、灰绿色及紫红色，呈层状产出，多含硬石膏团块或条带。

3）岩性组合特征及横向变化

灌口组在本区出露最为广泛，主要分布于龙门山山前拗陷，川西凹陷盆地，龙泉山隆起带西缘。灌口组全区可进行对比，但有西厚东薄，矿层数南多北少之特点，含矿率有由北向南减少的趋势。在大邑、新津、邛崃以东的眉山、彭山一带灌口组多残留不全，新津、双流等地仅存下含矿带；西部地区以雅安、洪雅、天全、芦山东部出露最为完整，保存较好；北部多为第四系覆盖，据钻孔资料证明什邡仍有分布。

区域上灌口组出露总厚度（沉积厚度）为 907.14～1 205.38 m，以雅安蔡龙剖面出露厚度最大。勘查及钻孔资料显示灌口组的上、下地层名山组、夹关组一般未控制住，因风化剥蚀剧烈，因此一般为残留厚度，在西南端灌口组厚 410～855 m，东北端仅厚 496 m左右；最北端，广汉市北外盐井钻至夹关组，灌口组仅残留 87.18 m。灌口组横向上以都江堰王姿岩、芦山宝盛、天全老场为中心，形成 3 个冲积扇体（称大溪砾岩），厚度大（400～1 200 m）。

根据实测剖面，灌口组岩性主要为紫红色中—厚层含膏溶孔泥质粉砂岩，紫红色中厚层含粉砂质泥岩，中部夹多层紫灰色泥灰岩、灰岩及中厚层膏溶角砾岩，角砾 2～3 cm大小不等，成分为紫红色含膏溶孔泥岩。灌口组中钙质结核及膏溶孔发育，大多为顺层密集分布，粉砂岩中沙纹层理构造发育。

名山组主要分布于龙门山山前拗陷，以及川西凹陷盆地的邛崃—名山凹陷、熊坡隆起南缘（在眉山—普兴场凹陷也可能有分布）。该组大体沿开阔的向斜核部出露，厚 90～450 m（辜学达等，1997）。根据地表剖面资料，名山组岩性主要为紫红色中—厚层（30～40 cm）含膏溶孔泥质细—粉砂岩与灰绿色粉砂质泥岩、钙质泥岩不等厚互层，夹多层灰—紫灰色中层泥质灰岩、泥灰岩、膏溶角砾岩。膏溶角砾岩风化面多呈网格状，角砾大小不等，无分选，无磨圆。岩石中膏盐溶孔发育，孔径为 3～30 mm，含量为 3%～5%，在岩层中分布不规则。区域上根据岩性组合特征将名山组分为两个岩性段，但多数地段风化剥蚀剧烈，名山组发育不完整，缺失上段以及芦山组。《夹关幅 H-48-63-A、火井幅H-48-51-C 1/5 万区域地质调查报告及地质图说明书》（成都理工学院，1995）在龙门山山前拗陷、天台山以西，划分出一套相当于名山组的宝盛砂砾岩，属大溪砾岩的上部。

3.生物地层和年代地层

《四川省岩石地层》根据前人研究成果，在白垩纪—古近纪地层内建立了 6 个生物地层单位（介形类），其中 *Cristocypridea-Qudracypris-Limnocythere paomagangensis-*

Cypridea(*Pseudocypridina*)组合带主要分布在灌口组中；*Sinosypris funingensis-Limnocythere hubeiensis-Cypris decayi-Ilyocypris dunshanensis* 组合带主要分布在名山组中。

《西南地区区域地层表·四川省分册》(四川省区域地层表编写组，1978)因地层表编制工作完成后又有新的成果出现，在该书最末三页《补记》中补充了重大发现和重要修改，重新划分了四川盆地的白垩系和下第三系(今古近系)，该表修正后说明：①成都小区邛崃高家场及夹关剖面的夹关组上段底界，经区域追索对比，应与大邑灌口剖面和其他若干剖面的灌口组底界相当；②灌口组(昔称上灌口组)中、上部发现介形类、轮藻化石新资料，用拉丁文详细列出了组合化石、上白垩统与下第三系的混生组合化石名单；③以表格形式说明新旧地层划分方案，在新的方案中，成都小区上白垩统包括夹关组、灌口组，下第三系包括名山组、芦山组；④地层表原划分方案中广元小区剑阁组、剑门关组属早白垩世，按成都小区资料对比分析，剑门关组上段与旧方案中的灌口组大致相当，似不应早于晚白垩世，剑阁组属上白垩统或下第三系尚待进一步研究。

成都理工大学地质调查研究院《1：50 000 名山幅、马岭幅、草坝幅、洪雅幅区域地质调查报告》(2009)综合前人研究成果，认为该区灌口组中介形虫 *Limnocythere helmifer-Candona extenuate-Cypridea* 组合带及孢粉 *Schizaeoisporites-Classopollis-Ephedripites* 组合的地层时代均为晚白垩世。因此灌口组应为上白垩统无疑。上下白垩统的界线前人划分不一致，夹关组介形虫组合地质时代按两分法应属早白垩世晚期，故将夹关组归为下白垩统，上下白垩统的界线暂划于灌口组底部。

### 4.岩相古地理

中三叠世晚期以前，包括四川盆地在内的上扬子地区是一个广阔的碳酸盐台地，其西界为康滇古陆，四川盆地西侧为龙门山古岛链。晚三叠世开始在盆地西部形成局限海湾，晚三叠世晚期-早侏罗世发展成为封闭的内陆盆地。晚侏罗世-早中白垩世，盆地向西收缩，至晚白垩世-古近纪，在龙门山古岛链前缘形成冲积扇，向东发展成为干旱条件下的盐湖，沉积了一套红色砂、泥岩夹碳酸盐岩及含石膏、钙芒硝的蒸发岩系。

根据蒸发岩建造、硫酸盐矿物的分布特征，按优势法推断灌口组-名山组沉积时期岩相古地理环境总体为盐湖(极浅湖)环境，可大致划分出两个亚相带和若干亚相(表3-2)。

表3-2　川西晚白垩世～始新世蒸发岩沉积相带特征简表

| 主要沉积相、亚相 | | 岩石组合 | 颜色 | 结构与沉积构造 | 矿石类型 | 品位 | 化石与指相矿物 | 水动力条件 | 实例 |
|---|---|---|---|---|---|---|---|---|---|
| 冲洪积扇相区 | 扇顶亚相 扇中-扇缘亚相 | 厚层碳酸盐质砾岩 | 浅灰色-紫红色 | 大溪砾岩，砾石成分有向上趋于复杂的特点。具有砾石含量高，砾石分选、磨圆较好的特点 | 无钙芒硝和石膏 | | 石英碎屑和岩屑 | 河流注入，沉积物卸载 | 大邑灌口，芦山沫东 |

| 主要沉积相、亚相 | 岩石组合 | 颜色 | 结构与沉积构造 | 矿石类型 | 品位 | 化石与指相矿物 | 水动力条件 | 实例 |
|---|---|---|---|---|---|---|---|---|
| 硫酸盐湖相区 边缘亚相 | 砂泥岩互层 | 紫灰－黄灰色 | 碎屑颗粒呈次棱－次圆状，分选较好，以跳跃总体为主，颗粒支撑。砂体厚度较稳定，有时底部发育细砾岩，具中小型交错层理、浪成沙纹层理、平行层理、钙质结核和虫迹 | 总体上缺乏膏盐沉积 | 局部地段如葫芦坝 $Na_2SO_4$：5%～13%，未达边界品位 | 少量钙芒硝或石膏 | 水动力条件比较复杂，拍岸浪和回流作用 | 广汉北外盐井，雅安市对岩乡葫芦坝 |
| 中心亚相 | 薄层灰、紫灰色、灰绿色泥（页）岩、粉砂岩、硫酸盐岩夹绿色薄层泥灰岩 | 灰、紫灰色、灰绿色 | 泥岩质纯，水平层理发育。粉砂岩颗粒分布均匀，具不明显的定向排列，常见爬升波痕层理、平行层理、浪成砂纹层理和虫管等沉积构造 | 钙芒硝为主，少量硬石膏 | $Na_2SO_4$：25%～40% $CaSO_4$：27%～50% | 介形类、有孔虫、轮藻及孢粉、白云石、伊利石 | 主要是波浪和湖流的作用，没有拍岸浪的影响 | 彭山邓庙，新津金华，洪雅联合 |

1）冲洪积扇相区

湖盆西界属冲积扇沉积体系，是堆积于山前并向外延伸的扇形体，扇体规模主要取决于山地与毗邻低凹地带间的相对高差。多个冲积扇在平面上连成一片，就构成了冲积平原，可以细分为扇根亚相、扇中亚相和扇端亚相。该相区一般以河流的作用占优势，冲积扇沉积物称大溪砾岩。沉积体系在平面上的形态多呈锯齿状。大溪砾岩的下伏地层为夹关组，横向上与灌口组、名山组呈相变关系。大溪砾岩的电子自旋共振年龄为91 Ma～55 Ma，指示其时代为晚白垩世—古近纪。由于龙门山的逆冲-推覆作用，物源区持续处于上升剥蚀环境，大量陆源物质通过山区河流，由北西向南东方向，周期性地进入盆地。尤其在洪泛期，部分物源可能以重力流（泥石流）的形式进入，造成湖泊西缘堆积了巨厚的山前磨拉石，在山前形成规模巨大的冲洪积扇。随时间的演绎，扇体相互叠加，形成复合冲洪积扇扇链。扇链的走向北东-南西向，扇顶的位置在宝兴大溪—大川—双河—赵公山一线，多以砾岩为主，中扇及扇缘向湖盆内延伸，以砾岩与砂泥岩频繁交互层为主，大体终止于天全始阳—芦山—南宝山—雾中山等构造的轴线一线。

2）硫酸盐湖相区

该相区水动力条件主要是波浪和湖流的作用，没有拍岸浪的影响。沉积环境以浅湖砂坪（砂坝）、浅湖泥坪和少量碳酸盐介屑滩沉积为主；岩性为薄层灰、紫灰色、灰绿色泥（页）岩、粉砂岩夹绿色薄层泥灰岩。浅水湖区主要沉积的是粉砂岩类、泥岩类，有时可有少量呈透镜状的细砂岩沉积。粉砂岩以石英砂为主，少量岩屑及长石，分选好，棱角-次棱角状，颗粒分布均匀，具不明显的定向排列，常见爬升波痕层理、平行层理、浪成砂纹层理和虫管等沉积构造；泥岩质纯，水平层理发育。介形虫、叶肢介等生物化石丰富，保存完好。

湖盆西部边缘由于受到山前冲洪积扇堆积物的影响，沉积物向盆地内延伸。成盐期可划分为两个阶段，早期发育于灌口组中部，晚期赋存于名山组上部，基本岩石组合均为泥岩、膏质泥岩与石膏和钙芒硝构成不等厚交互层，厚度一般在 $250\sim500$ m 左右。

湖泊的中心亚相早期(灌口期)位于丹棱—新津一带，包括了熊坡背斜东翼及眉山向斜一部分。晚期(名山期)湖泊中心相向南西方向收缩，集中在名山—洪雅一带，熊坡断裂带西侧及南侧。湖泊中心相水体浓缩程度相对最高，在以泥岩为主的地层中夹有厚度较大的钙芒硝及硬石膏层，韵律结构发育。在以第四系发育著称的成都平原腹地的温江—大邑—邛崃一带，古地理位置处于古湖泊中心相的西侧，由于第四纪该地区大幅沉降，早期沉积物遭受强烈剥蚀，含盐岩系残留层位及厚度变化较大，总的特征为名山组剥蚀殆尽，灌口组由南向北剥蚀程度逐步加剧。

在中心相东侧夹江—仁寿—金堂一带，属灌口期湖泊边缘亚相。其特征为沉积物中粗屑成分增加，如砂岩、粉砂岩等，层间硫酸盐类大幅减少，仅以条带状、团块状硬石膏为主。中心相西侧的天全—雅安一线在古地理位置上属灌口期+名山期的湖泊边缘相，其特征表现为粗屑组分大幅增加，灌口组石膏及钙芒硝不发育，名山组下部砂岩含量陡增(习称"金鸡关砂岩")，上部以砂泥岩交互层为主，含盐岩类基本消失，表现出位于冲积扇边缘的咸化水体随时间的推移逐步淡化的趋势。湖盆的东界大体与龙泉山西翼断裂带一致，这一位置也反映了前陆盆地的后隆限制了湖盆向东扩展。

### 5.成矿构造

区内构造总体较为简单，变形不强烈。断裂为浅部构造层次的逆断层，其规模不大。褶皱以宽缓褶皱为主(图 3-5)；区内线形褶皱方向与区域主构造线一致，呈雁行状排列。

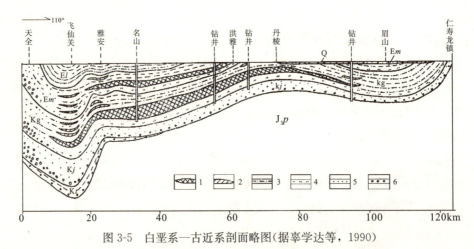

图 3-5　白垩系—古近系剖面略图(据辜学达等，1990)

1. 含盐系(钙芒硝及石膏)；2. 泥灰岩或灰岩、白云岩；3. 砂质泥岩、泥岩；4. 粉砂岩；5. 砂岩；6. 砾岩
Q. 第四系；El. 芦山组；Em. 名山组；Kg. 灌口组；Kj. 夹关组；Kt. 天马山组；J3p. 蓬莱镇组

隆起区为背斜，除中部熊坡背斜外，次有蒙顶山、总岗山、挖断山、苏码头等背斜；邛崃—名山凹陷区有雅安、中里、名山等向斜，眉山—普兴场凹陷区有洪雅、眉山，以及北东段的牧马山等向斜。

灌口组含矿岩系在四川盆地西侧呈北东向展布，其分布受区内古地形控制。在川西凹陷盆地中，由于有熊坡水下隆起，明显分割成东西两个半封闭环境的次级凹陷区，东部为眉山—普兴场凹陷区，西部为邛崃—名山凹陷区（图3-6）。钙芒硝等盐类矿产主要赋存于凹陷区内。

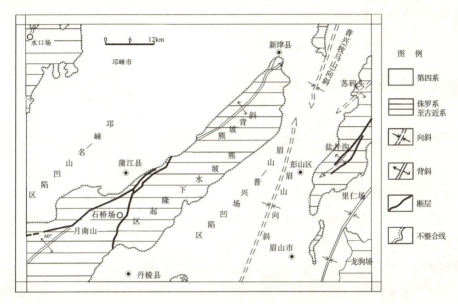

图 3-6　新津—眉山区域构造略图

### 6.含矿带产出特征

灌口组第二段为主要含矿层位，泥质粉砂岩、含钙芒硝泥质粉砂岩、钙芒硝矿层交替出现，可分为灌口组二段的上部（Kg$^{2-3}$）和下部（Kg$^{2-1}$）两个含矿带。两个含矿带之间相距80～130 m，为无矿的硝间带。晚白垩世灌口组含矿岩系于盆地西部名山—雅安一带保存较好，矿层层数最多，厚度也最大。在金华、大山岭、青龙等地，上含矿带风化淋滤剥蚀殆尽。在彭山县公义—眉山县大洪山一带保存相对较好，上含矿带厚40～60 m，含8～12层钙芒硝，纯矿为7.5～16 m；下含矿带普遍保存完好，含矿带厚50～60 m，含10～18层钙芒硝，纯矿为20～35 m。

名山组之上段余光坡段为另一个含矿层位，主要分布在名山—雅安地区，范围远远小于灌口组第二段。该含矿层亦分上、下两个含矿带，上含矿带厚84～90 m，纯矿为7.58～31.93 m，下含矿带厚45～90 m，纯矿为9.96～34.05 m，含矿层数层至数十层不等，单矿层厚0.38～5.93 m，一般为1～2 m。

# 第三节　典型矿床和代表性矿床

四川芒硝的勘查始于 1960 年，截至 2012 年年底，经勘查评价，川西盆地目前有查明资源储量固体矿床 35 处，其中新津金华、彭山邓庙、洪雅联合 3 处具有一定的代表性。在上述三个矿床中，新津金华、彭山邓庙芒硝矿产于白垩纪灌口组（Kg），仅洪雅县联合芒硝矿产于古近系名山组（Em）中。白垩系、古近系沉积岩中的芒硝矿床成矿特征基本一致。

## 一、彭山农乐邓庙晚白垩世芒硝矿床

### 1. 概况

彭山城区以西，是芒硝矿产地分布比较集中的地区，在勘查过程中分别被划分为矿段，如农乐、邓庙、义和等，本书改称其为矿区。邓庙是近年进行补充勘探的钙芒硝矿区，工作程度较高，资料比较新，《四川省芒硝资源潜力评价成果报告》选择彭山邓庙为典型矿床。

邓庙矿区位于双流—名山地区中部，彭山城区北西 290°，距县城直距 10 km，属眉山市彭山区谢家镇管辖。邓庙矿区位处已勘探的农乐与义和之间（图 3-7）。矿区范围北东起于袁家碥与农乐相邻，南西止于伍槽沟与义和为界。北东—南西长约 4 170 m，北西—南东平均宽约 1 300 m。

矿区地处川西山前拗陷盆地，含矿层为上白垩统灌口组第二段，分上下 2 个含矿带。通过勘探、补充勘探，累计查明矿石资源储量 4.77 亿吨，折合 $Na_2SO_4$ 为 1.60 亿吨，达大型矿床规模。20 世纪末，该区建成四川省重要的化工矿山，主要产品为元明粉。

### 2. 矿区地质特征

#### 1）地层

邓庙矿区为沉积岩分布区。矿区内未见三叠纪以前地层，主要出露中生界中晚期及新生界地层。白垩系出露于矿区西北部，呈北东—南西向延伸；第四系在矿区南东部及南部广泛分布，不整合覆盖于白垩系地层之上。

通过岩性、含矿性等特征，矿区大比例尺地质填图，可划分出的岩石地层单元为灌口组第一、第二、第三段，以及第四系；其中灌口组第二段进一步细分为下含矿带、硝间带、上含矿带三部分；第四系中上更新统沉积物包括雅安砾石层、全新统含砾石、碎石亚黏土层等。

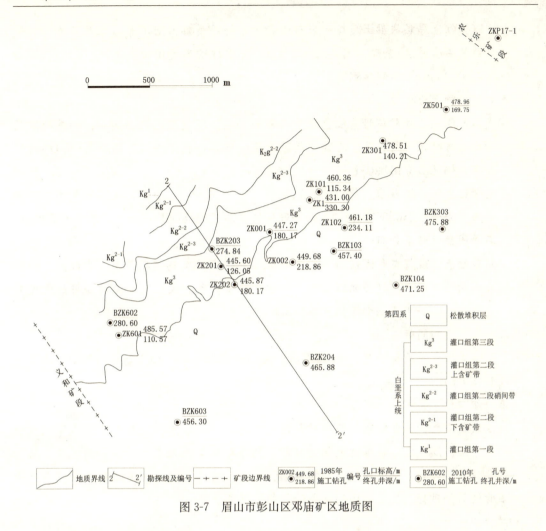

图 3-7 眉山市彭山区邓庙矿区地质图

区域上,丹棱以南有名山组出露,《1/20 万邛崃幅 H-48-XIV 区域地质调查报告》(四川省地质局第二区域地质测量队,1976)在熊坡背斜南东翼也划分出名山组,但矿区勘探资料在邓庙矿区未划分出古近系名山组。目前,古近系名山组在丹棱以北眉山、彭山地区的确切层位的划分对比尚不清楚,四川省地质矿产局二〇七队、四川省化工地质勘查院等在大洪山、盘鳌、正山口、岳沟、广济、公义、农乐等矿区勘探中均未将此层位划出。

综合四川省化工地质勘查院 ZK603 井、七普西 3 井资料,彭山邓庙矿区井下灌口组剖面特征自上而下为:

上覆地层:第四系(Q),下部为砂砾卵石层;上部为亚黏土     54.02 m

~~~~~~角度不整合~~~~~~

含矿地层灌口组(Kg),井下分为三段      总厚 666.26 m

灌口组三段

　　暗紫红色厚层状黏土质粉砂岩与浅黄绿色粉砂质黏土岩不等厚互层产出。有较多纤维状石膏薄层(条带)(厚 0.1~0.5 cm)及少许硬石膏团块($\varphi$0.5~1 cm)、团粒($\varphi$0.1~0.3 cm)。顶部推测有剥蚀　　　　　　　　　　　　　　　　　167.01 m

**灌口组二段上含矿带**

③浅蓝灰色钙芒硝矿与暗紫红色泥质粉砂岩互层。浅蓝灰色钙芒硝矿:钙芒硝矿呈细斑晶竹叶状、菊花状。暗紫红色黏土质粉砂岩:有少许钙芒硝斑晶(团粒)稀疏分布,偶见石膏团块($\varphi$1~4 cm)　　　　　　　　　　37.96 m

②暗紫红色泥质粉砂岩。厚层-块状。258.99~266.66 m 井段见较多石膏团粒,偶见石膏团块。266.66~281.74 m 井段见较多石膏团块($\varphi$1~3 cm),偶见石膏团粒。石膏团粒近顺层分布　　　　　　　　　　　　　　　　　22.75 m

①暗紫红色、浅蓝灰色泥质粉砂岩夹暗紫红色、浅蓝灰钙芒硝薄层。紫红色、浅蓝灰色钙芒硝矿中,钙芒硝斑晶呈竹叶状。暗紫红色、浅蓝灰色泥质粉砂岩常见石膏团粒($\varphi$0.2~0.3 cm),偶见石膏团块。　　　　　　7.24 m

**灌口组二段硝间带**

　　暗紫红色泥质粉砂岩,中-厚层状,见石膏团粒($\varphi$0.1~0.3 cm),偶见石膏团块($\varphi$1~3 cm)　　　　　　　　　　　　　　　　　　　　101.77 m

**灌口组二段下含矿带**

　　浅蓝灰色、暗紫红色钙芒硝矿与暗紫红色泥质粉砂岩、浅蓝灰色含石膏泥质粉砂岩互层。浅蓝灰、暗紫红色钙芒硝矿:钙芒硝矿呈细斑晶竹叶状、菊花状。暗紫红色泥质粉砂岩:见少许钙芒硝斑晶(团粒)稀疏分布,偶见石膏团块。浅蓝灰色含石膏泥质粉砂岩:见石膏团块及条带,条带顺层分布　　　　　　53.98 m

**灌口组一段**

　　紫红色泥质粉砂岩,有少许石膏团粒稀疏分布,偶见石膏团块　　252.35 m

―――――――――――整合―――――――――――

夹关组(Kj):紫红、棕红厚层岩屑、长石砂岩


**2)构造**

　　矿区大地构造位置属上扬子古陆块四川前陆盆地、川西山前拗陷盆地。川西山前拗陷盆地自中生代以来沉积了巨厚的碎屑物,由于燕山运动的影响形成了一系列走向北东—南西向宽缓的箱状褶皱。

　　邓庙矿区位处熊坡背斜北东端南东翼与眉山向斜北西翼过渡地带,为一产状较平缓的单斜构造。矿区内未发现次一级褶皱及断裂构造,节理裂隙亦不发育,仅于地表或第四系之下 10~30 m 见有少量的风化裂隙。

　　矿区地质构造属简单类型。区域上芒硝矿赋矿地层白垩系灌口组、古近系名山组为连续沉积的两组蒸发岩建造,在邓庙矿区内名山组发育不全或后期被剥蚀。含矿带主要

受熊坡背斜北段南东翼、眉山向斜北西翼控制，呈北东—南西向展布，倾向南东，含矿带呈层状稳定产出，与地层产状一致（见图3-7）。

矿区内灌口组第三段与第四系分界线以北（北西）地层倾角较陡，一般为20°~30°，分界线以南（南东）地层倾角较缓，倾角一般为2°~8°。芒硝矿在含矿带中呈单斜层状产出，产状与围岩一致，沿走向及倾向稳定延伸。

3）含矿带

含矿带赋存于上白垩统灌口组中上部，即第二段。含矿带分为上、下含矿带（图3-8），厚110.76~126.57 m，平均为121.84 m。其中，上含矿带厚54.04~68.06 m，平均为64.56 m；下含矿带厚53.98~61.16 m，平均为57.29 m。邓庙矿区内各施工钻孔均未揭穿灌口组地层，矿区外围谢家镇南侧有原七普找钾找盐时施工西三井，已钻至夹关组，该孔资料表明灌口组地层残留厚度可能大于666 m。

根据钻孔岩心资料，灌口组二段岩性为暗紫红色中至厚层状黏土质粉砂岩、暗紫红色、浅蓝灰色钙芒硝矿、暗紫红色含钙芒硝黏土质粉砂岩、暗紫红色含石膏黏土质粉砂岩。黏土质粉砂岩、含钙芒硝黏土质粉砂岩、钙芒硝矿层交替出现。石膏团粒及石膏溶孔发育，大多为顺层密集分布，粉砂岩中砂纹层理发育。

含矿带地层在矿区西北有出露，露头线长约3 300 m，宽约50~150 m，已风化淋滤。矿层近地表部分，受风化剥蚀淋滤成似角砾状黏土岩或膏溶角砾岩，故未见原生露头。上、下含矿带除地表风化淋滤及剥蚀外，在深部保存完好。因此，芒硝矿属隐伏矿床。

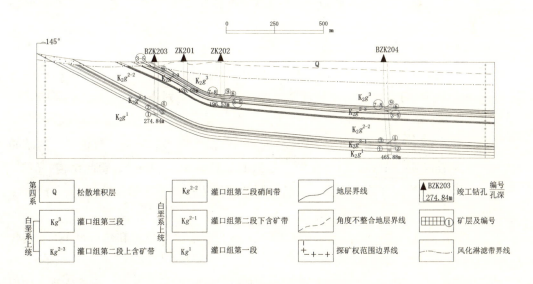

图3-8　眉山市彭山区邓庙矿区2勘探线剖面图

芒硝为复层状矿体，有工业矿层8层，累计厚度平均为38.25 m，单层平均为1.05~12.74 m。上含矿带上矿组4层，自上而下编号为"上④、上③、上②、上①"矿层，下矿组未发现工业矿层；下含矿带4层，编号为上矿组"下④、下③、下②"矿层，以及下矿组"下①"矿层。

4) 矿石组成

矿石由盐类矿物钙芒硝、硬石膏和白云石等脉石矿物组成；脉石矿物主要赋存在钙芒硝的晶间孔隙中，受钙芒硝晶粒分布的密集程度所控制。主要矿物特征分述于下。

钙芒硝：单斜晶系，无色透明，玻璃光泽，贝壳状断口，具咸味，以自形和半自形棱板状晶体为主，他形少，晶体边较平直，大小不等，为 0.5～10 mm，最大达 40 mm，钙芒硝在矿石中一般占 60％以上，多呈细晶粒状、棱板状，粗细晶混合相互集晶成菊花状、兰花状等。一般无色透明，通常含杂质，含铁质时带灰紫色，含泥质带烟灰色，而呈半透明。在空气中受潮解表面为白色粉末，在水中溶解缓慢。钙芒硝晶体中，常有少量的泥晶白云石、硬石膏晶体的包裹体，偶有岩屑包裹于钙芒硝矿中。

硬石膏：斜方晶系，白色、浅灰色，略带浅蓝色，常呈自形和半自形短柱状集晶，偶见板柱状，嵌布在钙芒硝晶体中和分布于晶体边缘（以后者常见）；局部见微量他形不规则状次生石膏分布在脉石矿物——白云石、水云母等混合体中。

白云石：以泥晶为主，粉晶常见，与脉石矿物混生，主要分布在钙芒硝的晶间孔隙中。

长石、石英砂屑、黏土与铁质矿物：钙芒硝沉积过程中的同生矿物，呈混生充填形式分布于钙芒硝的晶间孔隙；长石、石英粒度以小于 0.01～0.06 mm 为主。

钙芒硝矿石主要化学成分 $Na^+$、$Ca^{2+}$ 和 $SO_4^{2-}$ 组成硫酸盐矿物——钙芒硝 $[Na_2Ca(SO_4)_2$，或 $Na_2SO_4 \cdot CaSO_4]$、硬石膏（$CaSO_4$）；次要成分为碳酸盐矿物——白云石$[CaMg(CO_3)_2]$、方解石（$CaCO_3$）、菱镁矿（$MgCO_3$）；酸不溶物主要是矿石中的黏土矿物。

5) 矿石类型和结构构造

矿石自然类型：分为条带状矿石、兰花（竹叶）状矿石、星点状矿石 3 类。根据钙芒硝矿结构构造特征，分布形态以及脉石含量等，对矿石类型划分为：暗紫红色条带状钙芒硝矿及浅蓝灰、暗紫红色兰花（竹叶）状钙芒硝矿。

矿石结构：按钙芒硝矿结晶自形程度分为半自形晶和自形晶结构；按钙芒硝的结晶颗粒大小分为细晶结构（晶粒＜5 mm）、中晶结构（晶粒为 5～10 mm）、粗晶结构（晶粒＞10 mm）和不等粒结构，细晶、中晶、粗晶等钙芒硝混生；按钙芒硝晶粒形态可分为大、小菱板状结构。

矿石构造：块状构造；致密状构造（可细分为条带状、兰花状和竹叶状）；星点状构造。

矿石质量较好，邓庙全矿层 $N_2SO_4$ 品位一般为 25％～40％。$CaSO_4$ 质量分数平均为39.42％，KCl 质量分数平均为 0.09％，I 质量分数平均为 0.06％，I 有综合利用价值。水不溶物、NaCl、$Fe_2O_3$、结晶水与 $Na_2SO_4$ 关系密切，呈负相关。不同矿区勘探时一般分析钾、钠、镁、溴、碘等元素，以往资料中未见分析硼元素。经生产和试验研究表明，邓庙芒硝属易加工矿石。

3. 矿床成因

古植物孢粉研究表明,双流—名山地区地理位置位于南方干热气候带内。川西地区自进入侏罗纪始,古气候条件以干旱炎热为特征,盆地内水体的蒸发量远远大于补给量,造成水体中含盐度大幅增加,浓缩程度持续增高,至晚白垩世—始新世浓缩程度已达硫酸盐沉积阶段。湖泊内水体极浅,水动力能量极其微弱,泥质物以垂向加积的方式沉积,湖水不断蒸发咸化,达到饱和及过饱和,使芒硝沉积下来。由于地壳升降活动及气候的转变,淡水供给的增加,使矿层的沉积终止;堆积黏土及粉砂等物质作为矿层的盖层,并保护了矿层。如此反复循环,形成了具有复式矿层特征的芒硝矿床。由于燕山运动的影响,熊坡等相对上升使大的凹陷分隔成一些闭塞的环境,如邛崃—名山凹陷和眉山—普兴场凹陷,湖水进一步浓缩,沉积了较其他地区更丰富的钙芒硝。邓庙矿区的钙芒硝矿形成在湖泊中心地带,是在古代硫酸盐湖浅湖环境通过蒸发沉淀作用成矿。

## 二、新津金华晚白垩世芒硝矿床

1. 概况

四川省新津金华芒硝矿区位于新津县城南东 6 km,面积为 39 km²。1963 年,四川省地质局乐山地质队对金华乡钙芒硝矿进行了详细勘探,提交了《新津钙芒硝矿床金华矿区最终储量报告》,探明储量 7.7 亿吨。金华芒硝矿是在川西地区首次详勘探明的大型钙芒硝矿床,为四川省芒硝矿提供了可靠的资源基地。

2. 矿区地质特征

1)地层

金华矿区及外围出露有侏罗系蓬莱镇组、白垩系夹关组、灌口组及第四系地层。区域上,在新津—籍田一线以南,灌口组相对较完整,与下伏夹关组及上覆古近系名山组均为整合接触,岩性过渡。该线以北,灌口组上部受到不同程度的剥蚀,残留厚度不足 100 m。金华矿区及外围,灌口组上部地层被剥蚀而出露不全。第四系直接覆盖于下伏白垩系灌口组之上。

根据有关资料综合分层,从下至上,由白云质钙质黏土岩-泥灰岩-硬石膏钙芒硝含矿带-含卤水钙质粉砂岩、钙质黏土岩组成,灌口组可分为三段,芒硝矿产于第二段。

第四系砾石层及黏土层覆盖

———— 未见顶 ————

含矿地层灌口组(Kg)

灌口组第三段：为紫红色富含钙质之黏士岩、粉砂岩、薄层细砂岩及泥灰岩等组成，中、下部含微晶芒硝及弱富集的硬石膏团块和薄层纤维石膏。具水平波状层理，含灰绿色白云质或钙质条带及较多的溶蚀小孔洞，孔洞内或层间含为卤水。岩石风化后呈浅紫色或褐红色，有较多方解石晶洞和细脉，因遭受风化剥蚀出露不全，可见厚度150 m

灌口组第二段：为结晶钙芒硝矿带，一般由矿层夹多层白云岩及黏土质白云岩(夹层)组成，总厚50~60 m。矿层为粗、细斑状结晶钙芒硝矿，呈自形和半自形结构，层状构造；夹层为紫红色白云岩或白云质黏土岩等，并含硬石膏

灌口组第一段：主要见于钻孔中，地表仅在金华乡以北阶地前缘零星出露。系紫红色薄层状泥灰岩、砂质泥灰岩、白云岩、钙质细砂岩及黏土岩、粉砂岩祖成。具水平波伏层理及斜层理。地表风化后多形成空洞，并被泥质或方解石充填。厚200~240 m

──────── 整合 ────────

下伏地层夹关组(Kj)：紫红色中、细粒砂岩，黏土岩，粉砂岩。

根据区域分布和钻孔资料，灌口组中有2个含矿带。经与区域上各矿床对比，金华矿区部分地方灌口组上含矿带已风化淋滤，而下含矿带保存较好。含矿带由钙芒硝矿、黏土岩、黏土质白云岩及白云岩等组成，含矿带(段)厚50~60 m，矿床埋深100~200 m。矿层近地表部份，受风化剥蚀淋滤成似角砾状黏土岩。矿层产状与围岩一致，沿走向及倾向稳定或较稳定延伸。

2)构造

矿区大地构造位置属上扬子陆块四川前陆盆地、川西山前拗陷盆地。自中生代以来，川西山前拗陷沉积了巨厚的碎屑物。

金华芒硝矿区位于川西拗陷熊坡背斜、苏码头背斜间之普兴场向斜北西翼，构造简单。普兴场向斜为北东—南西向延长之不对称平缓向斜，北自华阳白家，南至彭山之青龙场，沿轴向分布长约30 km，宽约10 km。向斜二翼及核部均为白垩系地层，但地表多被大片的第四系砾石及黏土堆积物所掩盖。零星出露的上白垩统灌口组露头显示向斜北端可达双流之南王家场一带，南端在新津东南青龙场附近扬起，轴线方位约为北东15°~20°。矿区含矿带(段)产状平缓，西翼倾角为3~6°，东翼为7~10°，地质构造简单。

3)含矿带

灌口组整个含矿岩系呈平缓的向斜，两翼产状平缓，从下至上为白云质钙质黏土岩、泥灰岩、硬石膏钙芒硝含矿带、含卤水钙质粉砂岩、钙质黏土岩。钙芒硝矿在含矿带中呈复式层状产出，产状与围岩一致，延伸稳定。矿层在地表风化淋滤后呈似角砾状黏土岩，无工业矿层出露，故为隐伏芒硝矿床。根据钻孔资料，灌口组第二段钙芒硝矿带中由矿层和夹层间互构成，层状矿体与夹层界线明显。

　　根据岩性特征及含矿性，芒硝矿带可划分为上、中、下矿组，其间有 13.21 m、2.40 m 厚之稳定夹层相隔。以 $CK_4$ 钻孔为例，下矿组总厚 11.66 m，含矿 3 层，矿层厚 8.84 m，单层厚 1.5 m，最厚 8.19 m，平均品位 38%（指硫酸钠含量、下同）；中矿组总厚 6.43 m，含矿 3 层，矿层厚 5.77 m，单层厚 0.85~2.05 m，平均品位 37.33%；上矿组总厚 19.85 m，含矿 5 层，矿层厚 11.38 m，单层厚 1.16~2.43 m，最厚为 6.85 m，平均品位为 29.16%。

　　4)矿物组成

　　金华矿区矿石矿物主要为钙芒硝、芒硝。脉石矿物有石膏、硬石膏、白云石、方解石、黏土质、石英及微量的单铁矾、钾盐、钠镁矾等，偶见电气石、绿泥石、绿帘石、天青石。钙芒硝及白云石、黏土物质为组成矿石的最主要成份，硬石膏除部份为原生沉积矿物外，大部分为钙芒硝溶离转化的产物。钙芒硝晶体内及边缘的硬石膏、芒硝及白云石等矿物的细小颗粒分布不均，其中硬石膏、芒硝等为钙芒硝的次生产物。主要矿物特征如下所述。

　　钙芒硝：呈半自形至自形板状和短柱状晶体，直径一般为 10 mm 左右，最大达数厘米；玻璃光泽，性脆、硬度中等；一般无色透明，有时因含杂质不同，可呈烟灰色、浅紫灰色、乳白色等，风化表面呈灰白色。

　　芒硝：呈半自形-他形，粒状及针状。无色透明，略带碱及苦味，易溶于水。主要分布在钙芒硝边缘及粒间裂隙，有时在钙芒硝晶体内呈细粒、网状或纤维状、放射状集合体分布。

　　硬石膏：呈自形板状、粒状晶体，略带浅紫色，粒度为 0.05~1 mm，具二组较完全解理，硬度中等。在钙芒硝晶体内呈细晶或粒状分布，或以交代形式赋存于钙芒硝晶体的边部，但分布不均匀。

　　白云石：呈半自形、他形粒状，粒度一般小于 0.02 mm。为钙芒硝矿石中主要脉石矿物。常呈细—微粒状分布于钙芒硝晶体内或者边缘；其中大部分为原生脉石矿物，部分可能为次生交代的产物。

　　5)矿石类型和结构构造

　　矿石构造为致密层状、稀疏浸染状构造。钙芒硝呈半自形至自形板状和短柱状晶体，为半自形自形斑状结构，细至粗粒结构，按钙芒硝晶体粒度及脉石的关系分为：①细斑状，晶体粒度<5 mm；②中斑状，晶体粒度为 5~10 mm；③粗斑状，晶体粒度>10 mm。由下至上晶粒具变细趋势。

　　钙芒硝矿中主要化学成分是 $Na_2SO_4$、$CaSO_4$、$MgSO_4$、$NaCl$、结晶水及水不溶物等，$Na_2SO_4$ 含量一般为 30%~38%，最大为 43.85%，平均为 32%；$CaSO_4$ 含量与 $Na_2SO_4$ 大致相似。矿石分为 I 级品（钙芒硝含量>70%），II 级品（钙芒硝含量为 50%~70%），III 级品（钙芒硝含量<50%），以 I、II 级品为主，大于 35% 的 I 级品占一半以上。

### 3.矿床成因

在大地构造上，本区长期以来是闭合的拗陷盆地区，其周围为高山。晚三叠世—侏罗纪海退以后，本区和四川盆地其他地区一样，气候温暖湿润，属内陆湖泊沼泽环境；自晚侏罗世以后至白垩纪气候逐渐转变为干热，湖盆面积逐渐缩小。晚白垩世盆地内水的深度不大，沉积环境气候干燥、炎热，蒸发量大。

晚白垩世时期，四川盆地西北部大片的中、酸性火山岩、沉积岩和变质岩遭受长期的风化剥蚀，形成大量的含钙、钠、钾等含盐物质，提供了丰富的盐类物质来源；在川西边部的低洼湖盆中，接受了大量的陆源碎屑和盐类物质沉积。在干旱的气候影响下，湖水不断蒸发，蒸发量大大的超过了淡水补给量，含盐物质沉积。受气候变化和淡水供给量变化的影响，硬石膏、钙芒硝与白云石、黏土泥质物间互沉积，硬石膏、钙芒硝形成矿层，白云石、黏土泥质往往作为盖层并保护了矿层。如此反复进行，形成了具有复层特点的钙芒硝矿床。矿床中沉积物化学分异过程为：碳酸盐—硫酸盐—卤化物的含盐沉积。

## 三、洪雅联合始新世芒硝矿床

洪雅县联合乡芒硝矿产于古近纪名山组中，是新津式沉积型芒硝产出的又一个层位。由于名山组与灌口组中芒硝矿产出特征十分相似，故仍归入新津式沉积型芒硝矿同一大类。

### 1.概况

洪雅联合沉积型芒硝矿位于洪雅县城280°方向，直距3.5 km，属洪雅县联合乡、中山乡管辖。矿区范围北西起于沈岗、姜里扁，南东止于后边山、庙金山、永泉寺、店子上一线，西起于沈岗、黄林、后边山一线，东面以李山、兔山、师公山和岗上分别与殷河矿区及马河山矿区相接。查明资源储量计算范围约6.71 km²。

通过勘探，该矿区累计查明矿石资源储量5.74亿吨，折合 $Na_2SO_4$ 为2.10亿吨，达大型矿床规模。20世纪末勘探后，该区大部分资源未开采利用，矿山开采范围主要在马河山钙芒硝矿区，在联合矿区东侧只有一小部分范围内设置有采矿权。

四川省化工地质勘查院1998年对联合矿区进行过勘探，提交了勘探地质报告。由于区域上查明的名山组矿床数量少，故以联合矿区阐述古近纪名山组钙芒硝矿特征。

### 2.矿区地质特征

#### (1)地层

本区为沉积岩分布区，在区域上，地表未见白垩纪以前地层出露，白垩纪及新生界地层广泛分布。矿区内独立小山包较多，在小山包斜坡及陡坎上可见古近系芦山组地层零星分布,而小山包顶部多分布中更新统阳坪砾石层($Qp_2^{al}$),景观独特,构成青衣江河谷Ⅲ级阶地,阶面平整。区域上阳坪砾石层可与雅安飞机坝砾石层对比,目前认为属冲积成因。低洼处多分布全新统冲积层。古近系名山组第二段(含硝段)仅于矿区西部边缘零星出露。区域上地质部第七普查大队 1972~1977 年开展龙泉山以西钾盐普查,在联合矿区以北、洪雅向斜核部施工西 6 井,钻孔揭露第四系、名山组、灌口组,灌口组矿层保存完整,但名山组矿层已淋失。

四川省化工地质勘查院 1998 年在联合矿区进行勘探,成都理工大学地质调查研究院 2009 年提交 1/5 万洪雅幅区调成果中有实测的联合乡下黎坎—丁沟剖面,综合钻孔与地表资料,联合矿区名山组剖面特征如下所述。

上覆地层:第四系中更新统冲积层($Qp_2^{al}$)　　　　　　　　　　厚度 0~6.80 m

　　黄灰色砾石层(阳坪砾石层,非正式岩石地层单位名称),砾石成分主要为石英岩、砂岩、硅质岩、花岗岩等,大小一般为 2~25 cm,砾石磨圆程度较好,分选差,填隙物为砂泥质

　　　　　　　　　～～～～～角度不整合～～～～～

上覆地层:芦山组($El$)　　　　　　　　　　　　　　　　　　厚度 307.72 m

　　砖红色中—厚层钙质粉砂质泥岩与砖红色中层钙质泥质粉砂岩互层,在泥岩中发育水平层理,粉砂岩中膏盐溶孔发育。井下局部可见灰色泥灰岩及白云岩薄层、少量硬石膏。产轮藻、介形虫化石。下黎坎—丁沟实测剖面中可细分出 23 个岩性分层。因上部风化剥蚀,芦山组在钻孔中揭露厚度仅为 210.32 m

　　　　　　　　　————— 整合 —————

含矿地层名山组($Em$),井下分为两段　　　　　　　　　　厚度>305.51 m

名山组第二段、余光坡段($Em^2$)　　　　　　　　　　　　　154.83 m

③上含矿带　　　　　　　　　　　　　　　　　　　　　　　82.22 m

　　顶部灰紫色薄层钙质泥岩与灰绿色中薄层泥灰岩韵律互层,风化表面凹凸不平

　　紫红色中厚层状泥岩、砾质泥岩和粉砂岩,含硬石膏团块或条带,岩层中钙芒硝矿为灰绿色、深灰色,呈层状产出

　　因风化剥蚀,该含矿带在矿区西部边缘一带缺失,但矿区大部份地段仍保存完好。由 21~28 层钙芒硝矿及 20~27 层夹层组成,总厚 77.21~96.17 m,平均厚 82.22 m。经纵横对比划分 5 个工业矿层,编号为 7、6、5、4、3 矿层。

②硝间带　　　　　　　　　　　　　　　　　　　　　　　54.35 m

　　紫红色粉砂岩、砂质泥岩和少量细砂岩,岩石中普遍含硬石膏团块,局部有芒硝矿晶体,具水平和微波状层理。岩层中钙芒硝矿为灰绿色、浅灰色,呈层状、似层状产出

　　硝间带在矿区内除西南部 ZK101 钻孔缺失其顶部外,其余地段保存完好。硝间带

由 7~13 层钙芒硝矿和 6~12 层夹层组成。总厚 44.32~60.59 m，平均厚 54.35 m。经纵横对比对其中部厚度较大、品位较高、连续性好的 2~4 层单矿层划分为 2 矿层

①下含矿带　　　　　　　　　　　　　　　　　　　　　　　　　　　　　18.26 m

　　　紫红色粉砂岩、砂质泥岩和少量细砂岩。钙芒硝矿为灰色、灰绿色及紫红色，呈层状产出，多含硬石膏团块或条带，岩石粒度有由下往上逐步变细的趋势

　　　下含矿带在矿区内保存完整，由 6~8 层钙芒硝矿及 5~7 层夹层组成，总厚 17.88~18.92 m，平均厚 18.26 m。因矿层比较集中划分为 1 个矿层，编号为 1 矿层

―――――――　　整合　―――――――

下伏地层：名山组第一段、金鸡关段($Em^1$)　　　　　　　　　　厚度>105.68 m

　　　紫红色薄层—厚层状泥岩，夹 7 层灰黑色页岩，页理十分发育，地表风化后常呈片状小碎屑。钻孔仅揭露 2.89~18.20 m。局部亦含钙芒硝晶体，底以黑色页岩为界　　　　　　　　　　　　　　　　　　　　　　　　　　　　　　　　50.68 m

　　　紫红色及暗紫红色薄层-厚层状细砂岩，夹薄层砂质泥岩。未测至底　　>100 m

### 2)构造

矿区大地构造位置属上扬子陆块四川前陆盆地、川西山前拗陷盆地。

矿区位处洪雅向斜核部，地层产状受洪雅向斜控制，倾角较缓，一般为 1°~6°，矿区内未发现其他次级褶皱及断裂构造，节理不发育，仅于第四系地层之下 50~100 m 的地层中见有少量风化裂隙，地质构造简单。

洪雅向斜北部扬起于仁兴乡、张场乡，南止于天池以西，长约 27 km，宽约 10 km，主要受熊坡背斜、尖山子背斜夹持。向斜由白垩系夹关组、灌口组、古近系名山组、芦山组地层组成，核部最新地层为古近系芦山组，但大面积被第四系所掩盖；向斜轴向北北西，两翼地层均较缓，倾角一般为 7°~18°，为一宽缓的短轴向斜。洪雅向斜与熊坡背斜之间发育有北北东向邓沟逆断层，沿总岗山东坡分布，倾角陡立，走向长度达 16 km。

### 3)含矿岩系

含矿岩系名山组余光坡段主要见于名山—雅安地区，分布范围远远小于灌口组第二段。古新统—始新统名山组含矿岩系，局限分布在名山向斜、雅安向斜和洪雅向斜，其中以名山向斜面积最大(约 400 km² 以上)。名山组余光坡段与灌口组第二段含矿性、矿带数量、矿层组分、矿石结构构造、矿石质量以至成盐阶段等特征基本相似，只是含矿段、含矿带厚度略有减薄，矿层有所减少而已。

经过勘查，查明资源储量的矿产地有洪雅县联合、殷河、马河山 3 处，规模均达大型。经过矿产调查和少量钻探的矿点尚有名山县丁家坝、三里桥、桥炉子，雅安市对崖等 4 处。此外，也有人认为，名山组含矿岩系仅分布在川西红盆的名山—雅安地区的雅安向斜和名山向斜，其分布面积有限，矿层不稳定，厚度变化大，对比困难。

综合已有地质资料分析，在洪雅向斜，原勘探查明的联合矿区芒硝矿赋存于古近系

名山组第二段(余光坡段)地层中,该段地层仅在矿区西部边缘一带有出露。区内大部分地段芒硝矿层深埋于地下,深部有 ZK101、ZK102、ZK201、ZK202、ZK4、ZK11 计 6个竣工钻孔(后 2 孔系借用邻区资料)控制。

含矿层余光坡段有矿层数层至数十层不等,矿层总厚度为 9.96~34.05 m,平均品位为 35.36%~38.36%。从上向下划分为上含矿带、硝间带、下含矿带。上含矿带编为⑦、⑥、⑤、④、③五个矿层;硝间带编为②矿层,下含矿带编为①矿层(图 3-9)。各矿层最大厚度为 9.49 m,最小厚度为 0.87 m,平均厚 1.99~8.64 m。

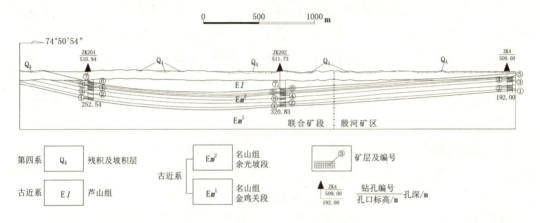

图 3-9　洪雅县联合矿区 Ⅱ 勘探线剖面图

根据 6 个竣工钻孔、Ⅱ勘探线剖面和矿层底板等高线图揭示,名山组芒硝矿层埋深为 88.42~380.19 m。综合现有资料(西 6 井、中山坪剖面、下黎坎—丁沟剖面、3 矿床勘探报告),青衣江北岸的联合矿区,以及洪雅向斜核部地层产状均近水平。第四系全新统厚度为 25.37 m,中更新统为 87.03 m,古近系芦山组及名山组为 680.00 m(中山坪剖面);芦山组为 307.72 m,名山组为 343.5 m(西 6 井),灌口组第三段为 108.56 m,灌口组第二段为 471.52 m。据此可推测向斜核部名山组之下灌口组芒硝矿层最大埋藏深度为 1 036~1 372 m。

4)矿石矿物

矿石矿物主要为钙芒硝、芒硝。脉石矿物有硬石膏、石膏、黏土矿物、白云石、方解石、石英及微量的单铁矾、钾镁盐、钠镁矾等,偶见电气石、绿泥石及绿帘石微粒。

钙芒硝:无色透明,部分含杂质者带他色,含量为 30%~90%,呈半形-自形板状和短柱状晶体,玻璃光泽,性脆,硬度中等,味咸,风化后表面见白色霜状物或粉末。受潮后表面析出钙芒硝细晶,在水中溶解缓慢,盐酸中完全溶解。

芒硝:无色透明,具明显冷感。呈半自形-他形粒状、针状结晶,微带咸及苦味,易溶于水,主要分布于钙芒硝晶体的边缘,有时在钙芒硝晶体内呈细粒、网状、放射状集合体分布。

硬石膏:浅蓝灰色,呈自形板状、粒状单晶,粒度小于 0.05~1 mm,具二组完全解理、硬度中等,易水化。

石膏:多为硬石膏的水化产物。呈纤维状、柱状分布于硬石膏的边缘。

方解石、石英及黏土矿物:方解石呈半自形、他形粒状,粒度一般为 0.02 mm 左右。石英呈圆形、次棱角状,粒度 0.04~0.06 mm。黏土质矿物主要为伊利石,多呈结晶定向鳞片状分布。

以往地质资料中有分析新津式芒硝矿石中黏土矿物主要为水云母的观点。但《1:50 000名山幅、马岭幅、草坝幅、洪雅幅区域地质调查报告》通过黏土矿物 X 射线衍射分析指出,本区白垩系泥岩中黏土矿物主要是伊利石,占黏土矿物总含量的 57%~84%,其次为绿泥石,含量为 10%~42%,灌口组中个别样品为伊利石-蒙脱石混层类型,含量为15%~28%。所有样品中均未见高岭石及蒙脱石,都属于以伊利石为主的泥岩。

5)矿石成分

钙芒硝矿石中主要化学组分为 $Na_2SO_4$、$CaSO_4$、$MgSO_4$、$NaCl$、结晶水、水(酸)不溶物等,其总量达到 80%~92%,现分述如下。

$Na_2SO_4$:为矿石主要有用组分,据 221 件化学分析样统计,单样含量最低为17.13%,最高为 44.85%,一般为 25%~40%,单工程平均品位最低为 32.32%,最高品位 40.83%,一般为 35%~38%。矿区平均品位最低为 35.36%(3 矿层),最高为38.36%(1 矿层)。$Na_2SO_4$ 含量沿走向及倾向变化都较小,变化规律不明显。

$CaSO_4$:为钙芒硝矿的主要组分之一,单样含量最低为 18.23%,最高为 53.77%,一般为 25%~40%,与 $Na_2SO_4$ 含量无明显依存关系,但当 $Na_2SO_4$ 含量大于 30% 时,大致具有同步变化关系。

$MgSO_4$:为钙芒硝矿的常见组分,单样含量最低未检出,最高 0.42%,一般为0.07%~0.20%,纵横向变化均小,与 $Na_2SO_4$ 含量无依存关系。

$NaCl$:为钙芒硝矿矿石中伴生组分,单样含量最低未检出,最高 0.52%,一般为0.1%~0.17%,无变化规律,与其它组分亦无相依关系。

水不溶物:主要是黏土矿物(伊利石之类)。在钙芒硝矿矿石中含量,最低为8.94%,最高为 67.07%,一般为 20%~30%,与 $Na_2SO_4$ 呈异步变化关系。

6)结构构造

矿石结构按钙芒硝结晶自形程度分为半自形晶和自形晶结构,按钙芒硝晶体粒度分为细斑状结构(晶体粒度<5 mm),中斑状结构(晶体粒度为 5~10 mm),粗斑状结构(晶体粒度>10 mm)。

各矿层矿石构造总的属层状构造,按钙芒硝晶体分布密集程度可分为下述五种。

(1)致密层状构造。

(2)平行层状构造:晶体分布均匀,长轴大致与层面一致。

(3)条带状构造:粗、细晶体分别聚集,其排列方向各异相间组成条带状构造。

(4)兰花状、竹叶状构造:晶体聚集的长轴方向不一致,状如兰花或竹叶状排列。

（5）散点状构造：钙芒硝晶体稀疏分布于基质中，其排列方向无序。此种构造多发育于贫矿和矿化围岩中。

根据钙芒硝矿结构构造特征、分布形态以及脉石含量等，对名山组芒硝矿石类型可划分：平行层状富矿石；致密块状矿石；条带状中富矿石；兰花（竹叶）状矿石；稀疏散点层状矿石-贫矿和低品位矿石。

### 3. 矿床成因

灌口组、名山组地层中广泛分布的盐类矿物、白云石等指示了干旱炎热气候特征，始新世芒硝矿矿床成因与晚白垩世芒硝矿床成因是一致的，矿床均形成在湖泊中心地带，是在干旱炎热气候条件下，古代硫酸盐湖浅湖环境通过蒸发沉淀作用成矿。区域上芒硝矿总体由干旱、间歇期-极端干旱、成矿期反复四次的沉积旋回构成，联合矿区名山组余光坡段上、下含矿带是最后两次沉积旋回形成的，保存于洪雅向斜核部；而前两次沉积旋回形成的灌口组矿层位则位于向斜更深处，保存完整。

## 四、成矿模式

### 1. 盐湖沉积物

钙芒硝是一种微溶于水的硫酸盐矿物，其化学分子式为 $Na_2Ca(SO_4)_2$；钙芒硝晶体多呈菱板状，沉积顺序介于石膏和石盐之间。钙芒硝在第四纪盐湖及古代盐湖沉积地层中广泛分布，但一般呈分散状、条带状及层状产出，与碳酸盐、石盐、硬石膏、杂卤石、芒硝、无水芒硝和白钠镁矾等共生。

盐湖沉积物主要是在蒸发作用强烈而又缺乏淡水补给的干旱地区比较发育。地面上地理的低处（盐湖区）可能终年有水，或者是季节性有水。根据湖区水文情况，可以将盐湖沉积分为三类：终年有水的盐湖沉积（永久盐湖）、季节性有水的盐湖沉积、湖区周围的泥滩沉积。其中，永久盐湖中的卤水随着蒸发作用过程，能形成按一定顺序沉积的盐类矿物。这些盐类矿物具有不同的沉淀点（沉淀时的湖水盐度），其一般的沉淀次序是：$FeCO_3 \rightarrow CaCO_3 \rightarrow CaSO_4 \cdot 2H_2O \rightarrow NaCl \rightarrow MgCl_2 \rightarrow NaBr \rightarrow KCl$。在相序上，永久性盐湖底部还可能伴有非盐湖沉积的油页岩、黑色页岩等沉积物。

按永久盐湖的沉积过程和盐类矿物组合的特点，可分为碳酸盐湖、硫酸盐湖和氯盐湖三类。其中，硫酸盐湖的湖水矿化度最高可达 3 g/L，沉积的主要是硫酸盐矿物，如石膏、钙芒硝、无水芒硝和芒硝等，几乎完全排斥了碳酸盐。参考刘成林等研究（2007）成果，在富含硫酸钠溶液中形成钙芒硝的化学过程可表示为

$$2CaCl_2 + MgSO_4 + 2Na_2SO_4 \Longrightarrow Na_2Ca(SO_4)_2 \downarrow + CaSO_4 \downarrow + MgCl_2 + 2NaCl.$$

　　2.古环境分析

　　白垩纪—古近纪是一个全球性成盐期,并明显受到裂谷-堑沟构造控制,发生蒸发沉积作用,形成了许多盐类矿床。中国的钙芒硝以四川新津白垩系灌口组、云南安宁侏罗系安宁组的矿床最为典型。四川新津式芒硝矿成矿作用总体上表现为盐类矿床的矿种相对单一,芒硝的成矿强度是中国其他地区不可比拟的。

　　《1∶50 000名山幅、马岭幅、草坝幅、洪雅幅区域地质调查报告》对白垩系地层泥岩中Sr含量及Sr/Ba比值变化规律的研究表明,川西地区白垩纪从早(夹关期)到晚(灌口期),沉积水体盐度逐渐增加,特别是晚白垩世中—晚期湖水盐度达到最大。

　　利用微量元素Sr含量和古水温度的关系来计算古水温,结果表明:晚侏罗世蓬莱镇组沉积时湖泊水体平均水温为25.3℃,夹关组沉积时平均古水温为30.9℃,灌口组沉积时平均古水温为28.5℃,名山组沉积时平均水温为28℃。该时期湖泊水温总体偏高,其中以白垩纪水温相对较高,表明当时为干燥炎热的气候。

　　以亚当斯公式计算古盐度,夹关组沉积时水体古盐度平均值为0.069 5%,灌口组一段为0.084%,灌口组二段为0.094%,灌口组三段为0.094 3%,反映从早白垩世(夹关期)到晚白垩世(灌口期)水体盐度明显增加,即从0.069 5%增加到0.094 3%。这与Sr/Ba变化定性反映的古盐度变化规律一致。

　　古植物孢粉研究表明,本区晚白垩世从早期到晚期,孢粉化石的组合特征基本一致。双流—名山地区古地理位置位于南方干热气候带内,孢粉组合中以各种希指蕨孢子、克拉梭粉及麻黄类花粉占绝对优势,而不见或少见反映湿润气候的孢子花粉类型,也表明古气候均属于干旱的热带-亚热带气候类型。

　　灌口组地层中广泛分布的盐类矿物、白云石等亦指示了干旱炎热气候特征。岩石及岩性研究表明,从白垩系中蒸发岩的类型、数量及分布规律可以看出,从早白垩世天马山期、夹关期到晚白垩世灌口期,膏盐溶孔数量逐渐增加,灌口组一段中仅发育大量的膏盐溶孔,到灌口组二段和三段地层中还出现了灰岩、泥质灰岩、多层膏溶角砾岩及芒硝夹层。这说明白垩纪总体为干旱的热带-亚热带气候,从早到晚其干旱炎热程度增加。

　　晚白垩世燕山运动末期,盆地四周已成高山,分布着大片中酸性火成岩、沉积岩和变质岩,并遭受长期强烈风化剥蚀;大量含钙、钠、镁、钾等物质被带至拗陷地区沉积,故本区有丰富的盐类来源。在川西南部低洼湖盆接受了西北部碎屑和盐类物质,在干旱气候的影响下,湖水不断蒸发咸化,达到饱和及过饱和浓度,使钙芒硝沉积下来。由于本区凹陷范围大,湖水浓度有限,只达硫酸盐阶段,仅在个别钻孔钙芒硝层上部发现有极薄的石盐层,部分钻孔中有矿化度达300 g/L的卤水分布。勘查与研究表明,盐湖成矿作用可能未持续到石盐、钾盐阶段。

### 3. 主要成矿条件

#### 1）成矿时代

四川省新津式沉积型芒硝矿形成于晚白垩世—始新世。从后期风化淋滤及保存状况来看，晚白垩世地层的芒硝蕴藏量远远高于始新世地层。

晚白垩世为芒硝矿主要成矿期，含矿岩系为上白垩统灌口组，部分地区灌口组顶部被剥蚀。古近纪始新世为芒硝矿相对次要成矿期，含矿岩系名山组上段余光坡段为钙芒硝富集层位，名山组在大部分地区遭受风化剥蚀，仅在有上覆芦山组发育地段的矿层一般保存较好。

#### 2）含矿地层

含矿地层白垩系灌口组和古近系名山组为连续沉积的两组蒸发岩建造，能够广泛对比的含矿段为灌口组第二段和名山组第二段。区域内灌口组可分为三段，与下伏下白垩统夹关组、上覆古近系名山组均为整合接触。名山组与下伏上白垩统灌口组、上覆古近系芦山组均为整合接触，可分为两段，上段（第二段，或余光坡段）和下段（第一段，或金鸡关段）；上段余光坡段为钙芒硝富集层位，但名山组在大多数地段内发育不全，或后期被剥蚀，芒硝矿分布范围较小。

由于区域内芦山组、名山组、灌口组为连续沉积，但不同地区剥蚀程度不同，因此，根据这三个层位保存的完整程度，可推断是否有芒硝矿的存在。上有名山组，下有灌口组，特别是上有芦山组，则可指示其下名山组、灌口组保存较好，可能存在隐伏的钙芒硝矿；地表出露名山组，而无芦山组，则名山组矿层可能风化淋滤，不易保存。

以洪雅向斜东翼西6井为例，钻孔揭露第四系、名山组、灌口组，灌口组矿层保存完整，名山组矿层已淋失；以名山向斜名1井、西11井为例，钻孔揭露芦山组、名山组，名山组厚度大，矿层保存完整，其下灌口组埋藏深，钻孔未达到。

#### 3）岩相古地理

新津式芒硝矿的形成与分布均受古地理、古气候的控制，芒硝矿床的规模大，分布连续且广泛，成矿作用发生于极端干旱时期硫酸盐湖（极浅湖）环境。成矿的岩相古地理条件为川西晚白垩世—始新世硫酸盐湖，其中边缘亚相仅有少量钙芒硝、硬石膏沉积，中心亚相有广泛的钙芒硝-硬石膏沉积。

#### 4）封闭条件

矿床埋藏浅，钙芒硝微溶于水，矿层近地表风化淋滤，风化淋滤带发育深度一般为24~109 m。矿层围岩为紫红色细碎屑岩、泥岩，各芒硝矿床具"有水无硝，有硝无水"之特征。风化淋滤带之下矿层一般保存、封闭较好。褶皱尤其是向斜，因满足封闭条件，成为区内主要的控矿构造，为盐类矿产的富集场所。而区域内灌口、熊坡、三苏场三处隆起中心地段无矿层分布。

### 4.成矿模式

新津式钙芒硝矿的构造位置处于江油—灌县大断裂、龙泉山大断裂之间，由于燕山运动的影响，熊坡隆起等相对上升的高地使湖盆被隔成一些相对闭塞的环境，如眉山—普兴场凹陷和邛崃—名山凹陷。随着湖水进一步浓缩，在古代硫酸盐湖浅湖环境，通过蒸发沉淀作用成矿，沉积了较其他地区更丰富的钙芒硝矿。金华、邓庙矿床和联合矿床分别形成于这些凹陷地带。

川西地区自进入侏罗纪始，古气候条件就以干旱炎热为特征，晚白垩世以来，川西地区逐渐变为盐湖环境，湖泊内水体极浅，水动力能量极其微弱，泥质物以垂向加积的方式沉积。在极浅水、水动力条件低下的湖泊及干旱气候条件下，盆地内水体的蒸发量远大于补给量，水体持续浓缩咸化，造成水体中含盐度大幅增加。在强氧化环境中水体中无机盐类、尤其是硫酸盐类达到饱和，至晚白垩世—始新世浓缩程度已达硫酸盐沉积阶段。浓缩后水体中的 $Ca^{2+}$、$Na^+$ 与 $SO_4^{2-}$ 在高浓缩水体中结合、析出，形成钙芒硝 $[Na_2Ca(SO_4)_2]$ 和硬石膏 $(CaSO_4)$ 矿层。持续不断的浓缩作用促使上述化合过程的连续进行，也造就了厚大矿层的形成。成矿模式如图 3-10 所示。

新津式钙芒硝矿的成矿过程可叙述为：钙芒硝矿床总体由"干旱、间歇期—极端干旱、成矿期"反复四次的沉积旋回构成；分别形成灌口组中的上、下含矿带和名山组中的上、下含矿带，共四个含矿带。但钙芒硝微溶于水，地表风化淋滤后可以使最后两个旋回形成的名山组中矿层在大部分地段未能保存，而且，灌口组上含矿带在部分地区同样遭受淋滤，也不如下含矿带保存完整。

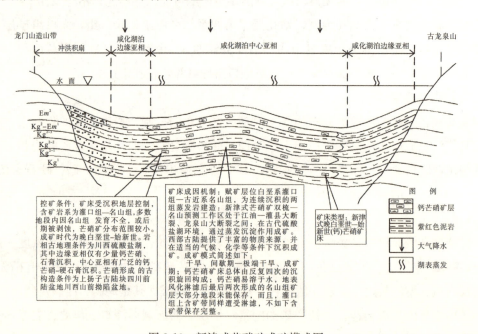

图 3-10　新津式芒硝矿成矿模式图

## 第四节　四川省芒硝矿成矿规律

### 一、成矿地质背景

四川在漫长的地质历史发展过程中，地壳振荡频繁，气候干湿交替，多次形成含盐建造，成盐时代及层位相当广泛，自震旦纪至中生代均有厚大石盐矿形成，成盐条件良好。据林耀庭、何金权研究（2003），四川主要有震旦纪、寒武纪和三叠纪等三个成盐时代，11 个成盐期（含盐层位），22 个聚盐期（聚盐阶段）。岩盐（石盐）矿石除以石盐为主要矿物外，次要矿物有硬石膏、杂卤石、钙芒硝等。在自贡、长宁，石盐矿床中夹有芒硝层。

晚三叠世开始，上扬子区结束了漫长的海相沉积阶段，在大面积隆升后形成大型陆内拗陷盆地，直至古近纪末，该区中心地区环境属拗陷盆地缓坡带—中央带，随着古气候条件由湿热转化为干旱，沉积物由含煤碎屑岩演化为巨厚的红色碎屑岩系。川西前陆盆地地质演化历史与龙门山推覆构造的发展演化密切相关。在蓬莱镇组沉积之后，即侏罗纪末期到白垩纪初期，龙门山推覆构造带进入活跃期，发生了自燕山期以来的强烈造山运动，使得前陆盆地前缘翘曲而抬升剥蚀，大部分地区处于剥蚀区，仅在一些低洼地带沉积了以早白垩世天马山组干旱气候条件下的湖泊-河流相红色砂岩-泥岩沉积岩组合。本次推覆抬升运动在大部分地区造成了白垩系与下伏侏罗系之间的平行不整合接触，以及下白垩统夹关组底部冲积扇砾岩的大面积分布。随后，推覆抬升运动的逐渐减弱，形成早白垩世夹关组由砾岩到砂岩的退积型沉积序列；到晚白垩世，本区水域面积广泛扩大，沉积了以上白垩统灌口组为代表的干旱气候条件下的湖泊相泥岩夹膏盐层的沉积岩建造。从白垩系与古近系无角度不整合的特征等来看，燕山期末应以抬升作用为主，而推覆作用次之。盆地的西部边界在燕山期未发生明显的变化，但是抬升运动使盆地面积逐渐缩小，沉积了古近系名山组、芦山组红色泥岩和粉砂岩。

从四川盆地中生代 *Classopollis*（克拉梭粉）的含量变化看，早白垩世 *Classopollis* 占有绝对优势，晚白垩世已基本绝迹。早白垩世气候炎热干燥，部分地区初步沙化；晚白垩世气候环境极端炎热干燥，四川盆地全面沙化和盐碱化（王全伟等，2008）。

古近纪末，前陆盆地及龙门山推覆构造带进入喜马拉雅构造演化旋回。喜马拉雅运动早幕又被称为四川运动，在龙门山南段及本区表现为强烈的北西—南东向挤压，造成侏罗系—古近系陆相红层褶皱隆起，遭受剥蚀，使盆地的边界显著东移，盆地面积大范围缩小。发生在古近纪—新近纪之间的四川运动具有重要意义，它结束了晚三叠世以来川、滇、黔大型红色盆地沉积的历史。

　　熊坡背斜、眉山向斜等褶皱的形成时代,尚缺乏直接证据。一般认为,川西凹陷为扬子陆块的拗陷区,自中生代以来沉积了巨厚的碎屑物,由于喜马拉雅运动的影响形成了一系列走向北东—南西向宽缓的箱状褶皱。李敬泽等(2015)认为,熊坡背斜隆起于(1.0±0.2)Ma B.P.之后,且中更新世早期及晚更新世曾发生过强烈活动,使背斜两侧第四系厚度产生明显差异。

## 二、芒硝矿空间分布

### 1. 矿床分布

　　四川省芒硝矿成因类型单一,为新津式沉积型芒硝矿。区域含矿地层白垩系上统灌口组和古近系古新统—始新统名山组总厚度大于 700 m,属连续沉积的两组蒸发岩建造。这套蒸发岩建造形成于成都—雅安一带的拗陷盆地中。龙门山南段山前地带出现的大套砾岩及含砾砂岩,称大溪砾岩,与灌口组及名山组层位大致相当。龙泉山以东、什邡广汉以北,只有下白垩统剑阁组、七曲寺组;乐山以南,白垩系、古近系不发育;在宜宾以北同时代地层中(三合组)未发现盐类矿产。

　　芒硝矿产出受古构造断陷盆地的控制,被三面高山(西有龙门山、邛崃山,东为龙泉山,南邻峨眉山)挟持。主要产出层位白垩系灌口组中的芒硝矿分布于川西凹陷盆地内的普兴—眉山凹陷、名山—邛崃凹陷、丹棱—洪雅凹陷;次要产出层位古近系名山组分布与白垩系灌口组大体相同,只是展布范围大为缩小,名山组沿开阔的向斜核部出露,矿床分布于雅安—名山—洪雅一带,如其上有古近系芦山组分布,对名山组矿层保存较有利。

　　成矿条件好,比较集中、规模较大的矿床赋存在名山—邛崃凹陷南西段、普兴—眉山凹陷北东段以及丹棱—洪雅凹陷内。上述三凹陷封闭条件良好,对沉积钙芒硝矿有利。由于构造的分割,各个芒硝矿空间分布多沿熊坡背斜外缘、牧马山(普兴场)向斜、眉山向斜、洪雅向斜、名山向斜、前阳向斜及雅安向斜。上述褶皱尤其是向斜,为区内主要的控矿构造,为盐类矿产的富集场所。

　　据古地理分析,龙门山前缘冲洪积扇相区,处于川西硫酸盐湖的西部,以大邑灌口、芦山双石剖面为代表,下部发育有厚层状砾岩。川西晚白垩世—始新世硫酸盐湖分为咸化湖泊中心亚相和咸化湖泊边缘亚相。在邛崃、蒲江一线,由于第四纪以来受灌口—熊坡隆起影响,含盐岩系遭遇强烈风化剥蚀,盐类矿物可能有少量残留;咸化湖泊中心亚相(灌口期),以大邑安仁、新津金华、彭山邓庙等钻井为代表,发育灌口组泥质岩-硫酸盐岩,名山组地层可能有少量残留;咸化湖泊中心亚相(灌口期+名山期),以名山丁家坝、洪雅联合等钻井为代表,发育灌口组及名山组泥质岩-硫酸盐岩,局部还有芦山组地层残留。咸化湖泊边缘亚相(灌口期),以广汉北外盐井为代表,灌口组厚度变薄,以泥质岩为主,近中心亚相地段有零星钙芒硝或硬石膏沉积;雅安—带咸化湖泊边缘亚相(灌口期+名山期)以对岩葫芦坝钻井为代表,灌口组及名山组以泥质岩为主,近中心亚相地段有少量硬石膏、钙芒硝沉积,未形成工业矿层。

以名山组地层发育程度为区别,咸化湖泊中心亚相大致可分为两个区域。对成矿有利的亚相,为面积宽阔的湖心、浅湖内部的这两个中心区域,有较广泛的钙芒硝和硬石膏沉积,相带平面形状似一大耳朵;由湖泊中心至边缘,钙芒硝沉积逐渐减少及消失。

### 2.芒硝成矿区带及矿集区划分

川西地区新津式芒硝矿成矿作用相对单一,成矿强度大;据统计35个矿床探明资源储量为209.18亿吨;从分布面积、累计厚度、探明资源来看,芒硝的成矿强度是中国其他地区不可比拟的。原地质部第七普查大队在龙泉山以西约1万平方千米地区开展钾盐普查时,通过62个钻孔资料预测的钙芒硝矿石量为2 100亿吨;四川省芒硝资源潜力评价2013年年初预测资源量为1 196.71亿吨。

除川西地区外,四川自贡和长宁发现有芒硝,因埋藏太深,暂难利用,故成矿区划的重点是在川西。《四川省区域矿产总结》划分了名山—黑竹钙芒硝远景区、大山岭—大洪山钙芒硝远景区、丹棱—洪雅钙芒硝远景区。但兴业矿区和七普圈定的温江—大邑(Ⅳ区)未划入远景区内。

四川省矿产资源潜力评价在全国统一划分的成矿区带基础上,对全省的Ⅳ级成矿带进行了划分,并圈定了矿集区。四川具一定规模的芒硝均位于四川盆地西部富钾、硼卤水-杂卤石-芒硝-天然气-砂金成矿带(Ⅳ级)内。从地质构造来看,熊坡背斜核部含矿地层剥蚀殆尽,以蒲江为中心,芒硝矿产地大致沿熊坡背斜周缘分布,可进一步划分出4个芒硝矿集区(参见图3-1)。

### Ⅰ 青龙—广济矿集区

矿集区面积862 km²,相当于前人所谓大山岭—大洪山远景区,位于彭眉凹陷(又称眉山—普兴凹陷)北东段,眉山向斜、牧马山向斜中。其间有七普西1、2、3、7井等钻孔对白垩系灌口组含矿层位进行控制。查明超大型矿床4处,大型矿床9处,中型矿床10处。1988年,四川省地质矿产局二〇七地质队为查明区内主要地段芒硝矿远景,对矿床做了较系统的控制,估算勘查区的资源量为$154 \times 10^8$ t(矿石量),提交《眉山、彭山硝区钙芒硝矿详细普查地质报告》。因名山组发育不全,或后期被剥蚀,远景区内未发现名山组芒硝矿。大山岭及牧马山向斜资源潜力已查明,目前保有资源量较大。

灌口组第二段为紫红色泥岩-钙芒硝岩建造,上含矿带在金华、大山岭、青龙等地风化淋滤剥蚀殆尽,而在彭山区公义—东坡区大洪山一带保存完好,上含矿带厚40~60 m,下含矿带普遍保存完好,厚50~60 m。查明矿体平均延深1 291 m(包括矿床风化淋滤带延深90 m)。矿床倾角较缓,一般为3°~20°,眉山向斜核部见矿深度未超过520~620 m(西2井至ZKP3-3),表明矿层埋藏仍然较浅。因第四系广泛覆盖、钻探工程少、构造不清,眉山向斜南东翼与盐井沟背斜的过渡地段,是灌口组与夹关组接触部位,资源潜力不详。

Ⅱ　张场—白塔矿集区

矿集区面积 286 km²,相当于前人所划丹棱—洪雅远景区,构造上位于三苏场背斜之西、丹棱—洪雅凹陷的洪雅向斜内,有七普西 6、8 井对白垩系灌口组和古近系名山组含矿层位进行控制。已查明丹棱县张场—洪雅县白塔 7 处芒硝矿床,有大型矿床 6 处,中型矿床 1 处,以及硝坝、高桥等矿点。

赋矿层位稳定,灌口组—名山组为紫红色泥岩-钙芒硝岩建造。灌口组和名山组矿层厚度较大,但名山组矿层仅分布于向斜核部,面积较小(芦山组覆盖之下,28.56 km²)。名山组之上段余光坡段,亦分上、下两个含矿带,上含矿带平均厚 84~90 m,下含矿带平均厚 45~90 m。

查明矿体平均延深为 953 m(包括矿床风化淋滤带)。矿集区构造简单,矿床倾角较缓,根据上覆地层和灌口组二、三段厚度推算,洪雅向斜核部矿层最大垂直深度约 1 500 m(联合矿段)。从资源量比例来看,该区矿层埋深较浅,500 m 及 1 000 m 以浅所占比例较大,仅向斜核部有少部分矿层深度为 1 000~1 500 m(全部资源量总体在 1 500 m 以浅,仅有极小范围超出,可忽略不计)。

Ⅲ　黑竹—名山矿集区

矿集区面积 623 km²,相当于前人所划名山—黑竹远景区,位于邛崃—名山凹陷南西段名山向斜中,其间有四川省地矿局一〇一地质队名 1、2、3、4、雅₃ 和七普西 11 井等钻孔,控制了白垩系灌口组和古近系名山组两个含矿层位。初步评价有红岩、永兴、南(楠)庙沟、硝泡沟、林碥、丁家坝、香花、姚桥等十余个矿床矿点,均属大型—特大型钙芒硝矿床远景。至 2012 年,区内查明有灌口组芒硝矿床 4 处(小河子、赵家山、南庙沟、草坝),包括大型矿床 1 处,中型矿床 3 处,有矿点 4 处(韩大桥、三里桥、桥炉子、对崖),矿化点 1 处(葫芦坝)。

该区赋矿层位稳定,灌口组—名山组为紫红色泥岩-钙芒硝岩建造,灌口组和名山组矿层厚度较大,但名山组矿层仅分布于向斜核部,面积较小(芦山组覆盖之下,名山向斜南部雨城区丁家坝附近 44.76 km²,名山向斜核部 171.23 km²)。根据上覆地层、灌口组二、三段厚度、名山幅地质图及名山向斜核部西 11 井~名 1 井等资料,查明及预测矿体累计最大垂直深度总体在 1 500 m 以浅。

Ⅳ　兴业矿集区

该矿集区位于西部天全县一带,面积为 88 km²。该区构造简单,赋矿层位稳定,灌口组第二段为紫红色泥岩-钙芒硝岩建造。已查明天全县兴业 1 处小型矿床,矿山建成已有多年。沿已知矿体外围和深部预测,具寻找大型矿床远景。矿集区所在前阳向斜南部扬起端,接近咸化湖泊中心亚相边缘,及新津式芒硝成矿区带边缘,区域内矿层厚度、品位的变化规律有待进一步调查。

### 3. 不同类型芒硝矿的空间分布

地表为盐溶（膏溶）角砾岩，井下为钙芒硝矿。

芒硝主要呈固态产出，有少部分呈硝水形态。清代至民国，川西乡民凿井取水熬硝，开采日盛，区域上分布有早期人工凿井形成的硝水点和盐硝水点。

安仁—苏场一带灌口组中上部产富氯化钠、富碘之地下卤水，由下而上可分为卤Ⅰ、卤Ⅱ、卤Ⅲ、卤Ⅳ计4个含卤层，其中以卤Ⅲ分布较为稳定，而其他3层品位低，卤量小，无工业价值。

## 三、芒硝矿时间分布

### 1. 芒硝成矿时代的确定

四川芒硝矿在时间上的分布具有集中性，有两个成矿期。大规模成矿作用发生在晚白垩世—始新世。从后期保存情况来看，晚白垩世地层的蕴藏量远远高于始新世地层。

晚白垩世是芒硝矿的主要成矿期，含矿岩系上白垩统灌口组，与下伏夹关组、上覆名山组均为整合接触，大部分地区灌口组顶部被剥蚀。含矿岩系灌口组和名山组的形成时代可代表芒硝成矿时代。

白垩纪生物地层目前主要以菊石、植物化石、双壳类、脊椎动物化石作为建带化石。《1：50 000 名山幅、马岭幅、草坝幅、洪雅幅区域地质调查报告》研究发现，本区白垩系特别是灌口组中介形虫类生物化石丰富，根据生物组合及其地层分布建立了一个介形虫类生物组合带，即 *Limnocy there helmifer-Candona extenuate-Cypridea* 组合带。

该组合带广泛分布于灌口组地层中，主要生物组分有：*Talicypridea chinensis*（Hou），*Candona extenuate* Li，*Lunicypris dongdangensis*（Hou），*Limnocythere helmifer* Li，*Cypridea* sp.。共生产出还有轮藻化石：*Gyrogona xindianensis* Z. Wang，*Porochara gonganzhaiensis* Z. Wang；*Peckichara cf. paomagangensis* Z. Wang。其中以 *Talicypridea chinensis*（Hou），*Lunicypris dongdangensis*（Hou），*Limnocythere helmifer* Li 最为丰富。介形虫 *Talicypridea chinensis*（Hou），*Candona extenuate* Li 和 *Lunicypris dongdangensis*（Hou）曾见于四川盆地上白垩统灌口组。*Talicypridea* 在我国陆相盆地晚白垩世地层中分布广泛，为晚白垩世特有的分子。同时在共生产出的轮藻化石中 *Pecnichara paomagangensis* Z. Wang，*Gyrogona xindianensis* Z. Wang 和 *Porochara gonganzhaiensis* Z. Wang 在全国许多地区上白垩统中有发现。综上所述，认为产该介形虫组合地层的时代为晚白垩世。

白垩系灌口组中孢粉化石丰富，《1：50 000 名山幅、马岭幅、草坝幅、洪雅幅区域地质调查报告》研究其地层分布及组合特征后建立了一个孢粉组合，即 *Schizaeois-*

porites(希指蕨孢属)-*Classopollis*(克拉梭粉属)-*Ephedripites*(麻黄粉属)组合。

区域内灌口组中含介形虫 *Limnocythere helmifer-Candona extenuate-Cypridea* 组合带及孢粉 *Schizaeoisporites-Classopollis-Ephedripites* 组合的地层时代均为晚白垩世。上、下白垩统的界线前人划分不一致,暂将上、下白垩统的界线划在灌口组底部。

古近纪始新世为新津式芒硝矿相对次要成矿期,含矿岩系名山组划分为上段(余光坡段)和下段(金鸡关段),上段余光坡段为钙芒硝富集层位。名山组沉积较细,夹石膏、钙芒硝,向西或向东变粗变厚,化学岩很少,有芒硝、石膏矿化。

区域内古近系中介形虫及轮藻类生物化石丰富,《1:50 000 名山幅、马岭幅、草坝幅、洪雅幅区域地质调查报告》依据组合及地层分布建立一个介形虫生物组合带及一个轮藻类生物地层。即介形虫 *Limnocythere yaanensis*(雅安湖花介)-*Cyprinotus subquadratus*(近方形美星介)-*Homoeucypris bacerusa*(角状纯真星介)组合带,轮藻 *Peckichara longa*(长形培克轮藻)-*Stephanochara funingensis*(阜宁冠轮藻)-*Gyrogona qianjiangic*(潜江扁球轮藻)组合带。

本区介形虫 *Limnocythere yaanensis*(雅安湖花介)-*Cyprinotus subquadratus*(近方形美星介)-*Homoeucypris bacerusa*(角状纯真星介)组合带位于测区名山组二段及芦山组地层中,该组合带的时代为始新世—渐新世。轮藻 *Peckichara longa*(长形培克轮藻)-*Stephanochara funingensis*(阜宁冠轮藻)-*Gyrogona qianjiangic*(潜江扁球轮藻)组合带分布于测区名山组-芦山组地层中,与天全幅的迟钝轮藻—培克轮藻—新轮藻组合带 *Amblyochara-Peckichara-Neochara Assemblage-Zone* 组合大体相当,其时代为古新世—始新世。从地层关系看,芦山组整合于名山组之上,据此认为名山组的年代地层应为古新统—始新统,名山组一段大致与古新统相当,名山组二段大致与始新统相当。而芦山组主要为渐新统,可能包括少量始新统上部地层。

根据中国显生宙各时代生物地层序列,前人在名山县城西大坪岗、名山县余光坡剖面发现的 *Sinocypris*, *Limnocythere* 介形虫类属古近系始新统建带化石。

2. 不同时代的芒硝矿规模

四川省晚白垩世、始新世芒硝矿呈层状、似层状,有稳定的层位,具有沉积型矿床的基本特征,这两个时代形成的矿床规模均以大型为主,属同一矿床类型。按不同时代统计矿床规模,结果如图 3-11 所示。

一般来说,芒硝查明硫酸钠资源储量超过大型规模下限的 5 倍即视为超大型矿床。四川省芒硝矿大型矿床所占比例较高(62.86%),中型矿床亦有一定比例。超大型矿床见于灌口组,名山组 3 个矿床规模均为大型矿床。所有芒硝矿床中大型矿床比例高,达 22 个,查明矿石量也最多,达 191.71 亿吨。

矿床数量、查明资源储量以上白垩统占绝对优势。上白垩统灌口组第二段所产矿床数量占 91.43%,查明矿石资源储量占 94.13%,查明硫酸钠资源储量占 93.78%;始新统名山组第二段所产矿床数量占 8.57%，查明矿石资源储量占 5.87%，查明硫酸钠资源储量占 6.22%。如图 3-12。

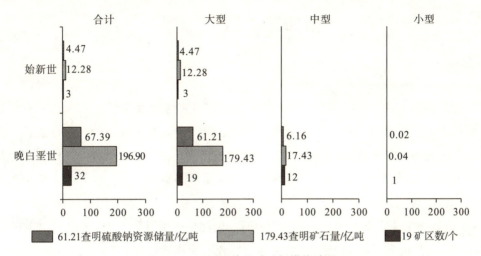

图 3-11　不同时代芒硝矿规模统计图

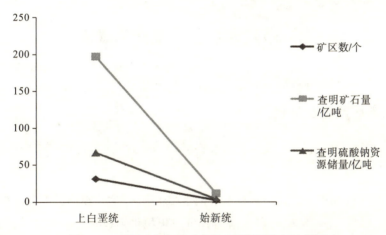

图 3-12　不同时代芒硝矿床及查明资源储量比例图

3. 不同时代的芒硝矿石类型

四川省芒硝矿类型单一，矿石以 I、Ⅱ 级品为主，大于 35% 的 I 级品占一半以上。白垩系、古近系碎屑岩中的芒硝矿床成矿特征基本一致，各矿区矿石类型均为钙芒硝矿。

# 第四章　石　　墨

石墨是由碳元素组成的矿物，与金刚石同是碳的同质多象变体。石墨是一种特殊的非金属矿产，但有金属的优良性能，具有耐磨、润滑、导热、导电性，有耐腐蚀、耐高温、高强度的性质；可用作耐火、导电、耐磨、密封、隔热、防辐射等材料。新能源、新材料石墨烯的研究与开发应用，将使石墨的应用范围更加广泛。世界上石墨资源主要分布在中国、捷克、墨西哥、印度、马达加斯加、乌克兰、巴西等国家。

《矿产资源工业要求手册》记载，中国石墨的储量居世界第一位；据《中国矿产资源报告2014》，截至2013年年底，中国晶质石墨查明资源储量达2.2亿吨。

## 第一节　四川省石墨资源概述

### 一、主要石墨矿产地及规模

#### 1. 石墨矿床数量

《四川省矿产资源年报(2014)》显示，截至2013年年底，全省共有石墨矿上表矿区4个。参考《四川省石墨矿单矿种资源潜力评价成果报告》(冉启瑜等，2012)等资料，补充矿点、矿化点(未上表单元)，截至2014年至底，全省有石墨矿产地23处。各矿产地成矿地质特征如表4-1所示。

表4-1　四川省石墨矿产地成矿特征一览表

| 序号 | 矿产地名称 | 规模 | 类型 | 成矿地质特征 |
|---|---|---|---|---|
| 1 | 南江县尖山 | 大型 | 坪河式石墨矿 | 米仓山基底逆冲带；米仓山成矿带；石墨矿主要赋存于中元古界火地垭群麻窝子组中部角砾岩中，矿体与角砾岩产状基本一致，石墨多沿角砾面或岩石裂隙分布，有时角砾岩普遍石墨化，在挤压带有时形成石墨片岩；石墨呈鳞片状及其集合体，鳞片粒径为0.074～0.01 mm，集合体为不规则状的团粒或呈细丝状。平均品位为7.89% |
| 2 | 南江县肖家湾 | 中型 | 坪河式石墨矿 | 米仓山基底逆冲带；米仓山成矿带；石墨矿赋存于中元古界火地垭群上两组王家河段中上部含石墨大理岩中。矿体出露长397 m，厚10.87～36.82 m，中有夹层两层，各厚1.22 m、0.90 m，属晶质细鳞层状石墨。平均品位为8.47% |

| 序号 | 矿产地名称 | 规模 | 类型 | 成矿地质特征 |
|---|---|---|---|---|
| 3 | 旺苍县<br>白岩子 | 矿点 | 坪河式<br>石墨矿 | 米仓山基底逆冲带；米仓山成矿带。矿化带长1 000 m，矿体呈透镜状，3个，单个长140 m，宽10 m，倾角为50°～70° |
| 4 | 南江县<br>坪河 | 中型 | 坪河式<br>石墨矿 | 米仓山基底逆冲带；米仓山成矿带；不规则透镜状、扁豆状，工业矿体13个，赋存于中元古界火地垭群麻窝子组下段白云质大理岩内，或霓霞岩与白云质大理岩接触带上。矿石以鳞片晶质石墨为主。石墨片岩固定碳为5%～20%，石墨大理岩固定碳为5%～10%；平均品位为13.50% |
| 5 | 旺苍县<br>刺巴门 | 矿点 | 坪河式<br>石墨矿 | 米仓山基底逆冲带；米仓山成矿带；石墨矿主要产于中元古界火地垭群麻窝子组上部厚层状白云质大理岩所夹石墨化片岩、石墨化大理岩中。矿体长130 m，厚约5.0 m，透镜状，倾角为48° |
| 6 | 旺苍县<br>大河坝 | 中型 | 坪河式<br>石墨矿 | 米仓山基底逆冲带；米仓山成矿带；矿体为似层状-透镜状，Ⅰ号长1 152 m，厚7.27 m，Ⅱ号长116 m，厚8.05 m。矿石具显微鳞片变晶结构，片状、条带状构造，分为含钒黑云晶质石墨、含钒晶质石墨两类矿石 |
| 7 | 南江县<br>向阳坡 | 小型 | 坪河式<br>石墨矿 | 米仓山基底逆冲带；米仓山成矿带。工业矿体4个，主要赋存于中元古界火地垭群麻窝子组白云质大理岩和碱性—超基性岩接触带的大理岩一侧。鳞片状晶质石墨，平均品位为16.14% |
| 8 | 旺苍县<br>火地垭 | 小型 | 坪河式<br>石墨矿 | 米仓山基底逆冲带，米仓山成矿带；石墨矿产于火地垭群麻窝子组下段。3个矿体，似层状-透镜状，Ⅰ号长1 300 m，平均厚13.7 m，Ⅱ号长520 m，平均厚14.0 m，Ⅲ号长1 000 m，平均厚10.5 m。固定碳含量为3.06%～35.92%，平均品位为11.73% |
| 9 | 旺苍县<br>白杨树垭 | 小型 | 坪河式<br>石墨矿 | 米仓山基底逆冲带，米仓山成矿带；石墨矿产于火地垭群麻窝子组下段。6个矿体，呈似层状-透镜状，Ⅰ号长214 m，厚12.12 m；Ⅱ号长198 m，厚9.64 m；Ⅲ号长265 m，厚4.79 m；Ⅳ号长151 m，厚6.59 m；Ⅴ号长134 m，厚2.94 m；Ⅵ号长77 m，厚1.94 m |
| 10 | 旺苍县<br>阴坝子 | 矿点 | 坪河式<br>石墨矿 | 米仓山基底逆冲带，米仓山成矿带。石墨矿产于火地垭群麻窝子组下段。矿体长度大于50 m，厚5.0～9.5 m，倾角为50° |
| 11 | 攀枝花市中坝 | 大型 | 中坝式<br>石墨矿 | 康滇基底断隆带，冕宁—攀枝花成矿带；含矿地层古元古界康定岩群冷竹关岩组，为含石墨云母石英片岩，呈残留体产于混合花岗岩中。自上而下有4个含矿层。矿体呈似层状、透镜状、扁豆状、条带状。矿石类型为云母石英片岩型晶质石墨。固定碳含量一般为3%～8%，最高为16.24% |
| 12 | 攀枝花市三大湾 | 矿点 | 中坝式<br>石墨矿 | 康滇基底断隆带，冕宁—攀枝花成矿带；矿区中部有大片花岗岩，矿体即产于花岗岩外接触带、康定岩群冷竹关岩组绢云母石英片岩中，矿体小，形态复杂 |
| 13 | 会理县<br>金雨 | 矿点 | 中坝式<br>石墨矿 | 康滇基底断隆带，冕宁—攀枝花成矿带；矿体产于古元古界康定岩群受混合岩化的中—深度变质岩、结晶片岩中；矿体呈透镜状、似层状，单个矿体长100～200 m |
| 14 | 彭州市<br>小银厂沟 | 矿点 | 区域变质型<br>石墨矿 | 龙门后山基底推覆带，安县—都江堰成矿带；矿体产于中元古界黄水河群黄铜尖子组绿泥石片岩或绿泥石石英片岩中，长1 200 m，平均厚度2 m。矿石为鳞片结构，片状或块状构造。矿石品位5.18%～9.37% |
| 15 | 彭州市<br>桂花村<br>一下炉房 | 矿点 | 区域变质型<br>石墨矿 | 龙门后山基底推覆带，安县—都江堰成矿带；矿体产于中元古界黄水河群黄铜尖子组绿泥石片岩或绿泥石石英片岩中，长1 500 m，厚8.7～27.6 m。根据石墨与石英含量差异可分为石墨片岩、石墨石英片岩两种矿石类型。矿石品位2.63%～7.45% |
| 16 | 汶川县<br>银杏坪 | 矿点 | 区域变质型<br>石墨矿 | 龙门后山基底推覆带，安县—都江堰成矿带；矿体产于中元古界黄水河群黄铜尖子组绿泥石片岩或绿泥石石英片岩中 |
| 17 | 盐边县<br>新街田 | 小型 | 区域变质型<br>石墨矿 | 康滇基底断隆带，盐边成矿带；含矿地层中元古界盐边群，岩浆岩为辉长岩体边缘相辉长闪长岩，以该边缘相内的石墨石英片岩捕房体为勘查对象，圈定3个矿体。SK1长135 m，厚25 m；SK2长30 m，厚14 m；SK3长35 m，厚1.6 m。平均品位为9.93% |

| 序号 | 矿产地名称 | 规模 | 类型 | 成矿地质特征 |
|---|---|---|---|---|
| 18 | 盐边县田坪 | 矿点 | 区域变质型石墨矿 | 康滇基底隆起带,盐边成矿带;含矿地层中元古界盐边群。地表工程揭露,圈出 4 个矿体。Ⅰ矿体长 700 m,厚 34.85 m;Ⅱ矿长 450 m,厚 35.73 m;Ⅲ矿体长 350 m,厚 36.88 m;Ⅳ矿体长度不详,厚 30.63 m |
| 19 | 盐边县大箐沟 | 矿点 | 区域变质型石墨矿 | 康滇基底断隆带,盐边成矿带;含矿地层为中元古界盐边群。地表工程揭露,圈出 4 个矿体,矿体呈层状、似层状。Ⅰ矿体长 1 800 m,厚 17.56 m;Ⅱ矿体长 750 m,厚 19.37 m;Ⅲ矿体长 1 000 m,厚 15.24 m;Ⅳ矿体长 1 200 m,厚 41.33 m |
| 20 | 盐边县青林 | 矿点 | 区域变质型石墨矿 | 康滇前陆逆冲带/康滇基底断隆带,盐边成矿带。含矿地层为中元古界盐边群 |
| 21 | 攀枝花市大麦地 | 矿点 | 区域变质型石墨矿 | 康滇基底断隆带,盐边成矿带;含矿地层为中元古界盐边群 |
| 22 | 攀枝花市芭蕉箐 | 小型 | 区域变质型石墨矿 | 康滇基底断隆带,盐边成矿带;含矿地层为中元古界盐边群。地表工程揭露,圈出 9 个矿体,长 42~497 m,厚 1.29~9.12 m。矿体呈透镜状、似层状 |
| 23 | 攀枝花市硝洞湾 | 小型 | 区域变质型石墨矿 | 康滇基底断隆带,盐边成矿带;含矿地层为中元古界盐边群。Ⅰ矿体长 630 m,厚 3.12~9.80 m;Ⅱ~Ⅸ矿体长 82~222 m,厚 2~16.05 m。地表工程及少许钻孔揭露,矿体呈透镜状,少量似层状 |

此外,在川西高原巴塘县苏洼龙有松龙石墨矿化点,石墨呈脉状、不规则团粒状、散集状分布在石英闪长岩体北端的破碎带中,规模甚小。

#### 2.石墨矿床规模

根据《四川省矿产资源年报(2014)》、《四川省石墨矿单矿种资源潜力评价成果报告》等资料,截至 2014 年年底,全省有查明资源储量(矿物量)的 11 个矿床中,超过 100 万吨的大型(含超大型)石墨矿床 2 个,占查明矿床总数的 18.18%;大于 20 万吨的中型石墨矿床 3 个,占总数的 27.27%;小于 20 万吨的小型石墨矿床 6 个,占总数的 54.55%。

## 二、已查明资源量及地理分布

石墨是四川优势矿产之一,晶质石墨多年来查明资源储量名列全国前茅。据《2014四川省国土资源公报》,截至 2014 年年底,晶质石墨在全国查明矿产资源储量中排第 2位。四川省石墨矿产分布集中,质量优良,矿石类型以晶质鳞片石墨为主,多数矿产地伴生有钒矿。

#### 1.已查明的石墨资源

以晶质石墨矿物为计量对象,根据《四川省矿产资源年报(2014)》,截至 2014 年年底,全省资源储量 2 095.43 万吨,其中基础储量 274.0 万吨(矿物量)。

据全省 23 个矿产地(表 1-1)中 11 个小型以上矿床提交的储量统计,全省探获晶质石墨资源量 2 206.93 万吨。

## 2.地理分布

四川省石墨矿产地(矿床、矿点)分布以米仓山、攀西地区较为集中(图 4-1),查明资源储量的地理分布也相当集中。从全省来看(图 4-2),查明石墨资源储量主要分布于攀枝花、巴中、广元地区。以晶质石墨矿物量计算,三市累计探获资源储量分别为 1 591.22万吨、537.53 万吨、78.18 万吨。目前全省石墨矿保有资源储量(矿物量,图 4-3)排在前二位的为:攀枝花(1 555.21 万吨)、巴中(540.23 万吨)。

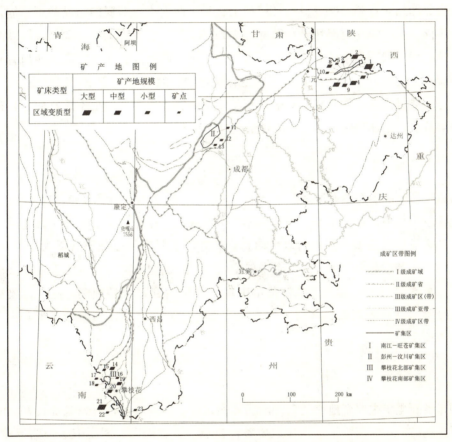

图 4-1 四川省石墨矿产地及矿集区分布图(矿产地名称见表 4-1)

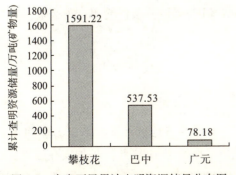

图 4-2 全省石墨累计查明资源储量分布图

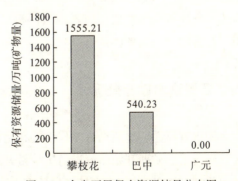

图 4-3 全省石墨保有资源储量分布图

## 三、四川省石墨资源特点

根据结晶程度,石墨分为晶质(鳞片状)石墨和隐晶质(土状)石墨二类。四川是我国晶质石墨主要蕴藏区之一。四川省石墨资源具有如下特点。

### 1.以晶质石墨为主

石墨分为晶质石墨(又称鳞片石墨)和土状石墨两大类。石墨的结晶类型不同,工业要求也不同。晶质鳞片石墨用途广,对原矿或风化矿品位要求低,一般 2.5% 以上即达工业品位。而土状石墨用途较狭窄,可选性差,对原矿品位要求也较高。四川省石墨多产于前震旦系变质岩系地层中,具有固定含矿层位,属沉积变质型,以晶质石墨为主,可选性好,质量优良。省内晶质石墨矿石品位总体属于中等,但也不乏富矿石,矿石中石墨呈鳞片状,结晶程度较高,杂质含量较少,易于采选。

### 2.分布比较集中

区域变质型晶质石墨矿产地沿米仓山—龙门山—攀西地区断续分布,以米仓山地区、攀西地区较为集中,11 个石墨工业矿床集中分布在巴中市南江县、广元市旺苍县、攀枝花市仁和区及盐边县 4 个县级行政区内。全省查明石墨资源以晶质石墨为主,大、中、小型规模矿床各占一定比例。查明资源储量(矿物量)超过 100 万吨的大型矿床 2 个,占查明矿床总数的 18%,其中,攀枝花市中坝石墨矿达到超大型规模。此外,数量不多(13 个)、地质工作程度低、具资源潜力的石墨矿点,也比较集中地分布米仓山—龙门山—攀西地区。

### 3.开发条件较好

四川省石墨矿主要产地交通条件较为方便,且矿床埋藏浅,开发条件较好。南江坪河石墨矿,825 m 标高以上,水文地质条件简单,适宜露采,主要依靠公路运输为主,距广旺铁路 75 km,交通条件方便。攀枝花市中坝石墨矿,以公路运输为主,距铁路、高速公路较近,虽然地形切割剧烈,相对高差大,但水文地质条件简单,露采剥采比较小,具备露天开采条件。

## 四、石墨资源勘查概况

四川省石墨资源的勘查工作主要在南江、旺苍和攀西等地区开展。早在 1923 年,在南江坪河石墨矿即开始断续进行了少量开采。地质工作始于 1931 年,杨伯安在旺苍县蜡烛河找到石墨矿,至 1952 年,先后有李陶、侯德封等在南江、旺苍、广元一带进行石墨矿产调查。

20世纪五六十年代，先后有冶金部地质局川鄂分局六〇七队、四川省地质局达县队对南江县坪河石墨矿开展过普查和详查；70年代四川省非金属地质矿产公司一队进行了勘探，提交了《南江县坪河石墨矿勘探报告》和《南江县坪河向阳坡石墨矿床补充深部工作报告》。1977年，四川省地质局四〇七队对南江尖山石墨矿进行了普查。目前，南江坪河石墨是四川省细鳞片石墨主要开采矿山之一。

1957年，四川省地质局攀枝花铁矿勘探队在中坝乡扎壁村一带发现了石墨石英片岩；1979年，四川省冶金地质勘探公司发现了晶质石墨；1985年，四川省地质矿产局一〇六地质队开展普查，1987年转入详查，探明中坝矿区为一个大型晶质石墨矿床。1991年该矿区建成石墨采选企业。

其他部分矿床点不同程度地开展过少量调查工作，先后提交过《攀枝花市新生石墨矿普查地质报告》、《盐边县大箐沟石墨矿区普查地质报告》、《盐边县惠民乡田坪石墨矿区普查地质报告》、《南江县肖家湾石墨矿普查地质报告》、《南旺地区含钒石墨矿床初步普查报告》。

# 第二节　石墨矿床类型

## 一、石墨矿床类型划分

《矿产资源工业要求手册》将石墨矿床划分为4种类型。①片麻岩大理岩透辉石岩混合岩化型石墨矿床；②片岩区域变质岩型晶质石墨矿床；③花岗岩混染同化型晶质石墨矿床；④含煤碎屑岩接触变质型土状石墨矿床。

谭冠民等(1994)在《中国矿床》一书中，将国内石墨矿床按成因划分为区域变质型石墨矿床、接触变质型石墨矿床及岩浆热液型石墨矿床三种类型。其中以区域变质型晶质石墨矿床最多，其次为接触变质型土状(隐晶质)石墨矿床，岩浆热液型晶质石墨矿床较少。三种类型石墨矿床的主要特征如下。

### 1.区域变质型石墨矿床

此类石墨矿床是我国的主要类型。矿床赋存于前寒武纪的中、深变质岩系中，原岩建造多属黏土岩-碳酸盐岩-基性火山岩，石墨矿层往往赋存在其上部富碳酸盐部位。矿体受沉积变质作用控制，产状多与围岩产状一致，呈层状、似层状或透镜状。石墨呈鳞片状结晶较均匀分布，以晶质石墨为主。矿石品位不高，但可选性好，精矿质量好。有的矿床含硫、钛、钒、磷等可综合利用。矿床规模多为中—大型。

### 2. 接触变质型石墨矿床

此类型矿床占中国已知石墨矿床的 14%，是中国石墨矿床中较主要的工业类型。接触变质型石墨矿床成因是岩体侵入煤系地层引起煤层接触变质而成，含矿岩系原岩为砂页岩等，变质后为板岩、千枚岩、硅质岩及绢云母石英岩和凝灰质砂岩等，无烟煤变质为石墨；二者之间通常都存在一个过渡带，即煤与石墨混生的半石墨带。矿体形态一般复杂，以土状(隐晶质)石墨为主，品位较高，矿石精选困难，矿床规模以中、小型为主。

### 3. 岩浆热液型石墨矿床

此类型矿床较为少见，仅发现于新疆、西藏等地。该类型包括产于花岗岩的接触带的与岩浆岩有关的石墨矿床，以及与热液有关的石墨矿。矿体产于花岗岩、花岗伟晶岩的接触带或裂隙中，形态较复杂，呈透镜状、囊状，有的石墨呈团块状或鳞片状分布于花岗岩中。矿石品位不高，矿床规模较小。

## 二、四川石墨矿床类型

《四川省区域矿产总结》把全省石墨矿分为沉积变质型和接触变质型两个类型，并以南江县尖山为接触变质型的代表。《四川省石墨矿单矿种资源潜力评价成果报告》(冉启瑜等，2012)沿用这一划分方案，并参照全国矿产资源潜力评价关于预测方法类型划分要求，定为变质型。

《中国矿床》把石墨矿床划分为区域变质、接触变质、岩浆热液三种类型，其中接触变质型石墨矿床成因是煤层与岩浆岩接触变质再结晶所致，无烟煤变质为石墨，以隐晶质土状石墨为主。南江县尖山石墨矿主要赋存于中元古界火地垭群麻窝子中部角砾岩中，石墨呈鳞片状，与同产于该区的区域变质型坪河石墨矿有比较相似的成矿地质环境。《中国矿床》将南江火地垭群所产石墨归入区域变质型石墨矿床。按照该划分方案，四川省具工业价值的石墨矿床的成因类型单一，主要为区域变质型。

## 三、主要类型的基本特征

### 1. 区域变质型石墨矿分布

本类型是四川省石墨矿床主要类型，已发现的矿产地主要沿米仓山—龙门山—攀西地区断续分布，以米仓山、攀枝花地区较为集中。石墨矿主要产于元古代火地垭群、黄水河群、峨边群和会理群及康定群等古老变质岩系，主要赋存于大理岩、片岩、片麻岩中。矿床经历地质年代久远，往往受多期构造、岩浆和变质作用叠加影响，地质构造复杂，常伴随侵入岩浆活动，混合岩化广泛发育。

目前全省发现的矿床大、中、小型石墨矿床以产于火地垭群、康定岩群的晶质石墨为主。矿体分布具有一定层位，一般有多层。矿体形态呈似层状或透镜状。常见的矿石自然类型有石墨片岩、含石墨大理岩，不常见的有含石墨角砾岩、碎裂石墨矿。四川石墨矿主要分布在南江—旺苍、盐边—攀枝花两个地区，南江—旺苍的石墨矿产于中元古界火地垭群麻窝子组地层中；盐边—攀枝花的石墨矿产于古元古界康定岩群冷竹关岩组中，周围被混合花岗岩包围。

此外，在攀西地区中元古界盐边群地层中有若干石墨矿点，个别可达小型；龙门山中段彭州、汶川石墨矿见于黄水河群变质岩系中，均为矿点，工作程度低；巴塘及其他地区仅为石墨矿化。

### 2. 主要成矿条件

本类型石墨矿主要成矿条件包括：变质作用、含矿岩系及建造类型、成矿时代。

#### 1）变质作用

在变质成矿作用过程中，温度、压力以及气水溶液对成矿有重要的意义。区域变质作用温度升高的原因主要是深部热流的上升。按照四川变质地质单元划分方案，全省石墨矿产地主要分布在扬子变质区的康定—攀枝花、盐边、宝兴—南江三个变质带。这些变质岩带以褶皱、断裂构造发育、岩浆活动强烈为主要特征。混合岩化作用、构造、岩浆活动对石墨的形成有重大影响，构造提供了岩浆和热液活动的通道，为提供热源的必备条件。岩浆和后期热液活动提供热源，促进了石墨的形成和重结晶作用。

#### 2）含矿岩系及建造类型

矿床（点）层控特征明显。全省 23 个矿床（点）产于中元古界火地垭群麻窝子组 9 个，含矿建造主要为含碳碳酸盐岩；产于中元古界火地垭群上两组 1 个，含矿建造亦含碳碳酸盐岩；产于古元古界康定岩群（冷竹关岩组）3 个，含矿建造为沉积变质碎屑岩；产于中元古界黄水河群黄铜尖子组 3 个，含矿建造为沉积变质碎屑岩；产于中元古界盐边群 7 个，含矿建造为沉积变质碎屑岩。

#### 3）成矿时代

四川省石墨矿多赋存于前震旦纪变质岩系中，坪河式区域变质型石墨矿赋存于中元古代地层中，中坝式区域变质型石墨矿赋存于古元古代地层中。古—中元古代是扬子陆块基底形成时期。受变质地体包括康定岩群、会理群、盐边群、登相营群、峨边群、黄水河群、盐井群、碧口群、火地垭群等，属区域低温动力变质作用，变质作用程度多为绿片岩相，部分达角闪岩相。据 K-Ar、Rb-Sr、U-Pb 法年龄值资料统计，以 1 000 Ma～800 Ma 一组数据居多。因各矿床中缺乏同位素年龄测试数据，尚难以准确地判断石墨矿的成矿时代。

### 3.成因分析

四川省区域变质型石墨矿产于前寒武纪古老变质杂岩,如火地垭群、黄水河群、盐边群、康定岩群中。原岩建造多属黏土-碳酸盐-基性火山岩,下粗上细。石墨层大多赋存在上部富碳酸盐部位,原岩沉积于近陆源浅海区,还原条件良好,普遍含硫、钛,古元古代以后的含矿建造含钒及磷。含矿岩系变质程度深,普遍达到角闪岩相至麻粒岩相;温压条件比较宽,以低中压、中高温常见,属于热流或热流动力变质,混合岩化作用一般较广泛且对石墨的粗化及碳的局部迁移产生影响。

石墨形态多种多样,有中晶鳞片嵌布于主要造岩矿物间,有尘状微晶被包裹于长石和透辉石晶体中,有细晶鳞片与再生隐晶石英微粒构成变斑晶,有粗晶鳞片与重结晶石英构成石墨石英脉等。不同世代的石墨叠置交生,展示了石墨晶簇的多期性和碳质的多源性。

区域变质石墨矿床周围广泛发育混合岩化作用,有的还相当强烈,混合岩化对石墨鳞片的粗化作用,增加了矿石中大鳞片比例,从而提高了矿床的工业价值。但如遇有长英质脉体的加入,又会导致矿石品位的降低。

### 4.矿床式

四川石墨矿为区域变质型,主要分布在米仓山和攀西两个地区,南江县坪河、攀枝花市中坝石墨矿工作程度高,是这两个地区的代表。因此,《中国矿床发现史·四川卷》(张云湘,1996)将南江县坪河、攀枝花市中坝收录为四川省石墨矿代表性矿床;《四川省石墨矿单矿种资源潜力评价成果报告》选择南江县坪河、攀枝花市中坝为典型矿床。按照典型矿床选择需考虑代表性、完整性、特殊性、专题性、习惯性的原则,以及矿床式的概念(陈毓川等,2010),本书也把这两个矿床分别作为坪河式、中坝式石墨矿的典型矿床。

坪河石墨矿床位于四川省南江县坪河乡境内,为一老矿山,是四川境内开发时间最早的石墨矿。该矿床进行过初勘,查明资源储量规模为中型,地质工作程度高,形成的地质条件和控矿因素具有代表性,是米仓山地区产于火地垭群中区域变质型石墨矿的典型矿床。

中坝式石墨矿集中分布于盐边—攀枝花地区。中坝矿床是该地区唯一的大型石墨矿,经详查提交的资源储量达超大型,地质工作程度最高,成矿地质特征具有代表性,是攀西地区区域变质型中坝式石墨矿的典型矿床。

# 第三节　典型矿床成矿模式

## 一、中坝式石墨矿

### 1.概况

中坝石墨矿区位于攀枝花市南西的扎壁至石窝铺一带，属仁和区中坝乡所辖。该矿床为区域变质型石墨矿床，矿床经四川省地质矿产局一〇六队地质队进行普查及详查，累计查明晶质石墨矿物资源储量为大型矿床。矿石类型为晶质石墨，固定碳品位一般为3%～8%。已建成年产石墨精矿3 000 t的选矿厂。

### 2.矿床地质特征

#### 1)地层

中坝矿区出露地层为康定岩群冷竹关岩组，局部有新近系—第四系盖层昔格达组，混合花岗岩围绕外围分布(图4-4)，长2 595 m，宽125～1 086 m，面积为1.32 km²。含矿岩系冷竹关岩组被混合花岗岩包围，出露岩层总体走向北东60°，向南东陡倾斜，倾角为60°～80°，为一单斜构造。主要含矿岩系为白云(绢云)石英片岩、黑云母石英片岩、二云石英片岩及少量石榴子石英片岩、斜长角闪片岩等，在矿体及围岩中，可见辉绿岩、煌斑岩类基性脉岩及混合花岗岩脉。

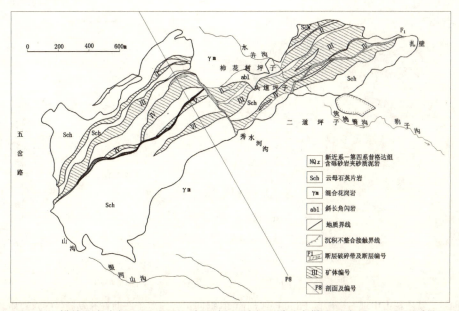

图4-4　攀枝花市中坝石墨矿区地质图(据四川省地质矿产勘查开发局一〇六地质队)

冷竹关岩组原岩为酸性火山岩、凝灰岩及碎屑岩；咱里岩组原岩是基性火山岩及同期侵入的基性-超基性岩。这种由基性火山岩-酸性火山岩-正常沉积岩等两分或三分结构的岩类组合被认为是四川扬子地区结晶基底的普遍模式。

2)构造

本区大地构造属上扬子陆块康滇前陆逆冲带康滇基底断隆带中段。前震旦纪混合花岗岩(黑云母花岗岩、花岗片麻岩、石英闪长岩等)构成背斜(背形)核部，元古界康定岩群冷竹关岩组岩层分布于两翼，其上零星分布上震旦统、下寒武统、下二叠统及三叠系地层。混合花岗岩呈北东—南西方向延伸，矿区即位于该岩体北东端。

矿区断层发育有三组：北东、南北向和东西向。北东向为走向断层有明显的断层面和挤压带，压劈理和挤压片理及断层泥，糜棱岩发育，有后期基性岩脉贯入，常造成矿体重复，属压扭性。南北向和东西向断层，有较宽的断裂破碎带，断面时隐时现，含矿岩层常有错动，断距较小，属张扭性断层。纳拉箐断裂由矿区南西部通过，为规模较大的逆断层。

3)变质岩

攀枝花一带，古元古界康定岩群上部岩组为冷竹关岩组，下部为咱里岩组。冷竹关岩组主要岩石为白云(绢云)石英片岩、斜长角闪片岩、绢云石墨片岩、石榴子石英片岩，构成石墨矿体及含矿围岩；咱里组由混合片麻岩、斜长角闪片麻岩、斜长角闪岩组成。

4)矿体特征

主要矿体集中赋存在含矿岩系中部，彼此平行重叠产出(图 4-5)。矿体呈似层状、透镜状、扁豆状、条带状，产状与含矿岩系一致。矿区具一定规模的矿体有 6 个。顶部和

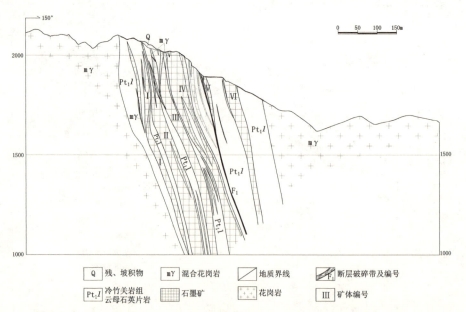

图 4-5　攀枝花市中坝石墨矿区 P8 勘探线剖面图(据四川省地质矿产勘查开发局一〇六地质队)

底部含矿片岩层中，多为厚度不大的薄矿层，较分散，与片岩呈互层。厚度大的石墨矿体主要赋存于含矿岩系的中下部，矿体受断层和混合花岗岩化破坏程度较小。

从纵向上看，含矿岩系冷竹关岩组自上而下划分为4个含矿层。

(1)①含矿层：包括平面上所圈Ⅵ矿体。白云母（绢云母）石英片岩、黑云母石英片岩、二云母石英片岩夹2或3层石墨矿体。由于遭受混合花岗岩吞噬及断层破坏，保存厚度极不一致，为0～400 m。

(2)②含矿层：主要含矿层之一，包括平面上所圈Ⅴ矿体。由石墨矿层夹1～3层白云母石英片岩组成。含矿率为80%，厚度为33.24～87.38 m。

(3)③含矿层：主要含矿层之一，包括平面上所圈Ⅱ、Ⅲ、Ⅳ矿体。上部为白（绢）云母石英片岩，层位较稳定，厚8.20～52.01 m。中、下部为石墨矿层，夹1或2层薄层云母石英片岩，厚95.59～225.81 m。矿体稳定，含矿率达85%。

(4)④含矿层：包括平面上所圈Ⅰ矿体。白（绢）云母石英片岩、黑云母石英片岩、二云母石英片岩夹一薄层石墨矿体组成。由于混合花岗岩破坏，各地段保留的厚度差异很大，厚0～21.32 m，延长有限。矿体呈似层状、透镜状、扁豆状、条带状，出露长度2 500 m，控制长约2 200 m，宽85～330 m，平均约为200 m，含矿率为55%～60%。单个矿体已控制矿体长度800 m，沿倾斜延深750 m，厚4～75 m。

两个厚大矿体由P6、P8、P10勘探线8个钻孔控制，两个主矿体赋存层位、沿走向、倾向延伸较稳定。钻孔中各矿体真厚度、平均品位如表4-2。

表4-2　中坝石墨矿床矿体真厚度、平均品位统计表

| 勘探线编号 | 1含矿层矿体 | | | | 2含矿层矿体 | | | | 3含矿层矿体 | | | | 4含矿层矿体 | | | |
| --- | --- | --- | --- | --- | --- | --- | --- | --- | --- | --- | --- | --- | --- | --- | --- | --- |
| | 表内矿石 | | 表外矿石 | | 表内矿石 | | 表外矿石 | | 表内矿石 | | 表外矿石 | | 表内矿石 | | 表外矿石 | |
| | 真厚度/m | 平均品位/% | 真厚度/m | 平均品位/% | 真厚度/m | 平均品位/% | 真厚度/m | 平均品位/% | 真厚度/m | 平均品位/% | 真厚度/m | 平均品位/% | 真厚度/m | 平均品位/% | 真厚度/m | 平均品位/% |
| P2 | | | | | 56.34 | | | | | | | | | | | |
| P3 | | | | | 22.07 | | | | 123.78 | | | | 36.53 | | | |
| P4 | | | | | 36.33 | | | | 204.11 | | | | | | | |
| P5 | | | | | 36.33 | | | | 110.17 | | | | 13.23 | | | |
| P6 | | | | | 47.89 | 5.30 | 9.21 | 3.23 | 143.07 | 8.03 | 3.15 | 4.76 | 44.43 | 4.99 | | |
| P8 | 18.19 | 4.65 | 5.02 | 3.09 | 24.98 | 5.88 | 24.44 | 3.12 | 118.75 | 5.26 | 4.08 | 2.81 | | | 27.29 | 3.57 |
| P10 | 41.69 | 4.37 | 5.46 | 3.98 | 32.59 | 4.44 | 11.27 | 3.92 | 88.74 | 5.78 | 28.13 | 2.84 | 7.50 | 6.73 | 7.35 | 3.77 |
| P12 | | | | | 28.55 | | | | | | | | | | | |
| 平均 | 29.94 | 4.71 | 5.24 | 3.55 | 36.70 | 5.17 | 14.97 | 3.34 | 116.74 | 6.53 | 11.79 | 3.01 | 25.43 | 5.24 | 17.32 | 3.61 |

5)矿石特征

矿石矿物主要为石墨（5%～13%）。脉石矿物有石英（50%～80%）、云母（10%～30%），少量长石、金红石、褐铁矿、磁铁矿、黄铁矿、毒砂、磷灰石、黝帘石、电气

石、石榴子石、红柱石、矽线石，偶见榍石、锆石、绿泥石、方解石。

石墨矿物呈鳞片状、不规则片状，偶见叶片状和不规则板状。鳞片状石墨略呈等轴状，片径一般为 0.05～0.5 mm，最大可达 2 mm；叶片状者片径为 0.02 mm×0.15 mm～0.15 mm×0.70 mm。石墨鳞片粒度＋100 目含量为 28.04％～58.20％(其中，东矿段为 35.71％～53.99％，西矿段为 28.04％～58.20％)。

石墨多以填隙状分布于石英间，也见被石英、绢云母、硫化物所包裹。石墨常以鳞片集合体或不规则叶片集合体出现，也见星散状、线条状，偶见不规则石墨团块和呈挤压状、波纹状、网状集合体沿岩石裂隙分布。石墨连晶或聚晶呈波纹状定向延伸。

矿石自然类型为晶质石墨，工业类型为晶质(鳞片状)石墨矿石。矿石中云母石英片岩型石墨矿占 95％以上，按云母种类不同，又可分为白云(绢云)母石英片岩型(90％以上)和二云母石英片岩型；偶见斜长石英岩片型石墨矿和白云母斜长石英片岩型石墨矿。

矿石结构主要为鳞片粒状变晶结构，次为细-中粒齿状镶嵌变晶结构。矿石构造以片状构造为主，次为条纹状、条带状及星散状构造。

根据基本分析成果统计，矿石成分中固定碳一般为 3％～8％，最高为 16.24％。水份为 0.03％～0.50％，最低为 0，最高为 2.14％。灰份为 87％～95％，最低为 82.34％，最高为 96.87％。挥发份为 1.2％～3％，最低为 1.08％，最高为 4.98％。

中坝石墨矿石品位不高。经选矿试验，原矿品位 7.04％，粗磨粗选后，粗精矿二次再磨，五次精选，获固定碳含量为 89.80％、回收率 80.67 ％的工业石墨精矿。

对含矿岩石和矿石进行试金分析，含金量为 0.012～0.087 g/t。

据工程控制资料，P4 线及 P10 线两段矿化最强，矿体较集中(主要分布在Ⅱ、Ⅲ含矿层中)，品位较高，以表内矿石为主，单个样品固定碳含量一般为 5％～6％，最高达 16.24％。其他地段，矿化较弱，矿体较分散，品位较贫，有一定的表外矿，固定碳含量为 2.50％～3.98％。

全矿区Ⅱ、Ⅲ含矿层厚度加权平均品位，表内矿石为 6.20％，表外矿石为 3.19 ％。

3.成矿模式

石墨常见于变质岩中，是碳质物变质而成，碳质含量是决定石墨矿化和富集的主要因素。中坝式石墨矿是由富含碳质的碎屑岩经区域变质，形成石墨矿床。原始碳质来源于呈夹层产出的粉砂质及砂质页岩中的有机碳。

前震旦纪，沉积地层普遍经受区域变质作用，变质程度各地大体一致，古元古界含矿地层一般为低绿片岩-角闪岩相，由北向南变质增强。由于受强烈的构造挤压，地层产生复式褶皱，并在褶皱轴部产生压性或压扭性断裂，沿断裂产生挤压破碎带，使岩石强烈片理化、糜棱岩化，使矿源层中业已变质的土状石墨重结晶，变为细鳞片状石墨，并在应力作用下使矿物定向排列。

由于区域构造作用应力方向的改变，使早期形成的压性或压扭性断裂面启开，岩浆沿启开的断裂侵入，对周围岩石产生接触变质及交代作用。在熔体高温条件下，围岩产生透辉石化、透闪石化等接触变质的同时，石墨矿中的绢云母变为黑云母，部分重结晶成白云母，石墨鳞片亦随之增大。此外，在岩浆侵入围岩过程中，同化了围岩中部分有机碳，沿裂隙形成脉状石墨矿。

中坝石墨典型矿床成矿模式(图 4-6)可概述为 3 个发展阶段。

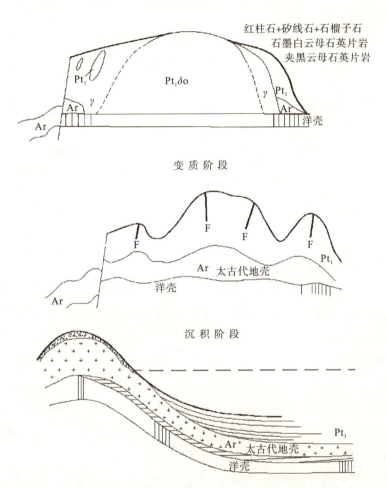

图 4-6 中坝石墨典型矿床成矿模式图

Ⅰ浅海沉积阶段。经古陆风化形成的含碳质黏土质细碎屑物，被海水携带至浅海还原环境，沉积形成碳质黏土质粉砂-细砂岩。沉积时限推测为古元古代。

Ⅱ区域变质阶段。大田—宝兴山的中元古界河口(岩)群出露厚 4 000 m 左右；早期资料显示，康定岩群冷竹关岩组(原称大田组)厚度>3 900 m，区域上，古元古界康定岩群厚度>4 460 m。区域变质作用，叠加动力和混合岩化作用，变质程度最高达角闪岩相。其含碳的部分变质形成碳质片岩或石墨片岩(白云母石英片岩)。

Ⅲ混合岩化作用阶段。在康滇基底断隆带，混合岩化作用表现明显，致使康定岩群、河口(岩)群部分发生深熔,近地壳熔浆形成大田石英闪长岩,其边缘为混合花岗岩。《四川省区域地质志》认为区域变质作用、混合岩化作用时限在 1 900 Ma~1 700 Ma。含石墨地层多被深熔,仅少部分形成混合花岗岩的残留体或在花岗岩的边部。中坝矿床为"残留体",而三大湾石墨矿则发育在花岗岩南东边部。由于该期区域变质作用和混合岩化作用,促成石墨鳞片加长变大,形成能为工业利用的晶质石墨矿床。

## 二、坪河式石墨矿

### 1.概况

坪河矿区位于南江县城北西,属坪河乡所辖。坪河为一老矿山,20 世纪 20 年代开始采矿,50 年代以后,先后开展普查和详查,目前为四川省重要的石墨生产基地。该石墨矿床为区域变质型,西部坪河矿段经过勘探,属中型矿床;坪河以东为向阳坡矿段,为小型矿床。

### 2.矿床地质特征

#### 1)地层

矿区出露地层主要为中元古界火地垭群麻窝子组,区域上该组分上下二段,上段由板岩、结晶灰岩、大理岩夹碳质板岩组成,下段为白云大理岩,石墨片岩。在矿区麻窝子组出露不全,可见厚度 400 m 以上。上段仅出露于矿区北西侧,有的呈捕虏体零星分布于碱性杂岩体中(图 4-7)。

石墨矿赋存于麻窝子组下段,由下向上构成由粗—细粒级旋回。下段下部为厚层状变质石英质砾岩、石英砂岩、含砾砂质白云质大理岩夹石英砂岩,黑云母石英片岩等;上部为含矿层,由厚层块状灰岩(变质为白云大理岩)夹炭质板岩(变质为二云母片岩、绢云母片岩等)、炭质硅质板岩组成的多韵律结构,大理岩中夹石墨片岩,并含石墨矿,靠顶部有滑石化、硅石、蛇纹石化、透灰石化等蚀变现象。

麻窝子组下段属浅海相含碳碳酸盐岩建造。根据岩性特征分析,麻窝子组下段的中上部地层富含有机质,属于潟湖亚相(或港湾亚相)。在低压型区域变质绿片岩相基础上,叠加热力变质,使有机碳结晶,形成石墨矿床。

#### 2)构造

矿区位于米仓山—大巴山基底逆推带,矿床控矿构造为大河坝—尖山—贾家寨复背斜的次级坪河—官坝背斜西南端之北西翼,呈一向北西倾斜的单斜构造,控制了矿体的分布和产状。构造线方向,总体为北东东—南西西,局部则向北或向南偏转。走向为 40°左右,倾向为 310°左右,倾角为 55°。由于岩浆侵入影响,倾向、倾角在局部变化较大。断层不多见,仅在何家坝至新街子发育有一压性断层,倾向北西,倾角约为 50°。

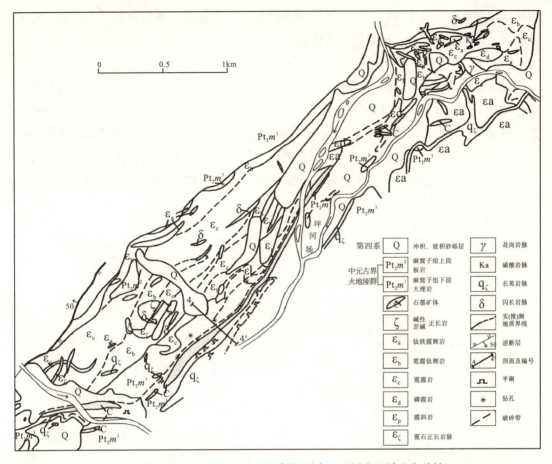

图 4-7 南江县坪河石墨矿矿区地质图(引自《四川省区域矿产总结》)

矿区碎裂岩十分发育,白云质大理岩、石墨矿体及各种脉岩均遭到碎裂作用,岩石外貌似完整,但碎裂物之间未重新胶结,因而地表经风化,露头多显松散,钻探岩心则呈碎屑状,甚至成砂状。连续分布的碎裂岩则构成北东向分布的碎裂岩带。此种破碎带形态不规则,无固定层位和深度,但延长方向大致与构造线方向平行。

3)岩浆岩

矿区岩浆岩比较发育,且岩石类型从基性—酸性—碱性岩均有见及,以碱性岩分布最广,如碱性正长岩、霓霞岩等,常呈岩株、岩盘、岩脉产出;花岗岩、闪长岩、碳酸盐等多为岩脉。由于侵入岩的热力作用,促使石墨进一步结晶,鳞片增大。如背斜南翼向阳坡(杨家营),矿体几乎全被正长石包围,石墨片度较大,为主要开采对象。由于岩浆侵入挤压、拱顶,致使矿体产状、形态发生变化。此外,由于岩浆物质大量侵入,也造成矿体内矿石贫化。

4)变质岩

矿区位于扬子变质区灌县—南江变质地带。含矿岩系麻窝子组由中等变质岩组成,为区域低温动热变质作用的产物，变质相为绿片岩相。变质岩石组合包括大理岩、变质砂砾岩、片岩、板岩等，石墨产于大理岩中。

5）矿体地质特征

石墨矿带呈北东向展布，长约 2 200 m，宽约 150～400 m，一般为 300 m。坪河矿段圈出 13 个工业矿体，向阳坡矿段工作程度低，圈出 3 个矿体。矿体主要赋存于白云质大理岩和碱性—超基性岩接触带的大理岩一侧（图 4-8），既受大理岩内倾向北东、北西两组交叉裂隙控制，同时也受大理岩内层间裂隙控制。由于受后期侵入岩脉多次破坏或再造作用，矿体形态极为复杂，呈现透镜状、似层状、脉状和不规则团块状等，大小悬殊。

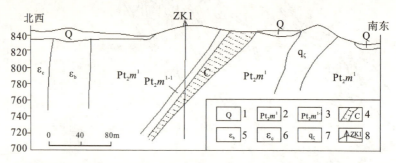

图 4-8　南江县坪河石墨矿 4- 4′勘探线剖面图（引自《四川省区域矿产总结》）

1. 第四系冲积坡积砂砾层；2. 中元古界火地垭群麻窝子组大理岩；3. 麻窝子组大理岩破碎带；
4. 石墨矿体；5. 霓霞铁辉岩；6. 霓霞岩；7. 长英岩脉；8. 钻孔及编号

矿体主要围岩为白云质大理岩，地表及其浅部多为正长岩、煌斑岩，少量为碱性—超基性岩。矿体产状与大理岩产状基本一致或斜交，其接触处常有几十厘米的黏土充填，矿体与侵入岩接触处蚀变不明显，侵入岩中常有星点状石墨片岩散布，有时见有块状或棱角状石墨片岩包裹体，伴以褐铁矿外壳。

受后期岩脉侵入穿插，矿体中含有较多的侵入岩夹石，大部分侵入体规模小而多，形态极不规则，成分复杂，宽度多在几十厘米，有时虽然超过一米，但延伸不到十米，无法按夹石剔除、夹石种类有正长岩、煌斑岩、闪长岩、辉绿岩、斜闪煌斑岩和大理岩等，后四种较易剔除。

矿区内发现大小不等石墨片岩体 30 个以上，其中规模较大并以化学分析资料圈定的工业矿体 13 个，主要矿体 5 个。矿体呈北东—南西向断续延长 2 km，倾向北西，呈不规则透镜体、扁豆状。坪河矿段，规模最大的 2 个矿体，长 398 m、376 m，平均厚度为15.5 m、14.4 m，控制延深 208 m，矿体向下作楔形尖灭。其他矿体规模和产状变化较大。向阳坡矿段 3 个矿体，有少量钻孔进行控制，长 140 m、52 m、22 m，厚度为11.50～13.50 m，控制延深约 70 m。

矿区出现的围岩蚀变，有透闪石化、硅化、黄铁矿化、蛇纹石化、滑石化、石墨化等。围岩蚀变与石墨矿床形成无直接联系。至于石墨化，系由岩浆侵入的气热作用，熔化了部分石墨片岩原岩，使一部分碳质溢出，而进入邻近围岩中，形成石墨化白云质大理岩。矿体下盘之围岩中，大多能见到这种石墨化现象，为坪河式石墨矿床的一种找矿标志。

6）矿石特征

按矿物组成及组构特征，矿石可分为两种自然类型。

石墨片岩型，为主要类型。由石英、绢云母或白云母、石墨等组成。矿石具粒状鳞片变晶结构，片状构造。深部矿石普遍含黄铁矿，局部地段含长石和绿泥石。

含石墨大理岩型，此类型分布范围有限，一是由石墨片岩型矿石构成，呈角砾形，分布于大理岩中；二是由鳞片集合体或不规则细脉构成，分布于白云质大理岩中。具鳞片变晶结构，角砾状或块状构造。

两种矿石中，石墨鳞片直径一般为 0.001～0.01 mm，大于 0.1 mm 的大鳞片极少。尚有部分隐晶质石墨，即鳞片石墨-隐晶质石墨混合类型。

此外，处在碎裂带内的矿体，矿石具碎裂构造，结构松散。矿心呈碎块、碎屑及砂状，勘查工作中称"碎裂石墨矿"。CⅣ号矿体 6 线以东、CⅦ号矿体 4 线以东，以及整个 CⅧ号矿体均属此类。

矿石品位较高，平均品位达 13.50%。固定碳含量，以石墨片岩型矿石普遍较高，一般为 5%～20%，最高达 43.29%，含石墨大理岩型矿石较低，一般为 5%～10%。有害组分，三氧化二铁（$Fe_2O_3$）平均为 7.59%，硫（S）平均为 1.65%。伴生矿产钒矿，品位不高，$w(V_2O_5)$ 达 0.38～1.08%，平均为 0.57%。

矿石工业类型，以细鳞片晶质石墨为主。经选矿试验（浮选），原矿品位 19.9% 入选，精矿品位 89.9%，回收率 84.8%，证明矿石可选，但流程较复杂。

3.成矿模式

在麻窝子组下段沉积过程中，由于海底火山作用强烈，大量 $CO_2$、$H_2S$ 等挥发性气体溶解进海水中，随洋流搬运至沉积区。在碳酸盐岩沉积过程中，由于物理化学条件变化，沉积形成富含有机碳的黏土至半黏土质透镜体。在区域变质作用下，麻窝子组下段沉积岩中碳质结晶而成为碳质板岩或含碳粉砂岩等。由于岩浆侵入提供的热力条件，其接触带附近的岩石进一步结晶，形成片理构造及石墨矿床。坪河石墨典型矿床成矿模式（图 4-9）可简化为二个发展阶段。

Ⅰ阶段：中元古代，扬子板块北缘靠近古陆边缘浅海陆棚过渡带的低洼区，在浅海碳酸盐亚相（麻窝子组下段）环境中形成碳酸盐岩夹含碳碎屑岩建造。陆缘向浅海过渡环境中存在大量原始单细胞生物及其新陈代谢产生的有机物，富含有机质陆源碎屑及原始生物沉积是形成碳质的主要来源。根据岩层中夹安山玄武岩、安山凝灰岩，以及岩石中含火山碎屑物推测，本区外远海可能存在大规模海底火山喷发，火山作用产生大量 $H_2S$ 和 $CO_2$ 气液随海流向陆缘浅海中安静环境搬运，使本区在含镁碳酸盐沉积环境产生频繁 pH 变化，大量 $CO_2$ 被还原于黏土质岩中，构成碳质的次要来源。

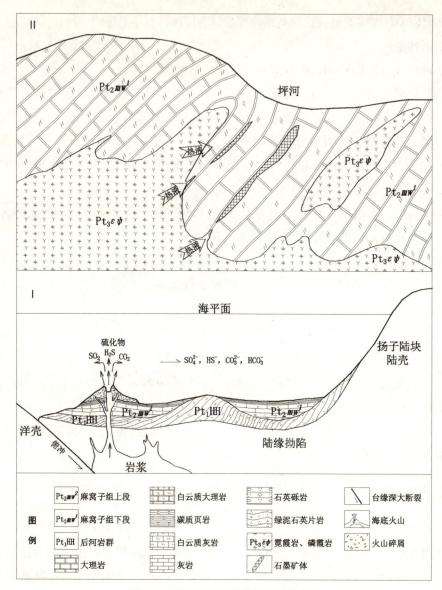

图 4-9　坪河石墨典型矿床成矿模式图

Ⅱ阶段：随着扬子陆块的不断增生，晋宁运动以及区域变质作用和强烈岩浆活动，岩层发生强烈褶皱；断裂下切导致晋宁-澄江期各类岩浆岩的侵入，沿北东走向构造带的次级褶皱核部侵位。在区域变质作用下，麻窝子组下段上部的含碳碎屑岩变质形成板岩，以及碳质富集，微结晶而成为碳质板岩、含碳质粉砂岩等岩石。晋宁-澄江期岩浆侵入，在岩体接触带附近受岩浆侵入热力影响，对岩石进行改造，使接触带附近的含碳质岩石进一步结晶，形成具片状构造鳞片状石墨，组成石墨主要矿体。此外，部分岩浆熔化了深部富含碳质的岩石，并将其带入上部，充填于围岩层间破碎带或附近裂隙中形成晶质石墨矿体。区域上北西—南东向挤压，形成轴向北东、倾向北西的复式褶皱，复背斜南东翼与侵入岩体外接触带则控制了石墨矿体空间分布。

## 第四节　四川省石墨矿成矿规律

### 一、成矿地质背景

#### 1.地质构造环境

谭冠民等研究了中国区域变质石墨的成矿作用，大致分为"基底"型、"造山带"型两种，不同成矿作用所成石墨有显著差别。

"基底"型成矿作用主要发生于前寒武纪古陆内部相对稳定的陆核区。其成矿作用发生较早、变质程度深、混合岩化作用发育、伴有重融花岗岩类活动。根据这些特征，四川省内中坝式石墨矿床(点)属此类环境中产物。这些矿床(点)大地构造位置属扬子陆块西缘康滇基底断隆带，均产于在基底岩系之中，特别是在结晶基底康定群中的石墨矿特征明显。该类型成矿作用形成的石墨鳞片较粗。

"造山带"型成矿作用主要发生于前寒武纪古陆边缘及相邻的活动造山带。其成矿作用发生较晚、变质程度低、混合岩化作用微弱、构造痕迹明显。四川南江、旺苍的坪河式石墨矿床(点)大致具有与该类型相似的特征。这些矿床(点)大地构造位置属扬子陆块西北缘米仓山—大巴山—龙门山基底逆冲推覆带，成矿与沉积环境、岩浆活动、变质作用以及构造改造等综合作用有关。

矿区构造对矿体定位有控制作用。强烈的构造挤压使岩层产生褶皱和断裂，挤压破碎带中岩石强烈片理化、糜棱岩化，脆性岩石强烈破碎，裂隙发育，为石墨矿体定位提供了有利空间。重结晶作用形成细鳞片状石墨，呈不规则的构造透镜体、脉状或囊状体聚集成矿。

#### 2.变质作用

区域变质型石墨矿床是四川的最主要类型，石墨赋存于中、深变质岩系中。四川省的区域变质岩(包括浅变质岩)分布于川西高原，以及康定—攀枝花、大巴山—龙门山地区，前者以浅变质岩为主，中深变质岩主要出现在康定—攀枝花、龙门山—米仓山一带。四川盆地前震旦纪基底变质岩系可分成两套，一套以康定岩群为代表，出露在康定至攀枝花近南北向狭长地带，龙门山、米仓山地区也有断续出露，构成扬子陆块的结晶基底；另一套为中、新元古代浅变质岩系，构成褶皱基底。全省区域变质作用分为三种类型：一为低压型区域动力热流变质作用，以扬子区结晶基底的变质作用为代表；二为中压型区域动力热流变质作用，以龙门山—米仓山等地变质作用为代表；三为区域低温动力变质作用,如川西高原的变质作用。根据变质作用的物理化学条件不同,进一步又可分为绿片岩相型、板岩-千枚岩型两类。

四川石墨矿比较集中地分布前寒武纪的中、深变质岩系中。攀枝花地区中坝式石墨矿变质作用强,为结晶基底混合岩化作用发育区变质岩系中形成的矿床。坪河式石墨矿在低压型区域变质条件下,为叠加热力变质形成的石墨矿。

## 二、石墨矿空间分布

### 1.石墨成矿区带及矿集区划分

全省矿点以上的石墨矿产地有 23 处,且分布集中,全省 3 个市州有石墨查明资源储量。此外,峨边、会东、巴塘等地有零星矿化。石墨矿主要见于扬子陆块西缘构造带中,《四川省区域矿产总结》根据前震旦纪变质岩系分布及石墨矿产出特征,划分 3 个富集地区,即南江—旺苍地区、彭县地区及攀枝花地区。《四川省石墨矿单矿种资源潜力评价成果报告》根据矿产预测类型分布及产出特征,划分了坪河、尖山、攀枝花北、攀枝花南 4 个 V 级找矿靶区。

根据四川石墨矿成矿类型、成矿地质背景等特征,在上述方案基础上,本书重新划分四川石墨成矿区带(图 4-1),按照成矿密集区的概念,分成 4 个矿集区,这些矿集区矿产的资源潜力较大。

Ⅰ　南江—旺苍矿集区

该矿集区位于龙门山—大巴山成矿带(Ⅲ-73)北部米仓山 Fe-Cu-Pb-Zn-Au-石墨-霞石铝矿成矿远景区(Ⅳ-22)。在以往工作中曾划分有两个石墨靶区,一为坪河,一为尖山。由于后一靶区仅有 1 个尖山矿床,未发现有更多的矿产地,因此合并为 1 个南江-旺苍矿集区。石墨矿床类型主要为区域变质型,查明坪河式石墨矿大型矿床 1 处、中型矿床 3 处、小型矿床 3 处,发现矿点 3 处。石墨矿查明资源储量 615.71 万吨。

该矿集区构造位置上属扬子古陆块米仓山—大巴山基底逆推带、米仓山基底逆冲带;西起旺苍县大河坝,经蜡烛河、坪河,北东延伸至张广溪,长达 30 km,面积为 302 km²。矿体呈似层状、透镜状产出,矿体长度为 100~300 m,最长达 1 300 m;厚度为 2~17 m,最厚为 52.5 m。石墨矿主要产于中元古界火地垭群麻窝子组下段,常沿背斜轴部及其倾没端的构造带分布。

四川省地质局川西北地质大队 1982 年提交《四川省米仓山西段南缘地区地质矿产总结报告书》,以已知矿区的矿体厚度、延深、体重、品位等参数,并按矿化出露长度、预算石墨矿物量,其中大营河坝-白岩子段远景资源量 379×10⁴ t;刺巴门-坪河段为 631×10⁴ t;尖山矿区远景估算 200×10⁴ t。石墨矿物资源总量可达 1 210×10⁴ t。

2012 年,四川省地质矿产勘查开发局一〇六地质队、四川省冶金地质勘查局六〇四队等单位合作完成石墨矿预测工作，圈定有资源潜力 5 个最小预测区，仅估算已知矿体深部以下 350 m，或未查明区地表以下 300 m 范围，即获预测资源总量（矿物量）842.96×10⁴ t，其中 334-1 资源量为 418.81×10⁴ t，占总预测资源量的 49.68%。

Ⅱ 彭州—汶川矿集区

该矿集区位于龙门山—大巴山成矿带（Ⅲ-73）南段的安县—都江堰 Cu-Zn-磷矿-蛇纹石-花岗岩成矿远景区（Ⅳ-25）。石墨矿床类型为区域变质型，矿集区面积为 888 km²。矿产地有彭州桂花树—下炉房、小银厂沟、汶川县银杏坪 3 处（矿点）。大地构造位置上属扬子古陆块龙门山基底逆推带龙门前山盖层逆冲带。石墨矿赋存于中元古界黄水河群黄铜尖子组石英片岩、绿泥石片岩中，常沿大宝山西侧复式褶皱带之背斜轴部或两翼分布，出露于桂花树—下炉房、羊山沟、方子桥、白果庄、小银厂沟等处。其中桂花树—下炉房及小银厂沟两矿点较富集，前者出露长 500 m，厚度为 8.7～27.6 m，固定碳平均为 4%；后者长 1 200 m，厚度达 5 m，固定碳平均为 6%。黄水河群变质岩系分布广，构造岩浆作用强烈，大宝山绿色片岩中石墨矿化现象随处可见，为晶质石墨，鳞片较大，片径为 0.1～0.3 mm，为寻找大鳞片晶质石墨的良好靶区。

20 世纪 50 年代末，经四川省地质局原温江地质队工作，彭州、汶川一带石墨矿远景资源可达 100×10⁴ t 以上。

Ⅲ 攀枝花北部矿集区

该矿集区位于康滇隆起成矿带（Ⅲ-76）盐边 Cu-Ni-Pb-Zn-Au-石墨成矿远景区（Ⅳ-41）。矿产地有攀枝花市盐边县新街田、田坪、大箐沟、青林、攀枝花市仁和区大麦地、芭蕉箐、硝洞湾 7 处（小型矿床或矿点），石墨矿床类型为区域变质型。该矿集区面积为 156 km²。矿产勘查程度低，最高为普查。大地构造位置上属上扬子陆块康滇前陆逆冲带康滇基底断隆带。区域内由于冷水箐辉长岩体的侵入，破坏了含矿地层中元古界盐边群的连续分布，石墨矿床、矿点环绕于辉长岩体的四周，东面有大箐沟矿点和新街田小型矿床，西面有田坪、青林矿点，南面有大麦地矿点和硝洞湾、芭蕉箐小型矿床。

2012 年，四川省石墨矿资源潜力评价圈定 1 000 m 以浅有资源潜力 7 个最小预测区，估算已知矿体深部以下 1 000 m，或未查明区地表以下 300 m 范围，预测资源总量（矿物量）为 1 500.95×10⁴ t，其中 334-1 资源量为 292.41×10⁴ t。

Ⅳ 攀枝花南部矿集区

该矿集区位于康滇隆起成矿带冕宁—攀枝花成矿带。石墨矿床类型为区域变质型，已知中坝式石墨矿产地有攀枝花市仁和区中坝、三大湾、凉山州会理县金雨 3 处（矿床或矿点），中坝勘查程度较高，达详查。构造位置属上扬子陆块康滇前陆逆冲带康滇基底断隆带。矿集区面积为 195 km²。含矿地层为古元古界康定岩群冷竹关岩组。

2012 年，四川省石墨矿资源潜力评价圈定中坝—三大湾地段、1 000 m 以浅有资源潜力预测区，估算已知矿体深部以下 1 000 m，或未查明区地表以下 300 m 范围，预测资源总量（矿物量）为 2 751.14×10⁴ t，其中 334-1 资源量为 1 000.51×10⁴ t。

## 2. 不同类型石墨矿的空间分布

石墨矿石分为晶质和隐晶质(土状)石墨二种工业类型。晶质石墨矿广泛分布于上述各矿集区，晶质石墨-隐晶质石墨混合类型少量，仅见于南江—旺苍矿集区的坪河矿区。

从矿石自然类型来看，片岩型及石英片岩型矿石分布范围广，大理岩型矿石集中分布于南江—旺苍矿集区。此外，角砾岩型矿石分布于尖山矿区；处在碎裂带内、具碎裂构造、独特的"碎裂石墨矿"有少量见于坪河矿区。

## 3. 不同时代石墨矿的空间分布

四川石墨矿多赋存于前震旦纪变质岩系中，具有固定的含矿层位，成因类型单一，为区域变质型，包括坪河式与中坝式。区域含矿地层有古元古界、中元古界地层，属变质岩建造。古元古代石墨矿分布于攀枝花南部矿集区；中元古代石墨矿分布于四川的南江—旺苍、彭州—汶川、攀枝花北部3个矿集区。

# 三、石墨矿时间分布

## 1. 石墨成矿时代的确定

四川石墨矿在时间上的分布具有集中性，有两个成矿期。大规模成矿作用发生在古元古代—中元古代。从资源总量来看，两个成矿期石墨的蕴藏量平分秋色。

谭冠民等(1994)在《中国矿床》一书中指出："中国石墨矿床的成矿作用发生于一定的大地构造发展阶段，有三个重要的成矿期(1个接触变质成矿期和2个区域变质成矿期)"。根据此意见，将四川石墨成矿时代进行对比研究后，提出本书的划分方案(表4-3)。

表4-3　四川石墨成矿期划分

| 成矿期 | 构造旋回期限 | 成矿作用 |
|---|---|---|
| 区域变质第Ⅱ成矿期 | 晋宁—加里东旋回 | 发生于扬子陆块基本形成并开始解体的早期阶段，见于米仓山、龙门山、康滇隆起等地，为火地垭群、黄水河群、会理群、盐边群等区域变质及混合岩化，"基底"型及"造山带"型成矿作用兼有 |
| 区域变质第Ⅰ成矿期 | 中条旋回(及以前) | 发生于扬子陆块基底逐步形成阶段，康滇隆起区康定岩群、普登(岩)群的区域变质及混合岩化，以"基底"型成矿作用为主 |

《四川省区域地质志》及《四川省岩石地层》将康滇前南华纪地层自下而上分为康定岩群(古元古代)、河口群(古元古代)、会理群(中元古代)。按照此方案，含石墨的康定岩群形成时代为古元古代。康定岩群自下而上分咱里岩组、冷竹关岩组。咱里岩组岩性组合主要为斜长角闪岩、黑云角闪斜长混合片麻岩等。冷竹关岩组为混合岩化黑云变粒岩、混合片麻岩、浅粒岩等。本书认为原岩组合为双峰式火山岩，其构造属性为裂谷火山岩。就区域分布而言，康定岩群与同期的 TTG 组合、闪长岩组合、SSZ 型蛇绿岩组合

共生,因此其大地构造属性应属青白口纪—早南华世岛弧,因其具"双峰式"组合,暂划分为岛弧裂谷。

近年,许多地勘单位和科研院所在康定岩群这套地层中,对地层岩石进行了大量同位素测试,除成都理工大学采用全岩 Pb-Pb 法仍获得少量大于 30 亿年的数据外,绝大多数(占被统计的 128 件中的 107 件,比例达 84%)的锆石 SHRIMP、激光剥蚀法(LA-ICP-MS)、锆石分层蒸发法年龄均集中于 850~750 Ma,属晚青白口世—早南华世,与盐边群、苏雄组成岩时代相近。

因缺乏同位素年龄测试数据,坪河、中坝各石墨矿床尚难以准确地判断其成矿时代,目前石墨所赋存地层的形成时代属古—中元古代。同时,因研究程度低,各矿床中岩石混合岩化作用、叠加成矿作用发生时代尚难推定。

### 2.不同时代的石墨矿规模

四川省古元古代—中元古代石墨产于前寒武纪古老变质杂岩系中,以产于火地垭群、康定岩群的晶质石墨著称于世,具有区域变质型矿床的基本特征。古元古代与中元古代两个时代的矿床,目前发现的矿床总数不多,大、中、小型各有一定比例,基本上属同一矿床类型。按不同时代统计,矿床规模如图 4-10 所示。

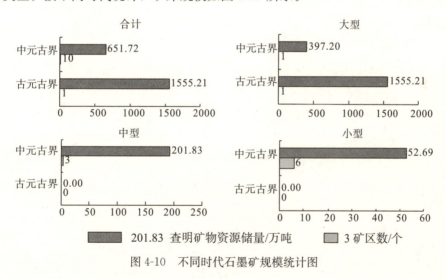

图 4-10　不同时代石墨矿规模统计图

四川省石墨矿大型矿床在全部矿床总数中所占比例不高(18.18%),以小型矿床为主(54.55%)。一般而论,石墨查明矿物资源储量超过大型规模下限的 5 倍即视为超大型矿床。唯一的超大型矿床见于康定岩群,中坝一个矿床的查明资源储量即占全省的 70.47%。

古元古代矿床数量不占优势,但查明资源储量占据显著优势。古元古界康定岩群矿床数量(1 个)占 9.09%,查明矿物资源储量占 70.47%;中元古界火地垭群、盐边群矿床数量(10 个)占 90.91%,查明矿物资源储量占 29.53%,如图 4-11 所示。

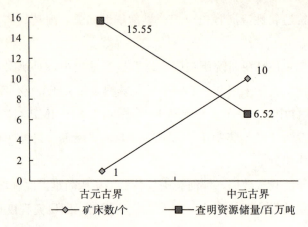

图 4-11　不同时代石墨矿床及查明资源储量比例图

### 3.不同时代的石墨矿石类型

从矿石自然类型来看，古元古代主要是云母石英片岩型矿石，中元古代主要是片岩及石英片岩型、大理岩型、角砾岩型矿石，石墨鳞片相对较粗。从矿石工业类型来看，古元古代、中元古代的晶质石墨均较常见，矿石可选性较好，石墨鳞片相对较细。此外，晶质石墨-隐晶质石墨混合类型量少，见于中元古代；独特的"碎裂石墨矿"也很少，见于中元古代。

# 第五章 钾 盐

含钾矿物按其可溶性，分为可溶性钾盐矿物和不可溶性含钾的铝硅酸盐矿物。常见的钾盐矿有钾石盐矿、光卤石矿、杂卤石矿、硫酸盐钾矿和混合盐矿等；此外，非水溶性岩石有含钾砂页岩、绿豆岩等，但含钾量很低。

目前，世界范围内开发利用的主要对象是可溶性钾盐，包括可溶性含钾矿物和卤水，主要用于制造钾肥。世界上钾资源主要分布在北美、欧洲、南美、中东和亚洲等地，钾盐资源丰富的国家有加拿大、哈萨克斯坦、俄罗斯、波兰、伊朗等。据统计，截至 2010 年，世界探明钾盐储量约为 84.57 亿吨，储量基础约为 185.8 亿吨（主要为可溶性钾）。我国是一个相对缺钾的国家，据《中国矿产资源报告 2014》，截至 2013 年年底，我国查明钾盐资源量 10.1 亿吨（KCl），集中分布在西北地区青海和新疆的现代盐湖中。

## 第一节 四川省钾盐资源概述

### 一、主要钾盐矿产地

根据《四川省钾盐资源潜力评价成果报告》（赖贤友等，2011），四川钾盐有两种状态产出，一种是固态钾盐，即与硬石膏伴生的杂卤石矿，另一种是液态含（富）钾卤水，大多属盐卤伴生矿。

四川省盐矿开采历史悠久，但钾盐矿开采起步很晚，2008 年年底之前无上表钾盐矿产地和资源量，只有 2004 年四川省矿产资源年报上才出现邛崃平落坝一处小型钾盐矿床。到目前为止有已知钾盐矿 9 处（表 5-1）。

表 5-1　四川钾盐矿产地一览表

| 序号 | 矿产地名称 | 位置 | 主矿种 | 勘探程度 | 类型 | 规模 | 主要特征 |
|---|---|---|---|---|---|---|---|
| 1 | 自贡市邓井关 | 自贡市邓井关镇北西 30 km | 钾盐 | 普查 | 地下卤水 | 矿点 | 邓井关构造，蒸发岩与碳酸盐岩相互叠置，碳酸盐岩孔隙和裂隙为储卤空间，蒸发岩（硬石膏）为良好隔离层，上覆侏罗系地层，卤层埋深 800～1 400 m |
| 2 | 宣汉县罗家坪 | 宣汉县双河镇罗家坪，距县城北西 18 km | 钾盐 | 预测 | 地下卤水 | 矿点 | 蒸发岩与碳酸盐岩相互叠置，碳酸盐岩孔隙和裂隙为储卤空间，蒸发岩（硬石膏）为良好隔离层，上覆侏罗系地层，卤层埋深 800～1 400 m |

| 序号 | 矿产地名称 | 位置 | 主矿种 | 勘探程度 | 类型 | 规模 | 主要特征 |
|---|---|---|---|---|---|---|---|
| 3 | 自贡市自流井 | 自贡市自流井、贡井、大安等 | 钾盐 | 预查 | 地下卤水 | 矿点 | 蒸发岩与碳酸盐岩相互叠置，碳酸盐岩为含卤层，硬石膏为隔离层，上覆 $T_3 \sim J_2$ 碎屑岩，埋深 800~1 200 m |
| 4 | 自贡市兴隆 | 自贡市兴隆场，市区南平距9 km | 钾盐 | 预查 | 地下卤水 | 矿点 | 蒸发岩与碳酸盐岩相互叠置，碳酸盐岩孔隙裂隙储卤，硬石膏为隔离层，上覆 $T_3 \sim J_2$ 碎屑岩，埋深 1 000~1 280 m |
| 5 | 邛崃市平落坝 | 邛崃市平落镇，距市区 35 km， | 钾盐、硼矿 | 普查 | 地下卤水 | 小型 | 蒸发岩与碳酸盐岩相互叠置，碳酸盐岩为含卤层，蒸发岩(硬石膏)成为良好隔离层，上覆 $T_3 \sim K_2$ 厚达 4 000 余米。顶板埋深 4 000 余米 |
| 6 | 渠县农乐 | 渠县县城北东农乐乡甘溪村距县城 42 km | 钾盐 | 普查 | 杂卤石 | 小型 | 由三层矿组成，第一二层矿赋存于雷口坡组底部硬石膏中，第三层矿赋存于嘉陵江组近顶层硬石膏中。距绿豆岩 3~4 m，矿区北部矿层被剥蚀，南部保存较好，埋深大 |
| 7 | 宣汉县亭子铺 | | 钾盐 | 预普查 | 杂卤石 | 矿点 | 位于开江—宣汉次级盐盆南缘，已有亭1、亭2、亭3井见杂卤石，矿层厚大，品位较富 |
| 8 | 通川区农会 | | 钾盐 | 预普查 | 杂卤石 | 矿点 | 钻孔中发现杂卤石 |
| 9 | 广安市大龙 | | 钾盐 | 预普查 | 杂卤石 | 矿点 | |

上述矿产地中钾盐以两种状态产出，一种是固态，一种是液态。(固态)杂卤石型钾盐，有渠县农乐小型矿床、宣汉县亭子铺、通川区龙会和广安市大龙 4 处矿产地；地下卤水型钾盐，有邛崃市平落坝小型矿床、自贡市邓井关、自流井、兴隆、宣汉县罗家坪等 5 处矿产地。

## 二、钾盐资源及分布

### 1. 已查明钾盐资源

据 2004 年四川省矿产资源年报，全省有钾盐矿产地 1 处，查明钾盐(KCl)资源量为 439.7 万吨。根据《四川省钾盐资源潜力评价成果报告》，杂卤石型钾盐查明矿石资源量为 562.68 万吨，预测资源量为 213 780 万吨，折合 KCl 为 36 684 万吨。邛崃市平落坝构造含(富)钾卤水潜在资源量 1.87 亿立方米，析出钾盐潜在资源量 1 781 万吨，其中平落 4 井已审批钾盐为 454.81 万吨(KCl)，查明含(富)钾卤水氯化钾资源储量为 454.8 万吨；在自贡及宣汉二地，仅有预测富钾卤水资源量 6 900 万立方米，估算 KCl 为 83.2 万吨。

### 2. 地理分布

四川省钾盐矿无论是已发现的矿床还是找矿线索，均分布于四川盆地内，但主要分布在四川盆地东北缘的广安、达州、宣汉一带，及四川盆地西南缘和西部的自贡、邛崃一带。四川钾盐在 2008 年之前，上表的钾资源储量为零。据《四川省矿产资源年报(2014)》，截至 2014 年年底，四川省仅有邛崃市平落坝 1 个上表矿区。

综合盐类矿产调查资料和《四川省钾盐资源潜力评价成果报告》,四川钾盐包括杂卤石矿和富钾卤水两类。杂卤石型钾盐分布在四川省东部,除渠县农乐外,分布区域还有南充、达川、广安、武胜、岳池、华蓥山等地;地下卤水型钾盐除邛崃市平落坝外,分布区域还有自贡、南充、宣汉、梓潼、遂宁、武胜、资中、广安等地,是地下含钾卤水有利储卤区。

## 三、四川钾盐矿资源特点

四川省钾盐矿资源具有如下特点。

### 1.具有一定的找矿前景

四川盐类资源十分丰富,虽然早在两千年前四川即有采盐记录,但都是针对石盐工作,直到 20 世纪 60 年代初,才开始了钾盐工作勘查和研究,长期以来,四川的钾盐矿资源储量一直为零,地下卤水型钾盐产地均是在油气、石盐勘探时对钾盐进行评价所得;而渠县农乐杂卤石钾矿是在石膏矿勘探时发现杂卤石,之后作为钾矿勘探。虽然 20 世纪 60～70 年代曾经成立了找钾为主的专业队伍,但总的来看,四川省钾盐勘查和研究工作程度还比较低,例如亭子铺、农会和大龙等矿点则由相关企业从 2012 年以来才进行过工作。矿产资源潜力评价工作预测了四川省钾盐($K_2O$)资源量,尤其是杂卤石的保存条件较好,具有寻找杂卤石矿的前景。据近两年的钾盐勘探成果,达州亭子铺和农会地区在钻孔中发现杂卤石单层厚度达 20 m,$K_2O$ 含量在 10％以上。

### 2.分布较为集中

四川省钾盐矿主要分布于四川盆地东北缘的广安、达州、宣汉一带,和四川盆地西南缘和西部的自贡、邛崃一带,这些地区交通网络纵横发达,交通条件便利,有利于开采利用。

### 3.埋藏深

在目前技术条件下,可以开采利用的为 1 000 m 以浅的资源,1 000 m 以深的资源量暂不能开采利用。四川绝大多数钾盐矿埋藏深,1 000 m 以浅资源量不足 2.5％,现阶段可利用资源量少。但在一些地方,因后期构造运动及盖层的剥蚀,具备寻找浅层杂卤石的成矿条件。如铜锣峡背斜、七里峡背斜、明月峡北斜和铁山背斜等有利地段。

### 4.(富)钾卤水钾盐矿中有用成分多

液态含(富)钾卤水钾盐矿中伴生国家急缺碘、硼、锶、锂、溴、钡、锶、铷、铯等有用元素。含(富)钾卤水作为工业原料水的勘查和开发,具有综合利用价值。

### 四、钾盐勘查概况

四川盐类资源十分丰富,早在两千年前四川即有采盐记录,卤水开采历史悠久,自贡以"千年盐都"闻名于中外。自贡自流井产岩(石)盐和卤水,卤水有黄卤和黑卤,其中黑卤伴生有钾、锂、硼、溴等组分。四川开始盐类矿产调查工作也比较早,新中国成立后,开展了一系列盐卤矿调查评价,但直到 20 世纪 60 年代才开始了钾盐的勘查和研究。

20 世纪 30~40 年代,我国老一辈的地质专家、学者多次到自流井盐矿进行考察,并著有专著。新中国成立后,开展了大面积区域性盐卤资源调查,60 年代成立了专业普查队伍开展比较系统的勘查,通过普查评价,查明了自流井构造黄、黑卤富集层位和规律,1970 年提交了《自流井构造岩盐卤水普查总结报告》。

20 世纪 60~70 年代,为加强找钾工作,四川省地质局于 1961 年组建了一支以找钾为主的专业队伍(原二一○队)。在威远、自贡及重庆垫江—梁平、云阳—开县等地开展普查及浅部钻探,通过石油探井岩屑录井,发现杂卤石。1972~1980 年,四川省地质局第七普查大队(现西南石油局第二地质大队)在川中南充盐盆,发现了成层的杂卤石和无水钾镁钒等矿物。

20 世纪 80~90 年代,西南石油地质局在川东北宣汉县境内发现含(富)钾卤水;建材部西南地质公司在渠县农乐地区石膏矿中浅部,勘查发现杂卤石,提交了杂卤石矿石储量 563 万吨;四川石油管理局在邛崃市平落坝发现高浓度含(富)钾卤水。

除上述外,因可溶性钾盐缺乏,20 世纪 70 年代还进行过含钾岩石,如"绿豆岩"的找矿及利用实验。在汉源水桶沟磷矿的普查工作中,曾经发现磷矿石中含氧化钾达 6%~7%,这种含钾较高的磷矿被定名为"含钾磷矿"。

21 世纪以来,四川石油管理局对平落坝构造雷四段富钾、硼卤水资源进行评价,于 2004 年 4 月提交《四川盆地平落坝构造雷四段富钾、硼卤水资源储量报告》;2007~2013 年,四川省矿产资源潜力评价把钾盐作为一个课题,进行了钾盐成矿规律研究和资源量预测,于 2011 年提交了《四川省钾盐资源潜力评价成果报告》。

## 第二节　钾盐矿类型

### 一、钾盐矿床类型划分

钾盐矿床是指可以开采和提取钾元素或钾化合物的矿床。除钾石盐($KCl$)外,含钾盐类矿物多数是与钠、镁等组成复合矿物,广义的钾盐矿包括钾石盐和钾镁盐等。按照矿床成因分类，钾盐矿床属于(蒸发)沉积矿床。

《盐湖和盐类矿产地质勘查规范》(DZT 0212—2002)和《中国矿床》将盐类矿床分为固体矿床和卤水矿床两种。中国钾盐均为中、新生代矿床。矿床成因类型有两种：一是现代盐湖相蒸发型含钾卤水和光卤石矿床，如青海察尔汗盐湖，此类矿床是我国探明资源量最多的矿床；二是湖相沉积型钾石盐矿床，系山间盆地中的盐类沉积，也可能有深部热卤水供给，如云南兰坪—思茅盆地。

### 1.现代盐湖型钾盐矿

现代盐湖型钾盐主要分布于我国大西北地区，如塔里木盆地、准噶尔盆地、甘肃—内蒙盐湖、天山地区及其周缘、藏北高原等。储卤层主要为第四系现代盐湖沉积的钙芒硝层、石膏层和石盐层组成，大型盐湖中还沉积有多层固体钾盐层；富钾卤水主要赋存于盐类矿物的晶间和碎屑沉积物的孔隙中，属晶间卤水和孔隙卤水。以钾盐为主，有时共伴生钠、镁、锂、硼、碘等有益元素等，随产地不同而变化。以罗布泊式、察尔汗式为代表，前者为硫酸钾型，后者以氯化钾为主。

### 2.地下卤水型钾盐矿

地下卤水型钾盐主要分布于四川盆地、柴达木盆地。赋矿层位均为前第四纪储卤层，四川主要为早中三叠世地层，钾盐资源多以孔隙水和裂隙水形式赋存于特定层位的地层中。富钾卤水多分布于宽缓的向斜构造中，其成因多为已固结的富钾含盐层经水溶作用形成，常伴生有镁、锂、硼等有益元素，如四川自贡邓井关含(富)钾地下卤水钾盐矿。

### 3.沉积型钾盐矿

沉积型钾盐主要分布于我国中西部的四川盆地、鄂尔多斯盆地、兰坪—思茅盆地、大汶口盆地地区的前第四纪大型海相盆地的次级盆地中，如山间盆地中的盐类沉积，也可能有深部热卤水供给，以四川盆地三叠纪海相沉积杂卤石矿规模最大。成矿时代主要为奥陶纪、石炭纪和三叠纪，赋矿层位岩性属碳酸盐岩-蒸发岩系；成矿类型为海相-海陆交互相固体钾盐矿。往往多层钾盐与石膏、石盐、泥岩、砂岩呈旋回性组合产出。钾石盐矿层呈透镜状、不规则状，塑性变形强烈，厚几至二十几米。矿石多为块状构造，粒状结构，含 KCl，及少量石盐、石膏、黄铁矿、镜铁矿、自生石英及泥砾，如云南思茅勐野井钾石盐矿床和四川渠县农乐杂卤石矿。

## 二、四川钾盐矿类型

《重要化工矿产资源潜力评价技术要求》(熊先孝等，2010)综合全国钾盐矿资料，划分为现代盐湖钾盐矿、地下卤水型钾盐矿、沉积型钾盐矿三种预测类型；现代盐湖型钾盐矿床资源量占全国钾盐资源量的 95.3%，是目前开采利用的主要类型，其他类型钾盐资源量约占全国钾资源量的 4.7%。该书把四川省钾盐矿划分为自贡式地下卤水型钾盐矿床和渠县农乐式沉积型钾盐矿床二种类型。

《四川省区域矿产总结》将盐矿按时代分为古代盐矿和现代盐矿，第四纪之前称古代盐矿，第四纪称现代盐矿，按此原则，四川钾盐矿均属古代盐矿范畴。盐类矿产按沉积环境分为海相、陆相和海陆过渡相。海相岩盐中赋存有固相杂卤石钾盐，液相地下卤水中部分含钾；而陆相和海陆过渡相仅有盐卤，含钾量低。

综合上述类型的划分方案，本书采用现代盐湖型、地下卤水型、沉积型三种钾盐矿类型划分方案。四川以早中三叠世为钾盐主要成矿期，包括地下卤水型钾盐矿、沉积型钾盐矿二种类型。赋存状态有液相的地下卤水钾盐，也有固相的杂卤石钾盐。地下卤水型钾盐为液态的含(富)钾卤水，以自贡邓井关为代表(邓井关式)；沉积型钾盐为固态杂卤石矿(伴有无水钾镁矾、钾镁矾等钾镁硫酸盐矿物)，以渠县农乐为代表(农乐式)。

## 三、四川钾盐矿基本特征

### 1.钾盐矿赋存状态

(1)四川钾盐埋深多在 3 000 m 左右，最深可达 5 700 m。浅者多系剥蚀剩余，如邓井关、自流井、农乐等，而且随埋深加大，品质变好，有用组份增多。

(2)含钾岩系基本岩性以白云岩为主，程度不等地夹有石灰岩、硬石膏(不是石膏)、杂卤石、岩(石)盐等碳酸盐、硫酸盐、氯化物。

(3)以变质的钾镁硫酸盐矿物(无水钾镁矾)等为主，尚未发现"正常"蒸发析出的钾矿物(钾石盐、软钾镁矾、光卤石等)。

(4)杂卤石分布很普遍，一部分在石盐中，一部分在硬石膏中。分布在石盐中杂卤石属正常沉积系列，分布在硬石膏中杂卤石，属非正常沉积系列。

(5)从以上特点可以看出，四川钾盐并非简单的蒸发浓缩到成钾阶段，钾盐析出，而是经过复杂的成钾过程。四川钾盐以沉积为主要成矿作用，由于后期改造，加之盐类矿物的可溶性，所以形成现今既有固态杂卤石钾盐(伴无水钾镁矾、硫镁矾等钾镁硫酸盐矿物)，又有液态的含(富)钾卤水。

### 2.杂卤石矿

1)主要含杂卤石地层

区域上主要含盐岩系为下三叠统嘉陵江组和中三叠统雷口坡组，但含矿岩系均深埋地腹，地表大多被中生代陆相红色碎屑岩覆盖。嘉陵江组($T_1j$)以灰色中—厚层状白云岩、白云质灰岩为主，夹微晶灰岩、盐溶角砾岩(地下见盐层及石膏)。雷口坡组($T_2l$)以灰、黄灰色薄—中厚层状白云岩、白云质灰岩为主，夹灰岩及石膏层或盐溶角砾岩（地下可见含盐层）。综合区域及钻孔资料，可把嘉陵江组划分出 5 个岩性段，把雷口坡组划分出 4 段。

$T_2 l^4$　由硬石膏、岩盐互层，夹杂卤石、白云岩、白云质菱镁岩组成，不含石灰岩，盆地东部见红色碎屑岩，西部深井岩盐中发现有红石盐

$T_2 l^3$　以灰色隐晶石灰岩及深灰色泥质灰岩为主，间夹白云岩、灰质白云岩、硬石膏及盐层

$T_2 l^2$　下部以钙质泥岩（页岩）、泥灰岩为主、夹白云质泥岩、白云质灰岩、白云岩，及石膏透镜体；上部以灰岩为主，夹泥质灰岩、白云质灰岩，偶夹砾屑灰岩

$T_2 l^1$　上部以白云岩、泥质白云质灰岩、白云质灰岩为主，夹细晶生物碎屑灰岩、亮晶砾屑灰、条带-斑点状石灰岩。下部主要为石膏、硬石膏，时夹黑色有机质泥岩、膏质泥岩、黑色泥质膏质角砾岩，夹灰质白云岩、白云岩、杂卤石岩，底部夹钾质玻屑凝灰岩（又称绿豆岩）

———————— 整合 ————————

$T_1 j^5$　以硬石膏岩为主，含多层石盐岩及薄层杂卤石岩，次为碳酸盐岩，不含石灰岩

$T_1 j^4$　以蒸发岩为主，次为碳酸盐岩。蒸发岩以硬石膏为主，夹石盐岩和菱镁质白云岩。南充盐盆及自贡盐盆含杂卤石岩。碳酸盐岩以白云岩为主，次为菱镁矿，不含石灰岩

$T_1 j^3$　不含盐。为微晶灰岩、生物碎屑灰岩。

$T_1 j^2$　以白云岩、石灰岩为主夹硬石膏，有薄层盐岩呈透镜体分布

$T_1 j^1$　泥质灰岩、含白云岩质灰岩、夹钙质白云岩、生物碎屑灰岩、钙质页岩

需要说明的是，《四川省岩石地层》把灰绿色水云母黏土岩（"绿豆岩"）划入嘉陵江组上部，本书仍然采用矿产勘查资料和《四川省区域矿产总结》的意见，将该层放在雷口坡组底部。

四川盆地三叠纪是最重要的成盐时期，形成了六个含盐层（图 5-1），即雷口坡组第四段（$T_2 l^4$）、雷口坡组第三段（$T_2 l^3$）、雷口坡组第一段三亚（$T_2 l^{1-3}$）、嘉陵江组第五段—雷口坡组第一段一亚段（$T_1 j^5$— $T_2 l^{1-1}$）、嘉陵江组第四段（$T_1 j^4$）、嘉陵江组第二段（$T_1 j^2$）。其中杂卤石矿主要赋存于嘉陵江组第五段—雷口坡组第一段一亚段（$T_1 j^5$—$T_2 l^1$），次要层位为嘉陵江组第四段（$T_1 j^4$）和雷口坡组第四段（$T_2 l^4$）。本书分别简称为嘉五段—雷一段（$T_1 j^5$—$T_2 l^1$）、嘉四段（$T_1 j^4$）、雷四段（$T_2 l^4$）。

含盐层组合有硬石膏-杂卤石和硬石膏-石盐-杂卤石两种类型。后者埋深较大，保存条件好，矿层厚度大、稳定；前者矿层薄、层数多、埋藏浅、规模较小。

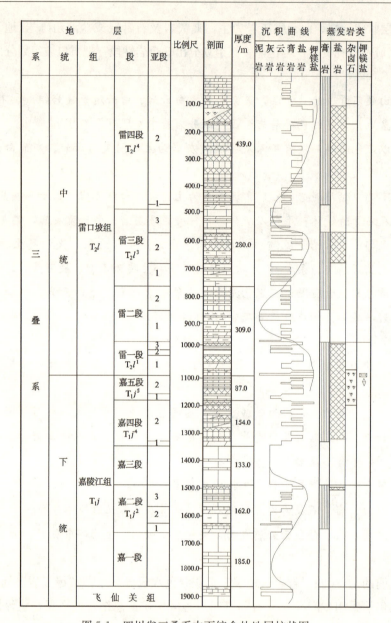

图 5-1　四川省三叠系中下统含盐地层柱状图

主要含矿层嘉五段—雷一段（$T_1j^5 \sim T_2l^1$）是一个完整的含（杂卤石矿）盐层，由底部碳酸盐岩，下部硫酸盐岩，中部氯化物（包括钾盐）岩，上部氯化物、硫酸盐岩组成，反映成盐作用由淡化至咸化，然后又逐渐淡化的发展过程，成盐作用发育完整，有利于易溶盐类保存。剖面上由上而下划分为三部分。

上部：硫酸盐段，主要由硬石膏组成，下部夹少量杂卤石岩薄层。

中部：氯化物、硫酸盐段，由硬石膏、石盐、杂卤石、火山凝灰岩及少量钾镁硫酸盐矿物（或薄层）组成。盐岩 4～12 层，单层最大厚 36 m；杂卤石岩一般为 3～5 层，累厚 2～6 m。火山凝灰岩一层，厚 1～3 m，居于该段中部或中上部，在盐层和杂卤石附近，屡有钾镁硫酸盐矿物出现。

下部：碳酸盐、硫酸盐段，由石灰岩、白云岩、硬石膏组成，硬石膏居于上部，石灰岩居于下部。

2）杂卤石矿的分布

杂卤石矿或矿化线索比较集中出现在四川盆地的川东北地区南充次级盐盆东缘、宣汉次级盐盆南缘，以及这两个次级盐盆过渡带更次级洼地（小盐盆），如龙女寺、广安、渠县、亭子铺、农乐、板桥、福成寨、沙罐坪等地区。在盆地其他地区也发现有杂卤石，例如盆地西部的蒲江、洪雅盐盆西缘，施工大参井，井深 3 760~3 998 m 处在雷四段（$T_2l^4$）中发现杂卤石。在盆地西南自流井凹陷自流井构造中，郭三井，井深 1 077.13~1 080.6 m 处，郭二井，井深 1 085.84~1 091.80 m 处，嘉陵江组层位中也发现杂卤石。

含盐系矿物组合分两类，一类是硬石膏-杂卤石，另一类是硬石膏-石盐-杂卤石；硬石膏-杂卤石矿层薄、层数多、埋藏浅、规模较小，硬石膏-石盐-杂卤石埋深较大，保存条件好，矿层厚度大、稳定。全省发现杂卤石矿（点）4 处，但探明储量仅渠县农乐 1 处，以此作为该类型钾盐矿的典型矿床。

3. 含（富）钾卤水

四川地下卤水资源比较丰富，主要分布在四川盆地。四川地下卤水中以含 NaCl 为主（部分地区有 $Na_2SO_4$），有的卤水中含 B、K、Br、I 等组分。地下卤水资源主要赋存层位为三叠系。

1）四川省地下卤水基本特征

四川地下古卤水有黄卤、黑卤之分。黄卤为黄色，主要组分中氯、钠、溴、碘、锶、钡含量较高，不产钾。黑卤与黄卤有显著区别，组分以氯、钠为主，但钾、硼、锂含量较高。

黄卤产于三叠系上统须家河组（$T_3xj$）中，该组储集岩系由一套海陆交互相的碎屑岩组成。该组上部为灰白色、浅灰色长石石英砂岩，局部夹灰黑色砂质页岩；下部灰白色、浅灰色长石石英砂岩，夹灰黑色砂质页岩，是区域黄卤水储集层。须家河组分为上下二个岩段（图5-2），下段上部为（含钙质）粉砂质页岩、钙质页岩、煤及厚层状钙质长石岩屑砂岩，中部为灰色块状长石岩屑石英

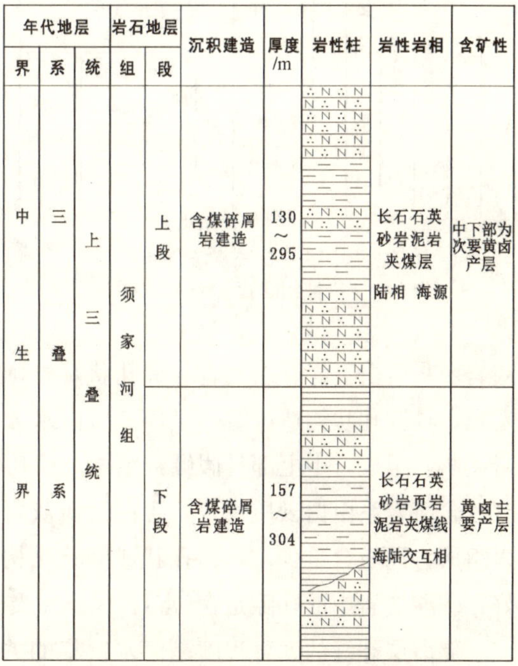

| 年代地层 | | | 岩石地层 | | 沉积建造 | 厚度/m | 岩性柱 | 岩性岩相 | 含矿性 |
|---|---|---|---|---|---|---|---|---|---|
| 界 | 系 | 统 | 组 | 段 | | | | | |
| 中生界 | 三叠系 | 上三叠统 | 须家河组 | 上段 | 含煤碎屑岩建造 | 130~295 | | 长石石英砂岩泥岩夹煤层 陆相 海源 | 中下部为次要黄卤产层 |
| | | | | 下段 | 含煤碎屑岩建造 | 157~304 | | 长石石英砂岩页岩泥岩夹煤线 海陆交互相 | 黄卤主要产层 |

图 5-2　上三叠统须家河组含卤岩系柱状图

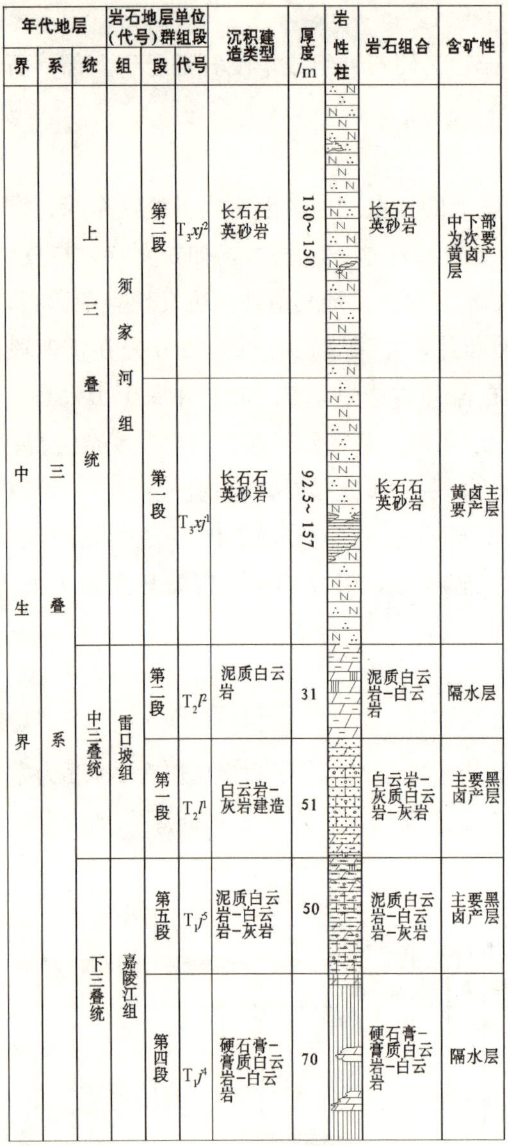

| 年代地层 | | | 岩石地层单位（代号） | | | 沉积建造类型 | 厚度/m | 岩性柱 | 岩石组合 | 含矿性 |
|---|---|---|---|---|---|---|---|---|---|---|
| 界 | 系 | 统 | 群组 | 段 | 代号 | | | | | |
| 中生界 | 三叠系 | 上三叠统 | 须家河组 | 第二段 | $T_3x^2$ | 长石石英砂岩 | 130~150 | | 长石石英砂岩 | 中下部为次要产层黄卤 |
| | | 上三叠统 | 须家河组 | 第一段 | $T_3x^1$ | 长石石英砂岩 | 92.5~157 | | 长石石英砂岩 | 黄卤主要产层 |
| | | 中三叠统 | 雷口坡组 | 第二段 | $T_2l^2$ | 泥质白云岩 | 31 | | 泥质白云岩-白云岩 | 隔水层 |
| | | | 雷口坡组 | 第一段 | $T_2l^1$ | 白云岩-灰岩建造 | 51 | | 白云岩-灰质白云岩-灰岩 | 主要黑卤产层 |
| | | 下三叠统 | 嘉陵江组 | 第五段 | $T_1j^5$ | 泥质白云岩-白云岩-灰岩 | 50 | | 泥质白云岩-白云岩-灰岩 | 主要黑卤产层 |
| | | | 嘉陵江组 | 第四段 | $T_1j^4$ | 硬石膏-泥质白云岩-白云岩 | 70 | | 硬石膏-泥质白云岩-白云岩 | 隔水层 |

图5-3　中下三叠统嘉陵江组、雷口坡组含卤岩系柱状图

砂岩、岩屑（亚）长石砂岩夹页岩、煤、菱铁矿，下部为粉砂质页岩、炭质页岩夹煤、菱铁矿。须家河组上段由炭质页岩、粉砂岩、长石岩屑石英砂岩组成韵律，页岩中含煤层。

按照页岩—砂岩的韵律特征，进一步可分为六个亚段，二、四、六亚段中长石石英砂岩为黄卤储集层，其中二、四亚段砂岩质纯，厚度大，裂隙发育，为黄卤主要产层；一、三、五亚段为泥页岩、泥岩夹煤线，裂隙不发育，渗透性极差，是稳定隔水层。矿层埋深600~800 m，含矿层厚35~150 m，含盐量为140~180 g/L。

黑卤主赋存于中下三叠统雷口坡组下部和嘉陵江组上部（图5-3）岩层的古岩溶裂隙中，埋深800~3 000 m，含卤层总厚一般为30~50 m。黑卤含盐量为230~240 g/L，组分以氯、钠为主，但钾、硼、锂含量较高，且已富含硫化二氢、硫酸根、无钡为特点。

黄、黑卤均以孔隙储存、裂隙富集为特征，构造作用形成的断裂裂隙发育带是卤水的富集地带。

2）主要含（富）钾卤水层

含（富）钾卤水主要赋存于嘉五段—雷一段（$T_1j^5 \sim T_2l^1$），部分赋存于嘉四段（$T_1j^4$）和雷四段（$T_2l^4$）。嘉五段（$T_1j^5$）由灰岩、灰质白云岩、白云岩和针孔状灰岩（或白云岩）夹硬石膏及白云质泥岩，岩层裂隙发育，具针孔状构造。雷一段（$T_2l^1$）由水云母黏土岩（俗称绿豆岩）、白云岩、灰质白云岩夹灰岩组成，中上部具假鲕粒结构，针孔状构造，岩溶、裂隙较发育。

含卤岩系由白云质灰岩、含白云质灰岩、灰岩、白云岩等碳酸盐岩和蒸发岩或泥质岩组成，泥质含量少。具针孔状或鲕状结构，岩溶裂隙发育，储集性能好，连通性也较好，碳酸盐岩中的孔隙是含（富）钾卤水主要储卤层，蒸发岩和泥质岩为隔水层。

储卤层裂缝的发育程度是卤水富集的关键，裂缝不仅扩大储卤空间，更重要的是改善卤水的运移条件，主要表现在：①四川卤水具有明显层控性，但在同一构造不同构造部位，产水量变化极大；②卤水富集地段，往往在构造应力相对集中、断层裂缝发育地段，如背斜轴部，构造交汇部位等。所以形成四川含(富)钾卤水都为褶断型卤水。

3)含卤岩系的分布

含卤岩系为碳酸盐岩和蒸发岩或泥质岩组成，含(富)钾卤水埋深多在 1 000～3 000 m，最深达 5 782 m(梓潼老关庙)，为深层卤水。地下富钾卤水主要分布于四川盆地西南的自贡、东北部的宣汉、达州地区($T_1j^5～T_2l^1$)及川西邛崃、蒲江一带($T_2l^4$)。

## 第三节 典型矿床及成矿模式

### 一、渠县农乐杂卤石矿

渠县农乐杂卤石矿位于四川盆地东部，距渠县县城 28 km。矿体赋存于下三叠统嘉陵江组顶部和中三叠统雷口坡组底部硬石膏岩层中，具中型规模。矿体埋深 77～298 m，是国内迄今为止发现的杂卤石矿中埋藏最浅的矿体。

农乐杂卤石矿是建筑材料工业部西南地质公司第一地质队于 1982 年进行渠县农乐石膏矿床详查时发现的，其氧化钾含量为 2%～14.1%、氧化镁含量为 2.7%～9.7%，之后开展以找钾为主的杂卤石评价工作。杂卤石矿赋存于下三叠统嘉陵江组五段和中三叠统雷口坡组一段硬石膏岩层中，矿层与硬石膏岩呈不等厚互层产出，矿体埋深 77～298 m。杂卤石岩(矿)层 2～16 层，主矿层由 3 层似层状矿体组成，平均厚 2.44 m，矿层产状与顶底板硬石膏岩层产状一致，矿石类型以纹层状杂卤石为主。杂卤石矿物平均含量为 54.7%，其中第一矿层为 63.7%、第二矿层为 51.28%、第三矿层为 49.24%；矿石氧化钾平均品位 9%，其中第一矿层为 10.7%、第二矿层为 8.51%、第三矿层为 7.79%；MgO 的平均品位为 4.09%，其中第一矿层为 4.5%、第二矿层为 3.73%、第三矿层为 4.04%。经四川省批准杂卤石矿石储量 563 万吨，其中 142 万吨可供前期开采设计利用。

(一)矿床地质特征

1.概况

四川盆地内杂卤石矿是石油系统在找油气深井时经钻探发现的，建材地质勘查四川总队曾经在农乐地区评价石膏矿的同时对杂卤石进行评价，达到详查工作程度，并提交有详查报告，故选取农乐作为杂卤石矿的典型矿床，其矿区地质如图 5-4 所示。

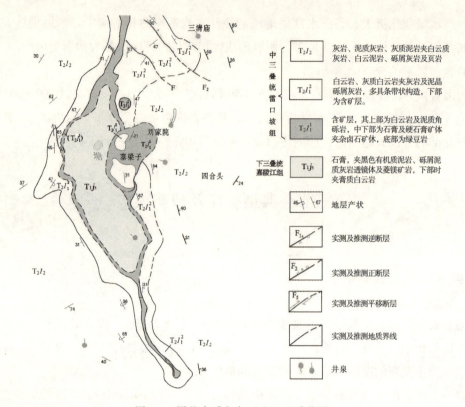

图 5-4 　渠县农乐杂卤石矿区地质草图

2.地层

农乐杂卤石矿床位于华蓥山背斜北段近倾没端核部，杂卤石矿分布在次级褶皱偏岩子背斜南段，区内出露地层有中三叠统雷口坡组($T_2l$)、第四系($Q$)。

1)地表出露地层

第四系($Q$)：沿河谷等低洼地带零星分布了冲积物、残坡积物、溶塌堆积、崩积物滑坡堆积及人工堆积物。

中三叠统雷口坡组($T_2l$)：分三段。

第三段($T_2l^3$)：泥质灰岩夹泥质白云岩。

第二段($T_2l^2$)：上部由灰岩、泥质灰岩夹少量白云灰岩、砾屑灰岩及页岩组成；下部由为灰质泥岩、泥质灰岩为主夹泥质白云岩、白云质泥岩、白云质灰岩等。

第一段($T_2l^1$)分二个亚段。$T_2l^{1-2}$主要为灰岩，白云岩、灰质白云岩夹灰岩及泥晶砾屑灰岩，多具条带状构造；$T_2l^{1-1}$的上部为白云岩及泥质角砾岩，中下部为石膏及硬石膏矿体夹杂卤石矿体，底部为绿豆岩。

2)钻孔揭露地层

钻孔揭露至下三叠统嘉陵江组上部，矿区 $T_1j^3 \sim T_2l^2$ 地层体现次稳定的多旋迴蒸发岩建造特征，共含四个含膏层位：$T_1j^{4-2}$、$T_1j^{5-2}$、$T_2l^{1-1}$、$T_2l^{2-1}$，其中 $T_1j^{5-2} \sim T_2l^{1-1}$ 层

位中分布有三层杂卤石矿层。深部地层由上到下如下所述。

中三叠统雷口坡组（$T_2l$）。第三段（$T_1l^3$）：厚度大于 60.60 m，仅控制下部，以灰岩、泥质灰岩为主，间夹白云岩、灰质白云岩等，底部时夹亮晶砾屑灰岩。第一段（$T_2l^1$）：厚 20.00～170.00 m，下、中部主要为石膏、硬石膏，时夹黑色有机质泥岩、膏质泥岩、黑色泥质膏质角砾岩；上部为灰质白云岩、白云岩、砾屑灰岩和黑色泥质角砾岩、黄色泥质、灰质角砾岩。在偏崖子背斜南段近底部夹二层中—厚层块状杂卤石岩。底部为一层钾质玻屑凝灰岩（又称绿豆岩），为区域性标志层。与下伏嘉陵江组为连续沉积，整合接触。

由于膏体强烈褶皱，钻孔中绿豆岩多次出现，但其岩性可细分三层，借以识别地层新老关系和褶皱构造。从上至下为：

③灰白色含硅质、泥质纹层状混合石膏，厚 8～10 cm。多见豆粒状石英颗粒（5%～8%），硬度大，锤击有火花。

②灰黑色含泥质绿豆岩，厚 10～20 cm。成分多为硅质凝灰和黏土，风化后蒙脱石化、水云母化较发育，泥质结构，纹层理发育，极易呈片状剥落，硬度较低。

①白色薄层状绿豆岩，厚 20～30 cm。以玻屑、石英、长石等火山凝灰质为主，成分简单，质较纯，玻屑泥质结构，条纹状、块状构造。单层厚 2～8 cm，层内还可见细微水平层理和交错层理。

$T_2l^{1-2}$：条带-斑点状石灰岩，厚 14.00～22.76 m，为矿区标志层。上部具浅灰-褐色斑点状、条带状构造：中下部具深灰色条带状构造为特征。在顶、底部见厚 0.3～0.5 m 泥晶砂（砾）屑（含白云质）灰岩。

$T_2l^{1-3}$：以白云岩、泥质白云质灰岩、白云质灰岩为主，夹细晶生物碎屑灰岩及亮晶砾屑灰岩。顶部为含泥质白云质灰岩。局部岩层针状、蜂窝状溶孔发育。少量孔洞为泥质或次生方解石半充填。

第二段（$T_2l^2$）分二亚段。

$T_2l^{2-1}$：厚 152.33 m，以钙质泥岩（页岩）、泥灰岩为主、夹泥质白云岩、白云质泥岩、白云质灰岩、白云岩等，深部夹石膏透镜体。次生方解石脉发育，风化面呈网格状。

$T_2l^{2-2}$：厚 127.0 m，底部肉红色、红色含铁灰岩夹泥质灰岩；下部以灰岩为主，夹泥质灰岩、白云质灰岩，偶夹砾屑灰岩；上部为灰岩与灰质页岩呈不等厚互层。

下三叠统嘉陵江组（$T_1j$），可分为五段，矿区揭露三、四、五段。

第五段（$T_1j^5$）分二亚段。

$T_1j^{5-2}$厚 18.00～160 m，主要为石膏、硬石膏，夹黑色有机质泥岩、砾屑（含）泥质灰岩透镜体及薄层灰黑色菱镁矿岩。下部时夹膏质白云岩；底部为黑色含砾屑灰质泥岩或泥晶砾屑灰质砾屑泥灰岩。在偏崖子背斜近顶部常见一层杂卤石岩。层内微型褶皱极为发育。

$T_1j^{5-1}$：厚 27.15~53.09 m，下部为浅灰、深灰色灰岩夹白云岩、灰质白云岩。上部为浅黄、灰色白云岩与灰色白云质灰岩、灰岩呈不等厚互层。层中局部溶孔发育。

第四段($T_1j^4$)分两亚段。

$T_1j^{4-1}$：厚 53.40 m，为灰色薄-中厚层状白云岩。

$T_1j^{4-2}$：厚 45.39~265.21 m，为硬石膏夹硬石膏质白云岩和黑色泥质角砾岩透镜体。在其中一个钻孔下部见二个硬石膏层内含盐斑晶；顶底部为黑色泥质角砾岩。

第三段($T_1j^3$)：厚度>6.38 m，仅见顶部，为深灰色中厚层状灰岩，具不明显的蠕虫状构造。

### 3.构造

矿区分布于华蓥山背斜北段，核部发育的一系列北北西向次级褶皱构造和规模不大的断裂构造，以褶皱控矿为主，断裂次之。

区内构造与杂卤石矿床关系密切，偏崖子背斜控制了杂卤石矿层总体形态和埋藏深度。杂卤石矿体较薄，夹于膏体内，其产状、形态，褶皱强度均受膏体控制，三层杂卤石连同间接标志层绿豆岩一起均伴随膏体呈同步褶皱状产出。整个膏体在区域性构造挤压应力作用下，向核部塑性移动、揉变，使其在横剖面上呈波状透镜体，且膨大核部揉皱强烈；翼部变薄、甚至尖灭。

在南北两端褶皱体盖层完整，封闭地覆盖于膏体之上，对杂卤石矿体和膏体起到了较好的保护作用，而位于中段的盖层均遭受风化剥蚀，杂卤石矿体被溶蚀破坏。局部导水通道较发育地段、硬石膏水化膨胀，直至遭受溶蚀、淋蚀，成为毗邻膏层顶板的泥岩、碳酸盐岩，受硬石膏水化膨胀应力和表生溶蚀、淋滤作用，使岩层沿原节理、裂隙进一步崩解、碎裂，形成黑色含膏泥质角砾岩和黄色泥质角砾岩。该层厚 1.87~9.85 m，最厚达 50 m。在矿床东西两翼边缘带，膏矿层和杂卤石矿层全部被水化溶蚀，发育成挤压破碎淋滤"膏岩-杂卤石岩溶蚀带"。

#### 1)褶皱

在较大区域内，褶皱呈左行雁列状(图 5-5)，从北至南依次排列分布有规模不大的烂泥湾背斜、姜家沟向斜、偏崖子背斜、老虎嘴向斜、林家院背斜等，其中偏崖子背斜控矿。单个背斜呈"人"字形、反"S"形、皆与其区域性东西向剪切应力派生的压性分力有关。

偏崖子背斜具有膏盐构造特征，背斜被覆于巨厚刚性三叠系碳酸盐岩、砂岩地层控制下，其内 $T_2l^1$~$T_2l^2$ 为碳酸盐岩与泥灰岩质层交替出现，后受区域性应力作用，发育成与华蓥山背斜不协调的多个次级褶皱，核部 $T_2l^{1-1}$~$T_1j^{5-2}$ 塑性膏盐层受挤压，致使整个膏盐体移位于分枝背斜间的向斜之上，呈"眼球状"聚集体产出，加之顶部、翼部边缘带硬石膏水化成二水石膏，体积膨胀，使已强烈褶皱的膏体内部构造更加复杂化。

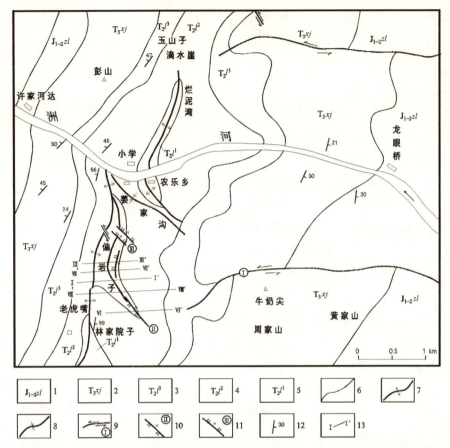

图 5-5　农乐地区地质构造简图

2）断裂

在农乐地区发育有断层 9 条，其中近东西向平移断层 2 条、近南北向逆断层 2 条，其余 5 条断层均为北西向（其中 2 条逆断层、3 条平移断层）。在矿区发育有断层 16 条，可以图示的只有 4 条，全为北西向，其中矿区北部 3 条、中西部 1 条。

在偏崖子背斜分布 8 条不可图示的断层，大多为北西向，只有 1 条为北东向展布。断层多围绕膏盐矿体顶板盖层分布，个别切割浅部膏体，对杂卤石矿和深部膏体，无直接损坏。

3）裂隙

矿区受多期褶皱断裂影响，裂隙较为复杂，主要有两组横向裂隙、两组纵张裂隙和三组剪切裂隙。一般背斜近倾没端纵横两组晚期纵张裂隙较发育，中段背斜膨大部位顶部中晚期纵张裂隙和晚期剪切裂隙较发育。两组横向裂隙倾向为 30°～70°、210°～250°，倾角为 60°～85°；两组纵张裂隙倾向为 300°～350°、120°～160°，倾角为 60°～80°；三组剪切裂隙倾向为 300°～320°、倾角为 30°～32°；倾向为 140°，倾角为 30°；倾向为 240°，倾角为 30°～32°。

### 4. 矿床特征

杂卤石矿床分布于偏崖子背斜南段，下三叠统嘉陵江组和中三叠统雷口坡组地层中。

#### 1) 矿体特征

经工程控制，矿体从Ⅲ线向南至Ⅵ线全线控制长 750 m，中部Ⅶ线最宽 460 m，面积为 0.334 km²。矿床由三层似层状深灰色致密状中厚—厚层—块状杂卤石矿体组成。从上至下，第一、二矿层赋存于三叠系中统雷口坡组($T_2l^{1-1}$)近底部石膏岩中；第三层赋存于三叠系下统嘉陵江组($T_1j^{5-2}$)近顶部的硬石膏岩中；与绿豆岩($T_2l^{1-1}$)相距仅 3～4 m。

第一矿层分布在Ⅲ～Ⅵ线，长 750 m，宽 0～400 m，平均厚度为 2.84 m，埋藏标高 235～-40 m，在平面上呈"新月形"，为主矿层之一。

第二矿层也分布在Ⅲ～Ⅵ线，长 750 m，宽 0～460 m。平均厚 2.54 m，埋藏于标高 240～-55 m，在平面上呈"新月形"，为主要矿层。

第三矿层分布在Ⅰ～Ⅶ线，长 165.50 m，宽 100～200 m，平均厚 1.94 m，埋藏于 224～123 m 高程，在平面上呈斜条形，往南至Ⅶ线附近尖灭。

埋深最浅为Ⅷ线一带，最浅一矿层垂深仅 73.14 m；最深为Ⅵ线一带(503.55 m)。一般埋深为 120～350 m。总体上是北部浅，南部深；核部浅，两翼深。

剖面上，各矿层总的形态与背斜一致，呈"人"字形，沿走向向南偏东方向倾伏，倾伏角为 16°～30°。但由于受区域性挤压应力和硬石膏水化体积膨胀产生应力作用，杂卤石矿层揉皱构造十分发育，并见冲断等不连续现象。从已见矿的 13 个钻孔和穿脉、沿脉坑道揭露看，单工程见矿次数 2～10 次之多，各矿体的形态、产状、厚度变化大，相差悬殊；在各横剖面和走向沿脉坑道中，均呈同步不协调"复背斜"褶皱产出，状如不规则花边状、正弦波形等。

各矿层的直接顶板和底板为硬石膏岩、泥质硬石膏岩、含菱镁质硬石膏岩，局部水化作用强的地段，硬石膏岩可水化为混合石膏和石膏岩。偶见构造及非构造变动，近顶、底板也见有绿豆岩。

#### 2) 矿石特征

矿物组合：主要矿物为杂卤石，占 25%～90%；次为硬石膏，占 1%～57%，石膏占 0～53.81%；少量菱镁矿、多钙钾石膏、无水钾镁矾、泥质、硅质等。

矿石结构：多半自形、他形，也有自形微粒结构、细粒结构、柱粒结构、不等粒镶嵌结构、似斑状结构、变斑晶结构、交代结构、交代残余结构等。

矿石构造：常见的有致密块状构造、纹层(条纹)状构造，少量条带状构造、团块状构造、斑杂状构造等。

杂卤石矿为深灰色、致密、略显纹层的中厚—厚层块状杂卤石岩，性坚硬，打击有脆感，与围岩硬石膏界线清楚。多呈半自形、他形晶，少量为自形晶，形态有粒状、柱状、板柱状、板状、叶片状，并可见纤维状、放射状集合体，还见有重结晶为斑状晶体者，亦见交代硬石膏而呈硬石膏假象等，粒径多为 0.02～0.05 mm，重结晶者达 0.2～0.5 mm。其中镜下见粒状、柱状、板状、叶片状杂卤石的长轴平行层理定向排列，共生矿物硬石膏、菱镁矿、泥质物等也常呈纹层状集中，也见有呈星散状分布于杂卤石晶体间，杂卤石含量多大于 70%，为沉积形成。而团块状、斑杂状杂卤石，多为被石膏或硬石膏交代后，具交代结构或具交代残余结构的后期改造的产物；同时，钾质游离后，亦见出现交代硬石膏的次生杂卤石和多钙钾石膏，无水钾镁矾等含钾矿物。

地矿部第二地质大队陈继洲研究了四川盆地下、中三叠统钾盐矿物的形成(陈继洲，1990)，认为无水钾镁矾、杂卤石、硬石膏的矿物组合不是原生沉积组合，而显示后生交代特征。

3)矿石自然类型

矿石自然类型按矿石中矿物的相对含量可划分为：杂卤石矿、(含)硬膏质杂卤石矿、杂卤石质硬石膏矿、杂卤石质石膏矿等。矿区以杂卤石矿和(含)硬膏质杂卤石矿为主，其次为杂卤石质硬石膏矿，杂卤石质石膏矿少见，主要分布于水化作用强烈的地带。

按矿石构造可划分为：块状杂卤石、纹层(条纹)状杂卤石、薄层状(条带状)杂卤石、团块状杂卤石、斑杂状杂卤石等。以前二者为主，条带状矿石少见，团块状、斑杂状杂卤石也仅见于水化强烈地带。

4)矿石化学成分

矿区内具代表性样的 5 件矿石样分析结果如表 5-2 所示。

从表 5-2 中可见：

(1)矿石的主要化学组分以 $SO_3$、$CaO$、$K_2O$、$MgO$ 及 $H_2O^+$ 为主，它们合计含量在 85% 以上，不少在 90%～95% 以上。相对应的矿物成份为杂卤石和硬石膏，二者之和在 85% 以上；

(2)钠盐含量很少，锶、钡的硫酸盐矿物亦少；

(3)其他矿物主要为泥质物、碳酸盐矿物；

(4)氯含量在万分之一以下，如有用于厌氯作物用作钾肥原料，是一种好的矿物原料，并能提供作物需要的 $SO_3$、$MgO$ 和 $CaO$ 等成分。

5)各矿层品位

第一矿层：$K_2O$ 含量≥9.8% 为主，平均 $K_2O$ 含量为 10.47%，说明矿石质量优良，为优质矿石。

第二矿层：$K_2O$ 含量变化范围为 4.0%～15.4%，平均 $K_2O$ 含量为 5%～10.4%，变化幅度不大，说明矿石质量良好。

第三矿层：$K_2O$ 含量变化范围为 4.2%～13.4%，平均 $K_2O$ 含量为 7.79%，一般 $K_2O$ 含量为 5.8%～10.2%，总的看矿石质量良好。

　　资源储量：经详查，批准 D 级杂卤石矿石储量 562.68 万吨，可达中型矿床，其中 142.07 万吨可供首期开展设计利用。

**表 5-2　农乐杂卤石矿石多元素分析结果表**

| 取样位置(样品号)　矿石名称(Ⅰ矿层) | | 杂卤石矿 | | 硬膏质杂卤石矿 | | 杂卤石质硬石膏矿 |
|---|---|---|---|---|---|---|
| | | $ZK_{602-13}$ | $ZK_{601-19}$ | $ZK_{601-21}$ | $ZK_{602-12}$ | $ZK_{601-17}$ |
| 矿石矿物/% | 杂卤石 | 84.04 | 80.08 | 64.01 | 55.05 | 35.2 |
| | 其他钾盐矿物 | | | | 0.96 | |
| | 硬石膏 | 8.58 | 11.74 | 21.12 | 34.94 | 49.93 |
| | 石膏 | 1.39 | 0.1 | 0.29 | 2.39 | 0.38 |
| 分析结果/% | 酸溶 CaO | 13.62 | 19.75 | 20.7 | 25.4 | 27.79 |
| | $SO_3$ | 51.14 | 50.37 | 48.11 | 51.52 | 48.24 |
| | MgO | 7.12 | 7.17 | 7.09 | 6.04 | 5.71 |
| | $K_2O$ | 14.33 | | | 9.53 | |
| | $SiO_2$ | 1.86 | | | 1.89 | |
| | SrO | 0.18 | 0.12 | 0.097 | 0.19 | 0.11 |
| | BaO | 0.11 | | | 0.17 | |
| | FeO | 0.05 | | | 0.07 | |
| | $Fe_2O_3$ | 0.12 | | | 0.14 | |
| | $Al_2O_3$ | 0.2 | 0.26 | 0.3 | 0.18 | 0.4 |
| | $B_2O_3$ | 0.01 | | | 0.01 | |
| | $CO_2$ | 1.18 | | | 1.71 | |
| | $H_2O^+$ 110℃ | | 0.02 | 0.02 | | 0.05 |
| | $H_2O^+$ 230℃ | 0.29 | 0.02 | 0.06 | 0.5 | 0.08 |
| | $H_2O^+$ 350℃ | 5.53 | 4.92 | 4.16 | 3.79 | 2.35 |
| | 水溶 $K_2O$ | 13.13 | 12.5 | 10 | 8.82 | 5.5 |
| | $Na_2O$ | 0.38 | 0.1 | 0.1 | 0.41 | 0.1 |
| | MgO | 5.94 | 5.5 | 4.75 | 3.99 | 2.57 |
| | $Cl^-$ | 0.009 | 0.003 | 0.004 | 0.005 | 0.003 |
| | 水不溶物 | 18.11 | 19.79 | 29.82 | 31.52 | 50.53 |
| | 合计 | 101.79 | 95.19 | 91.16 | 100.98 | 90.2 |

（二）矿床成因及成矿模式

### 1.成矿过程

农乐杂卤石矿床的矿层有一定层位，其产状变化与膏岩相协调一致，矿石结构层内具微细纹层理；开采坑道观察到各杂卤石矿层均稳定呈层状，与硬石膏层界线清楚，无明显的相互交代、渗透、界面模糊及不易区分等现象出现，其层理与邻近膏岩相平行一致，并同步褶皱变形，可以判断杂卤石矿体是沉积作用形成的。矿石具变斑晶结构、交代残余结构等现象，说明在后期成岩作用及各阶段后生作用过程中，杂卤石矿层经历了不同程度的交代、变质作用改造，并使矿床中局部杂卤石矿层品位相对富集，尤以第一、第二矿层内局部矿石的后期交代作用较为明显。

农乐杂卤石矿床为硬石膏-杂卤石沉积序列，无石盐。而邻近的南充次盐盆和宣汉次盐盆中，却往往是硬石膏-石盐-杂卤石沉积序列。造成这种不正常沉积序列是由于整个成矿过程中始终贯穿着溶蚀和交代作用所致。

在沉积过程中，海水不时向盐湖盆地补给，使盐湖含钾量增大，火山凝灰岩受风化淋滤分解出的部分钾离子进入盐湖，它是杂卤石钾盐沉积的重要物质来源。在炎热干旱气候条件下，海水蒸发浓缩至石盐析出的后期阶段（钾盐析出之前），钾、镁离子相对富集，周期性淡水引入钙离子，$K^+$以杂卤石（同生，准同生）形式先期析出，形成沉积或准同生沉积杂卤石。大部份$K^+$形成易溶的含钾盐类沉积物。

在成岩过程中，由于上覆层不断增加，压密成岩高温、高压下石膏脱出水或沉积地层中沉积变质水发生运移溶滤了含盐岩系中含钾盐类后，形成富含一定钾、镁离子卤水，这种卤水与硬石膏发生交代，形成交代杂卤石。而沉积阶段形成的盐类（石盐、钾盐）则在溶滤交代的水溶变质过程中被渐渐移走，残留下杂卤石、硬石膏，实际上这种组合是一种残留盐体。

最后经构造改造变形，使得杂卤石矿层揉皱极其发育，表生淋滤，形成现今面貌。

### 2.成矿模式

根据川中、川东盐盆交接带中的中生代岩相古地理特征可知，杂卤石矿床主要分布于两次级盐盆过渡带的更次级盐盆中。由于印支运动改变了四川盐盆原始基底构造格局，在川中、川东盐盆过渡带形成当时特定的多级穿插复合盐盆，为该过渡带杂卤石矿沉积提供了必备的富积条件。同期火山喷发，除形成广泛沉积的钾质玻屑凝灰岩（绿豆岩），为当时石膏沉积过程中穿插沉积杂卤石提供了重要的物质来源。沉积盐盆中浓缩卤水中的钾离子，在火山凝灰质于海水中分解出钾离子的参与下，与浓缩卤水中的其他成分$SO_4^{2-}$、$Ca^{2+}$、$Mg^{2+}$等在过饱和状态下，析出了杂卤石矿层，后经深埋变质改造。

根据杂卤石矿床地质特征、成矿作用和成矿成因，建立典型矿床成矿模式，如图5-6所示。

**Ⅴ.表生淋滤阶段**

地层广遭剥蚀，背斜区盐系地层常被剥蚀淋滤，形成负地貌，岩溶发育，常见表生矿物及次生交代杂卤石。

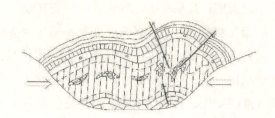

**Ⅳ.构造变形阶段**

在水平力作用下沉积层产生：蒸发岩塑性变形，形成各类盐构造；背斜相邻碳酸盐岩构造裂隙发育，杂卤石矿层隅构造变形。

**Ⅲ深埋变质阶段**

埋深加大，温度压力又重作用下，矿物结晶水大量脱出，溶滤易溶盐带入上覆储层；石膏全转化为硬石膏，其他含结晶水矿物脱水转化成无水高温矿物(硬石膏、无水钾镁矾)，携带盐分的脱出水与沉积物交代形成新矿物或矿层(杂卤石)，主要生成硬石膏、无水钾镁矾，交代成因杂卤石等矿物。

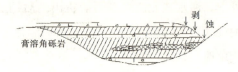

**Ⅱ.压密成岩及上隆溶蚀阶段**

上伏沉积物沉积，使原沉积物脱水固结，孔隙度降低，孔隙水，结晶水大量排出逸散或补给上部沉积，石膏向硬石膏转化，脱出水对易溶盐产生溶蚀。地壳差异上升，剥蚀夷平，部分盐类遭溶滤，剩余杂卤石、硬石膏。

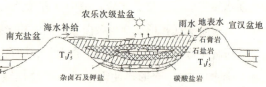

**Ⅰ.沉积阶段**

地壳升降差异，次级盐盆外侧小盐盆形成；海水振荡频繁，碳酸盐岩、蒸发岩交替叠置沉积，干燥气候条件下，蒸发量大于海水补给，火山凝灰岩喷发沉积及风化、淋滤及局部海水补给对沉积卤水钾镁予补给，淡水掺杂形成部分杂卤石和菱镁矿层；蒸发岩中按沉积序列形成石膏、石盐、同生杂卤石。

图5-6　农乐杂卤石典型矿床成矿模式示意图


## 二、自贡市邓井关地下卤水钾盐矿

自贡地区地下卤水资源丰富，是四川省主要产区。邓井关地下卤水是1958年在油气勘探过程中发现的，在钻探过程中，天然气、黑卤和黄卤同喷。1959年，兴建了邓井关制盐化工厂；1971年，国家为了解决缺碘问题，原地质部第七普查大队进行卤(碘)资源研究工作，求得卤水剩余储量2 698余万立方米。邓井关地下卤水系黑卤，含K、Br、I等。

邓井关钾盐矿距自贡市区约30 km。含卤层以 $T_1j^5$ 为主，次为 $T_2l$。属古代沉积叠加变质改造、地下卤水型钾盐矿。

（一）储卤构造地质特征

邓井关构造位于泸州古陆与威远穹窿之间的斜坡地带（图 5-7）。矿区地表出露侏罗系地层（图 5-8），含卤层仅在钻孔中见于数百到上千米的深部（图 5-9）。

1. 地层

区内地表大面积覆盖侏罗系中统沙溪庙组（$J_2s$）和中—下统自流井组（$J_{1-2}zl$）地层，总体为不对称背斜构造（自流井构造）。构造轴部出露最老地层为自流井组三段，两翼及东西倾没端广布沙溪庙组地层，第四系（Q）仅沿河谷零星分布，三叠系以下老地层则深埋地腹。根据钻孔资料，对含卤岩系及上覆地层由下到上简述如下。

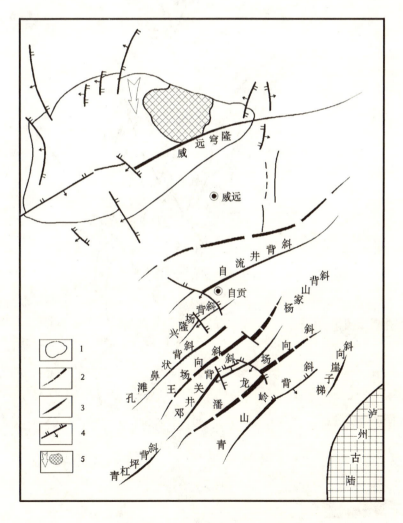

1.构造边界 2.向斜 3.背斜 4.逆断层 5.旋扭构造

图 5-7 自贡地区构造纲要图

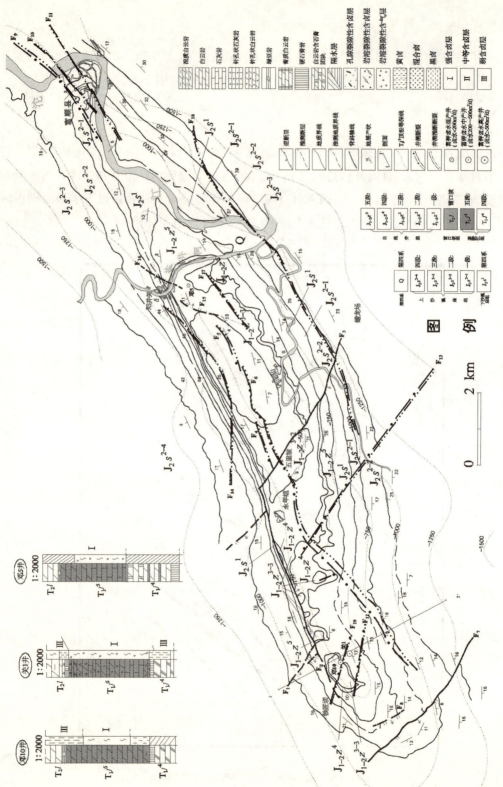

图 5-8　自贡邓井关地区地质图

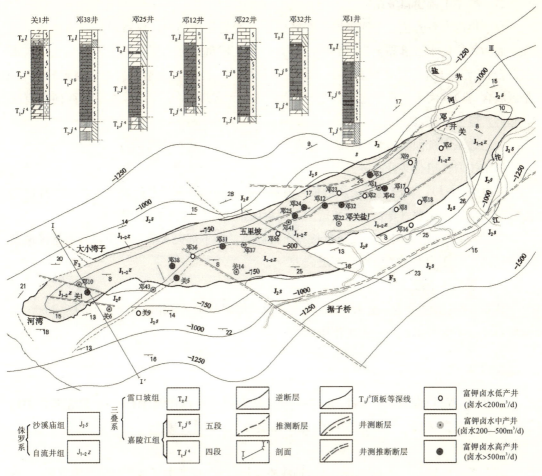

图 5-9 自贡邓井关地区深部地质构造图

1)三叠系下统嘉陵江组($T_1j$)

嘉陵江组第四段($T_1j^4$)按岩性组合可分以下四个亚段。

$T_1j^{4-1}$：灰色、褐灰色白云岩；底部为该区低压天然气储集层，厚20～34 m。

$T_1j^{4-2}$：灰白色、浅灰色褐色硬石膏岩，夹泥质白云岩与硬石膏岩互层，厚18～28 m。

$T_1j^{4-3}$：灰色、浅褐灰色泥质白云岩，含白色硬石膏斑点及团状，厚8～13 m。

$T_1j^{4-4}$：下部为灰褐色硬石膏岩；中部为浅灰褐色硬石膏岩与灰色泥质白云岩、膏质白云岩不等厚互层；上部为灰褐色硬石膏岩，顶部夹薄层白云岩及膏质白云岩条带。厚47～80 m。

嘉陵江组五段($T_1j^5$)：底为浅灰色灰岩及灰质白云岩；下部及中部为深灰色、褐灰色灰岩、白云岩和针孔状灰岩（或白云岩）；上部为灰色、深灰色白云岩夹硬石膏岩及蓝灰色白云质泥岩；顶为角砾状白云岩。自西向东地层厚度逐渐减薄。此段地层岩溶、裂隙发育，具针孔状构造，针孔局部密集呈蜂窝状，少许沿微裂隙形成溶洞，是区域含（富）钾卤水层，也是本区的主要含（富）钾卤水产层。厚39～64.50 m。

2）三叠系中统雷口坡组（$T_2l$）

在盆地内发育齐全，分四个段，在区内由于遭受强烈剥蚀，仅残留雷一段地层。岩性：底为黄绿色水云母黏土岩（俗称绿豆岩），为区域重要标志层，其上为浅灰色、灰褐色白云岩、灰质白云岩夹灰岩。中上部假鲕粒结构，针孔状构造，岩溶、裂隙较发育，是区域含（富）钾卤水储集层之一，在本区为次要含（富）钾卤水产层。本层自西向东有减薄趋势。厚 17~87.5 m。

3）三叠系上统须家河组（$T_3xj$）

该组按岩性组合共分二段。

一段（$T_3xj^1$）：灰白色、浅灰色长石石英砂岩。局部夹灰黑色砂质页岩。中下部砂岩胶结疏松，层间裂隙发育，为区域黄卤水储集层，是本区黄卤主要产层。

二段（$T_3xj^2$）：灰白色、浅灰色长石石英砂岩，中下部夹灰黑色砂质页岩。是区域黄卤水储集层，亦是本区黄卤次要产层。

4）侏罗系各组段

侏罗系各组段主要为一套未变质的红色河湖碎屑岩及泥质岩相地层，厚 1 500~3 500 m，侏罗系地层不含卤水，只起保矿作用。

2. 构造

邓井关（背斜）构造为自流井凹陷中一狭长形两翼不对称背斜（图 5-8），简称邓井关构造。该区卤水富集带受背斜和断裂（含地下断裂）及裂隙所控制。

1）褶皱构造

邓井关背斜轴向为北东 60°~70°，轴线略呈反"S"形弯曲，长 22 km，宽 5 km，以砂岩底界圈闭，闭合面积为 110 km$^2$。按构造特征可分三段。在背斜西段沿断裂带富集，东段沿东南翼地下断裂带富集，背斜核部因张裂隙发育卤水均呈带状富集。

东段：为邓井关镇以东，南翼陡，地层倾角达 44°；北翼缓，地层倾角 23°，轴部开阔，出露地层为凉高山砂岩。构造相对简单，腹部被 $F_9$、$F_{10}$、$F_{11}$ 断层切割。

中段：为邓井关镇—永年镇，呈南缓、北陡的"箱状"构造。北翼地层倾角高达 50°，南翼地层倾角为 25°~30°。在本构造高点附近出露地层为砂岩，分布面积约 2 km$^2$，轴向 NE65°。腹部隐伏断层发育，轴部被 $F_4$、$F_5$、$F_6$ 等断层破坏，使高点呈半圆形，且轴线由下而上向东偏移，向西近永年地层倾角变陡，轴线偏至东西向，过永年后则变缓。

西段：为永年镇以西，由于 $F_1$、$F_2$、$F_3$ 断层的影响，轴部起伏，在此处出现次高点。腹部东部轴线向南偏转，使西段构造线方向与整个构造趋于一致，由于 $F_2$、$F_3$ 断层的影响，使南翼地层上升（图 5-10）。

2）断裂构造

邓井关构造中断层比较发育，但以深部隐伏断层居多，包括出露地表的和深部隐伏断层共有 19 条（图 5-9），其性质多为逆断层。主要控卤断裂分为北西、北东方向二组。

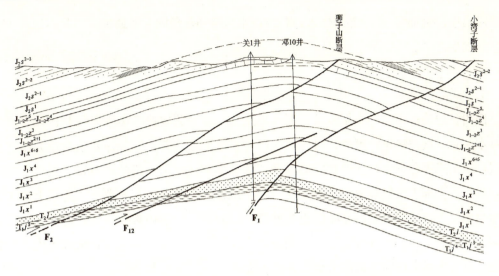

图 5-10　邓井关地下卤水型钾盐典型矿床西段剖面图

1 北西向五里坡逆断层($F_3$)：为隐伏断层，位于构造中西段，横切轴线，呈北西-南东向，向南东延伸至蟠龙场向斜；走向为北西 55°～60°，倾向为南南西，倾角为 38°～52°，长 6.5 km，最大断距为 206 m，地表在高石坎至赵家坝呈向北东突出的弧形，切割狮子山断层；向南，切断南翼—北东—南西向隐伏断层。经钻井证实，向下延伸至 $T_1j$ 地层。断层向深部递减，在通过油、气、卤水储集层时，为流体运移的通道，是主要控卤断层之一。

2 北西向隐伏逆断层($F_{12}$)：为钻井所发现，北西走向，其北侧为一条与之平行的隐伏断层($F_{19}$)，两条断层同为北西向展布，其规模小，切割 $T_1j^5$ 含卤层，起富水作用。

3 北东向(狮子山)逆断层($F_2$)：地表位于构造北翼，东始于草头山以东，与五里坡断层反接，向西于铁匠坝附近消失，走向为北东 60°～80°，与构造轴线大体平行，倾向为南东，倾角为 32°～57°，断距为 100～200 m。经钻井控制，向西延至地下长达 7 km 以上，延伸至 $T_1j^4$ 段以下。在 $T_2l$ 和 $T_1j^5$ 界线处断距达 100 m 以上，向深部断距有减小趋势。在本断层中西段，断层线向南偏转，斜切轴线，是本构造上主要富卤断层之一，当其通过黄、黑卤水储集层时，卤水产量明显增加。在构造中段和西段的接壤部位，由于与五里坡断层的复合作用，深部雷口坡底板的构造次高点，构成油、气、卤水均较富集的高产区。

(4)北东向的(轴向)逆断层：位于构造中段轴部偏北翼，走向为北东 70°，倾向为南东，倾角小于45°，长 4.5～5 km，最大断距为 147 m，在 $T_2l$ 和 $T_1j^5$ 中，断距一般为 45～55 m，向下断距递减，向上消失在 $T_3xj^4$ 段中。由于断层处在构造轴部，故对构造顶部破坏较大。有多口钻井控制，致使雷口坡底板构造图上的高点不能自然圈闭，被 −400～−450 m 等高线分为东西两块，牵引现象明显。断层面波状起伏，并产生弯曲。

本断层是中段轴部 $T_1j^5$ 段储集层含(富)钾卤水运移和富集的主要通道,亦是本区最主要的富卤断层之一。

(二)地下卤水基本特征

四川盆地普遍埋藏三叠系黄卤、黑卤储集层。邓井关构造各卤水层段与区域含卤岩系基本一致,层位稳定,可进行对比。含卤岩系之上覆盖着巨厚的侏罗系自流井组红色地层,隔绝了浅层淡水与含卤层间的联系;底部嘉陵江组第四段的硬石膏岩是良好的隔层,阻止了下部天然气和地层水的干扰。由于沉积环境的差异,导致了三叠系上统须家河组与中、下统雷口坡组,嘉陵江组岩性组合的差异,分别储集了物理、化学性质各不相同的黄卤和黑卤,后者含(富)钾。同时因含卤层和隔卤层交替出现,构成区内各自独立的,具有区域成因联系的两大承压含卤系统。

1.地下卤水层及其性质

邓井关构造地下卤水层分布很广,是一套埋藏深、含盐矿化度高的承压含水层。邓井关构造含(富)钾卤水含隔卤层地质特征如表5-3所示。

1)Ⅰ含卤层($T_1j^5$)

本含卤层以白云岩、针孔状灰岩、针孔状白云岩为主,钻厚39.0～64.50 m,由西向东有减薄趋势。

含卤岩系质纯、性脆,储集空间类型多,其中以裂隙、溶孔(针孔)为主,粒间和晶间孔隙次之,有少许2 cm左右的溶洞。含卤层裂隙比较发育,开启性者颇多;针孔主要在该层中下部,局部密集呈蜂窝状,普遍有溶蚀加大现象,但相互连通者较少。孔隙度一般在10%左右,最低为0.22%,最高为17.84%;渗透率一般为0.5～1 m/d,最低为0.01 m/d,最高30 m/d。但在构造轴部、倾没端和断裂带上的钻井,在钻进该层后,均有不同程度的井漏、井涌和放空等现象,说明在构造有利部位,储集空间发育,渗透性好,从而反映出该含卤层非均质程度较高。

表5-3　邓井关(背斜)构造地下卤水层、隔卤层地质特征简表

| 地层代号 | 厚度/m | 卤别 | 含、隔水层划分 | 主要岩性 | 含卤隔层厚度/m | 含卤层分布特点 | 储集空间类型 | 富水性 | 水文地质综述 |
|---|---|---|---|---|---|---|---|---|---|
| $T_3xj$ | 75～170 | 黄卤或混合卤 | 隔 | 页岩夹砂岩 | 10～35 | 不稳定层状 | 孔隙-裂隙 | 弱-中等 | 页岩、砂质页岩夹砂岩,层厚,分布广泛,水显示不明显,为区域隔水层;中下部和底部所夹砂岩含卤,钻进过程中$Cl^-$含量升高,出现井涌、井喷、构造南翼$T_3xj^1$底部砂岩与$T_2l$剥蚀面接触,致使黄、黑卤水发生水力联系,六口涌出卤水的井中,有三口见黑卤或混合卤 |

续表

| 地层代号 | 厚度/m | 卤别 | 含、隔水层划分 | 主要岩性 | 含卤隔层厚度/m | 含卤层分布特点 | 储集空间类型 | 富水性 | 水文地质综述 |
|---|---|---|---|---|---|---|---|---|---|
| $T_2l$ | 17~87.5 | 黑卤含（富）钾卤水 | 含 | 白云岩、灰质白云岩、灰岩 | 20~30 | 层状 | 岩溶-裂隙 | 中-强 | 白云岩、灰质白云岩、灰岩。中下部具假鲕状结构，针孔发育，因遭受剥蚀仅残存雷一段地层，厚度不等，中上部岩溶、裂隙发育；裂隙率平均达14.79条/m，针孔孔径为0.2~1 mm，有的孔缝被方解石充填，孔隙度为0.82%~5.81%，渗透率平均0.5 m/d±，钻进中Cl⁻含量升高，有放空现象，漏、涌普遍，如邓47井漏速为10 m³/h，邓14井漏失泥浆60 m³，邓21井涌出黑卤，为本区仅次于$T_1j^5$的富钾卤层，底部的"绿豆岩"含水差，是良好隔层 |
| $T_1j^5$ | 39~64.5 | 黑卤含（富）钾卤水 | 含 | 上部白云岩中、下部灰岩、针孔状灰岩或白云岩 | 30~40 | 层状 | 岩溶-裂隙 | 强 | 上部白云岩、中下部灰岩或白云岩，针孔发育，局部密集呈蜂窝，有次生加大现象，孔径为0.1~2 mm常见溶洞，裂隙发育，少数被充填，缝宽1~2 mm平均孔隙率为24.97%，渗透率为0.5~2 m/d，钻井中Cl⁻含量猛增，并有放空现象显示甚好，含卤层的富水性受构造部位和断层制约。是本区主要含（富）钾卤水生产层 |
| $T_1j^4$ | 47~80 | | 隔 | 硬石膏岩夹白云岩 | 0~10 | 不稳定层状 | 岩溶-裂隙 | 弱 | 硬石膏岩夹白云岩，致密、含水性差、隔绝了上部卤层和下部天然气层之间的联系，其中的白云岩局部受构造影响见少许气、水显示 |

本含卤层虽系本区地下卤水的良好储集层，但富卤地段很大程度受构造控制。它不仅储集空间发育，渗透性能较好，岩溶、裂隙发育，又有断裂构造的复合作用，配之以上部、下部致密而稳定的雷口坡"绿豆岩"和硬石膏岩作隔水岩，封闭性好，具有独立的水动力系统，是本区有很高工业价值的地下卤水型钾盐矿的产出层。

2）Ⅱ含卤层（$T_2l$）

本含卤层岩石由泥质白云岩、灰质白云岩、灰岩、针孔状灰岩，针孔状白云岩构成，底为"绿豆岩"，厚17~87.5 m。由于印支期地壳上升，致使该套地层遭受强烈剥蚀，因此残存厚度在各构造部位厚薄不等，总趋势由西南往东北减薄。

含卤岩层中溶孔和裂隙都比较发育，但平面上分布不均，背斜轴部带优于翼部。岩层中裂隙率为0.18~20.40条/m，灰岩、白云岩的针孔后期改造孔隙度为0.82%~5.81%，渗透率为0.5 m/d左右。各钻井遇本层时都有不同程度的钻进速度增快，出现放空、井涌、井漏和气、卤显示。

本含卤层顶部是$T_3xj$的页岩、砂质页岩，底部是"绿豆岩"，隔绝了上下气、水与卤水层的联系，封闭条件较好，是仅次于$T_1j^5$的岩溶、裂隙富钾卤水层。

2.含卤层的分布形态

邓井关背斜是自流井凹陷的主要含卤构造之一，含卤层($T_2l\sim T_1j^5$)为碳酸盐岩，横向上岩性稳定，纵向上层序清楚，成层性强。尽管断裂比较发育，但储集层仍保存完好。彼此间基本上无水动力联系。其产状根据地震和各钻井取心资料，构造西段南翼缓，地层倾角为10°~20°，北翼陡地层倾角为20°~30°；中段两翼产状与西段接近，东段构造开阔，地层平缓。

在深部含卤层埋藏深度与背斜形态相关，在背斜高点及附近浅，两端深。由于构造应力作用的差异性，导致构造不同部位的储集空间发育极不均衡，卤水富集悬殊，所以各钻井显示差别很大，从而反映了本区卤水赋存受构造、岩性制约的特点。

3.地下卤水的化学性质及水动力特征

1)水化学性质

邓井关构造三叠系雷口坡组和嘉陵江组地层储集的液体矿产以含(富)钾卤水为主，其矿化度较高，水化学类型为氯化钠型。其主要化学成分和特征系数如表5-4所示。

表5-4　邓井关构造地下卤水离子含量及特征系数

| | 卤水类别 | 含(富)钾卤水 |
|---|---|---|
| | 产出层位 | $T_2l\sim T_1j^5$ |
| | 单位 | g/L |
| 阳离子 | $K^+$ | 2.91~4.66 |
| | $Na^+$ | 81.12~90.49 |
| | $Ca^{2+}$ | 3.04~4.35 |
| | $Mg^{2+}$ | 0.56~0.99 |
| | $Sr^{2+}$ | 0.10~0.18 |
| | $Li^+$ | 0.06~0.11 |
| | $NH_4^+$ | 0.12~0.22 |
| | $Ba^{2+}$ | 无 |
| 阴离子 | $Cl^-$ | 118.27~153.50 |
| | $SO_4^{2-}$ | 1.24~1.70 |
| | $HCO_3^-$ | 0.43~0.88 |
| | $Br^-$ | 0.67~0.93 |
| | $I^-$ | 0.022 |

续表

| 卤水类别 | 含（富）钾卤水 |
|---|---|
| 产出层位 | $T_2l \sim T_1j^5$ |
| 单位 | g/L |

| 特征性系数 | Cl/Br | 159.33～198.09 |
|---|---|---|
| | I/Cl | 0.000 12～0.000 15 |
| | Br/I | 41.39～52.26 |
| | eNa/e Cl | 0.94～1.00 |
| | $K \cdot 10^3/\sum$盐 | 17.39～18.90 |
| | Na/K | 18.66～29.90 |
| | 离子总量 | 223.31～257.37 |
| | pH | 6.9～8.0 |

地下卤水赋存在 $T_2l \sim T_1j^5$ 碳酸盐岩的岩溶、裂隙中，产于还原带，埋深 800～1 460 m；地下水运动极其滞缓，封闭条件好。黑卤呈灰黑色、半透明、混浊，有悬浮物及黑色沉淀，具有很浓的硫化氢味，pH 为 6.9～8，矿化度一般为 224.94～257.37 g/L，含较多的 $SO_4^{2-}$ 和 $H_2S$，其中一价碱金属 $K^+$、$Na^+$ 的含量比黄卤高，$B_2O_3$ 也相对富集，但不含 $Ba^{2+}$。

2）水动力特征

四川盆地为一半封闭型的盆地，因盆底起伏，不同部位沉积物厚度各异，导致含卤层受静负荷差别比较大。盆地东北及腹部地区含卤层压力高，西南压力低，在静压的影响下，地下水由北东向南西移动。由于卤水浓度高，黏滞性强，在非均质岩层中流动速度尤为滞缓。而自流井凹陷是区域水动力场的均衡区，邓井关背斜则位于凹陷的东南部，是卤水汇集的有利地段。随着历史的变迁和成岩后期作用的影响，进一步改造了储集空间和运移通道，使孔缝中的卤水向裂缝发育带聚集，形成了与断裂、构造部位有紧密联系的卤水富集带。

据钻井和矿区资料证实，邓井关背斜含卤层与区域含卤系统水力联系非常微弱，基本趋于隔绝状态。根据背斜北翼两钻井在 $T_1j^5$ 段的物性样分析，孔隙度为 0.67～4.68%，渗透率<0.01 m/d。背斜南翼一个井孔隙度虽然达到 9.68%，但渗透率也仅在 0.1 m/d 左右。三口井试水排泄量都小，无补给而产生断流。所以卤水的流动是靠岩石、液体和溶解气的弹性膨胀，没有外来能量，流体以这种方式排出，往往压力递减快，水位降落幅度大。

本区三叠系地下卤水为远离地表、封闭条件好的承压水，在被揭露前的天然状态下，运移极其滞缓，卤层被钻开和投产后，打破了静态平衡，卤水以非稳定流形式流入井筒，此时产量高，能量消耗大，水位下降快，压力漏斗不断向外扩展，使整个开采场受到了干扰。随着生产时间的延长，由于无外来能量补给，出现了统一的区域降落漏斗，从而反映出该区地下卤水是依靠压力降落时，岩石及其储藏的气、水释放出弹性能量推向井底，即弹性驱动的水力特征。

### (三)成矿模式

#### 1.成矿过程

四川盆地是我国几大海相成盐盆地之一，古生代后期到中三叠世早期为广阔的陆源海，其东南为江南古陆，西南接康滇古陆，西北邻龙门山古陆，北靠秦岭大巴山古陆。盆地靠这些古陆之间的海峡与外海相通，形成了半封闭的海盆。

三叠纪早期和中期，盆地经历了多次海侵和海退，使周围古陆上的含盐风化物大量注入海盆，在地壳外营力的作用下，构成了许多大小不等的潟湖和盐湖，自流井凹陷就是其中的古湖之一。早三叠世末期，盆地气候炎热、干燥，蒸发作用强烈，原生含盐水不断浓缩，成为高矿化度的古海水。

中三叠世末期的印支运动，在本区的主要表现形式是以振荡运动为主。区内地层厚度大、封闭性好，在巨厚沉积的静压下，经过变质、纯化以及各种复杂的物理、化学作用，升华为高矿化度的古卤水。因构造运动的影响，不仅产生了断裂和大量裂隙，而且促进了三叠系可溶岩石的孔洞进一步发育，给卤水的富集提供良好空间和运移通道。同时构造应力场产生的动压力还驱使高矿化度卤水向褶皱断裂运移、聚集，在漫长的地质程中，形成了有开采价值的卤水矿产。

晚三叠世以后，四川盆地沉积了上千米的碎屑岩与泥质岩，这些泥质岩类渗透性极差，成为良好的盖层，使含卤岩系避免遭受风化淋滤，盐类物质得以不容易被溶解流失，为溶液的储集创造了良好的封闭条件，成为水交替十分缓慢的还原环境，从而使盐类物质得已保存而成为古卤水。同时上千米巨厚沉积物的静压力使泥质岩和其他盐岩在成岩(盐)过程中高压释放出的水渗入含卤层，一方面增加了储存量，另一方面提高了溶液浓度。再则，盖层是由南往北增厚，使静压力高的广元、江油一带的古卤水向静压力低的自贡、泸州一带运移，并进入有利的构造圈闭和各类储集空间，在巨厚盖层产生的温度、压力下，古卤水与围岩、盐类和其他溶液经过复杂的物理、化学作用，卤水成分得到纯化，矿化度进一步升高。

白垩纪末期的四川运动，使盆地整体上升，四周褶皱成山，内部产生断裂和褶皱，盆地轮廓基本定型。由于多次构造运动的影响，导致古卤水产生热变质作用，矿化度更进一步升高，成为有工业价值的承压盐卤水。

#### 2.成矿模式

邓井关背斜位于四川盆地自流井凹陷之东南的重要含卤构造中。根据十余口钻井在$T_2l^1 \sim T_1j^5$含卤段的水分析成果与区域资料对比可知，邓井关地下卤水型钾盐矿的成因与区域深层地下含（富）钾卤水一致，属封闭盐盆中的海水蒸发、浓缩、矿化度不断升高的"沉积型"地下水，后经变质叠加作用，形成地下卤水型钾盐矿，其成矿模式如图 5-11 所示。

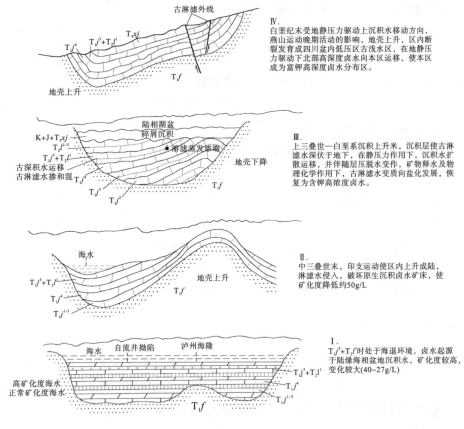

图 5-11　邓井关式地下卤水型钾盐成矿模式图

## 第四节　四川省钾盐矿成矿规律

四川省钾盐矿属古代沉积型矿床，严格受大地构造条件所控制，已知的矿产地和已发现的线索均位于四川陆内前陆盆地（简称四川前陆盆地或四川盆地）。本书利用石油系统油气勘查开发及研究成果，联系四川前陆盆地地质矿产实际，对钾盐矿成矿规律进行总结。

### 一、成矿地质背景

#### 1. 区域地质特征

四川省钾盐矿主要分布在四川盆地东北缘的广安、达州、宣汉一带，以及盆地西南缘的自贡、邛崃一带，大地构造位置属上扬子古陆块的西缘及北缘，四川陆盆地腹部。其特征为古陆块内具有由元古代的结晶基底及褶皱基底，由稳定型沉积岩及火山岩组成的盖层厚度达万米。古陆块内地层变形微弱，西部以规模不等的穹窿构造为主，除威远穹窿规模较大外，一般以小型为主；东部以梳状褶皱发育为特征，区域上呈带状分布。

区域上含钾岩层均深埋地腹，地表主要分布中生代陆相红色碎屑岩地层为主。其中，上三叠统须家河组、中上侏罗统沙溪庙组、遂宁组、蓬莱镇组及下白垩统苍溪组大片出露，厚度一般大于 3 000 m。须家河组为区域内分布稳定的含煤碎屑岩系，由砂、泥岩及煤层所组成，厚度一般小于 1 000 m；其上的侏罗、白垩纪地层岩性稳定，岩性基本相似，均为紫红、棕红等色砂岩、粉砂岩及泥岩。

主要含盐岩层为下三叠统嘉陵江组上部(嘉五段)、中三叠统雷口坡组底部(雷一段)。两段连续性较好，基本岩性以白云岩为主，程度不等的夹有石灰岩、硬石膏、杂卤石、岩盐等碳酸盐、硫酸盐、氯化物岩层，厚度一般为 100~400 m，其间常有一层灰绿色水云母黏土岩("绿豆岩")，可作为区域对比的标志层。碳酸盐岩中常具有颗粒结构及孔隙构造，由于盐类矿产溶解度较高，可为含盐卤水提供运移的空间。

含钾岩层均为沉积岩地层，没有侵入岩、火山岩及变质岩分布。

### 2. 岩相古地理研究

四川盆地是我国有名的大型沉积盆地，面积约 22 万平方千米(含边缘山地面积)。早、中三叠世，上扬子地区为广海环绕的浅水碳酸盐台地环境。四川盆地处于上扬子陆块的北西部位，而四周均为古陆、水下隆起，其西有康滇、龙门山古陆，北面分布着汉南、大巴山岛陆(海隆)，东南方为江南古陆。这些古陆、隆起不同程度地阻隔与外海的联系，组成半封闭的内海。在盆地内部，受古构造控制，形成次级凸起和凹陷，如川南凹陷、南充(川中)凹陷、成都凹陷等。隆起带、凸起作为屏障，而凹陷便成为大量经过初步浓缩海水的聚集场所，理想的成盐盆地。盆地内总体沉积环境属潮汐带(图 5-12)，其沉积环境特点如下所述。

1) 古盐矿形成的地理和气候环境

世界古盐矿统计资料表明：古盐矿床集中分布于古纬度 0°~40°；根据四川盆地中部的早中三叠世剖面古地磁资料，早三叠世末至中三叠世时的古纬度为 26.68°，说明四川盆地古纬度与世界成盐带古气候条件一致。

四川盆地三叠系含盐剖面有干裂纹红石盐出现及盆地中部和西部地区稳定同位素资料划分出大范围分布的萨勃哈环境等，表明该时期四川盆地处于炎热、干旱的古气候条件，有利于成盐、成钾的气候环境。

2) 盆地内以沉积碳酸盐、蒸发岩为主

上扬子陆块边缘由一系列古陆、海隆和生物堤礁组成隆起带，地势较高，陆块内部则相对低洼平坦。沉积物在这一总的地貌景观制约下，表现为台地边缘沉积物厚度薄，

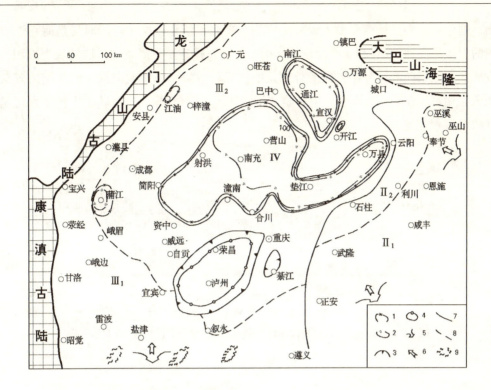

Ⅱ局限台地潮间带 Ⅱ₁云灰坪 Ⅱ₂膏化云灰坪 Ⅲ蒸发台地似潮上蒸发坪 Ⅲ₁云坪
Ⅲ₂膏盐坪 Ⅳ蒸发台地盐湖
1. 石盐岩分布区 2. 杂卤石岩颁布区（大陆盐湖） 3. 剥蚀残存区 4. 剥蚀殆尽区
5. 海退方向 6. 海水补给方向 7. 相区分界 8. 亚相分界 9. 生物堤礁
图 5-12 上扬子台地早、中三叠世（嘉陵江—雷口坡期）岩相古地理略图

主要为碎屑岩，在陆缘活跃时期则沉积含陆源碎屑的泥质碳酸盐岩沉积，在构造平静、蒸发成盐时期为潮上环境的白云岩沉积；台地内部沉积物厚度相对较大，沉积物主要为碳酸盐岩。

3）台地与广海海水间的联系

当海面上升时，海水越过台缘隆起带大举入侵，在台地内普遍沉积碳酸盐岩；当海面下降，则海水只能通过古陆间的隘口，或涨潮时水面短暂的升高而少量漫入台地，甚至海平面进一步下降，则台地与海水的联系即濒于断绝（图 5-13、图 5-14），在台地低洼的盆地内形成蒸发岩沉积。

4）地势变化

台地南缘生物堤礁地势较低，而北面和东西两侧隆起带则相对较高。因此台地地势总体上是北高南低。但是，由于区域构造发展的不均衡，影响着不同时期台地地势的变化。如早三叠世初期，西侧康滇、龙门山古陆活跃，东南江南古陆相对平静；后期江南古陆抬升，龙门山古陆更趋向下沉，台地地势变为东高西低，最后迫使海水向西撤出上扬子区，结束了海相沉积历史。台地上述地势及其演化特点，决定了早、中三叠世时期海水只能从台地南和东南方越过由生物堤礁和古陆构成的隆起带进入台地，并最后向西退出。这一地区由于远离海源入侵补给一侧，受海水淡化影响小，同时又是海水退出台地前的"最后盆地"，有利于蒸发成盐作用，形成石盐甚至更高咸化阶段的盐类堆积。在蒸发成盐盆地指向海源补给方向的外侧，依次沉积着指示海水趋向淡化的广阔的硫酸盐和碳酸盐相带。在岩相分布形式上，呈"泪滴式"，这种相模式也反映了上扬子台地是一个受限的沉积盆地。

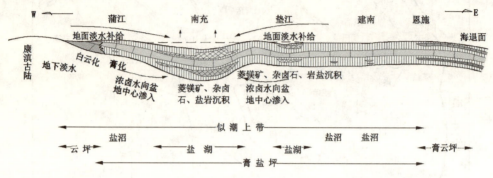

图 5-13　四川盆地早三叠世晚期(嘉陵江组四段—五段)沉积模式示意图

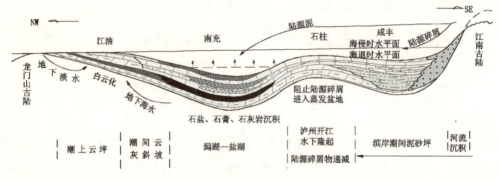

图 5-14　四川盆地中三叠世(雷口坡组)沉积模式示意图

### 3.岩比关系

岩比关系是指蒸发岩类在岩石中所占比例。蒸发岩(如硬石膏岩、岩盐＋杂卤石岩)和碳酸盐岩的岩比关系，可以反映成盐盆地的蒸发作用持续时间和强度。蒸发岩比越高，厚度越大，蒸发作用时间必然越长，强度越大；如果蒸发岩中高咸化盐类(如石盐岩、钾盐岩等)岩比高，则蒸发作用强烈，因此岩比是判断成盐作用的重要标志。早中三叠世主要成盐期的沉积物总厚 1 000 m 左右，由碳酸盐岩和蒸发岩交替组成，蒸发岩岩比一般为 50% 左右或更多。重要的成盐期岩石，它们的蒸发岩比为 44%～65%，石盐岩(包括杂卤石岩)达到 26%～40%，石盐累计厚度达 140～480 m(表 5-5)，反映当时的成盐作用持续时间长、强度大、有较厚的蒸发岩类形成。

表 5-5　四川各主要成盐期(层位)岩比统计表

| 成盐时期(层位) | (含)盐层厚度/m | 蒸发岩类 | | 碳酸盐岩/% | 杂卤石出现部位 |
|---|---|---|---|---|---|
| | | 硬石膏岩/% | 石盐+杂卤石岩/% | | |
| $T_2l^4$ | 480 | 54 | 28 | 18 | + |
| $T_2l^3$ | 360 | 12.4 | 40 | 47.5 | |
| $T_2l^{1-3}$ | 80 | 20 | 10 | 70 | |
| $T_1j^5 \sim T_2l^{1-1}$ | 140 | 44 | 26 | 30 | + |
| $T_1j^4$ | 180 | 49 | 30.5 | 20.5 | + |
| $T_1j^2$ | 175 | 34.3 | 0.7 | 65 | |

四川主要含盐的岩石中，根据石膏所占比例，可分为两种类型含盐建造，其中一种是石膏占40%以上，成钾条件好；另一种硬石膏含量较低，占1.2%~4%，以石盐为主。含钾的三个主要层位($T_2l^4$、$T_1j^5 \sim T_2l^1$、$T_1j^4$)由多个碳酸盐岩(白云岩)-硬石岩-石盐岩层序频繁交替韵律组成，各韵律的上部为蒸发岩，以硬石膏居多，岩比在50%左右，一般多于石盐岩沉积。在剖面上，硬石膏中小型斜层理、瘤状硬石膏等浅水及潮上标志十分发育，说明沉积区属浅水，并不断有海源补充，盆地卤水长期保存较稳定的浓度，形成了较厚的石膏沉积。

4.变质改造作用

四川盆地三叠纪盐类沉积，除含盐系分布在向斜内深埋地腹，未遭受剥蚀淋滤外，一般经历了沉积成岩，剥蚀淋滤、埋藏变质、构造变形、局部暴露表生淋滤过程，盐类矿物就形成相应的矿物特征。

1)盐类矿物特征

四川盆地盐类矿物具有如下特征：①硫酸盐沉积物主要为硬石膏，而不是石膏，前者主要为石膏在一定的温度和压力条件下脱水而形成；②盐类矿物主要是经过变质的钾镁硫酸盐矿物，如无水钾镁矾等，尚未发现"正常"蒸发岩所析出的钾矿物，如钾石盐、软钾镁矾、光卤石等；③杂卤石普遍存在，一部分杂卤石存在于石盐中，属同生沉积；另一部分则存在于硬石膏中，呈团块状、层状，属交代成因杂卤石。上述现象说明，埋藏深部的钾盐类矿物经历了复杂的变质改造过程。

2)变质过程

上述盐类矿物特征反映了地下深部的盐类矿物经历了变质改造过程。沉积钾盐由于表生淋滤作用，浅部含钾盐类被淋滤殆尽，所以在剖面中尚未发现易溶钾盐。在埋深变质过程中，含钾盐类经水溶、热溶交替叠加变质，除部分含钾盐类矿物经变质形成新的如无水硫酸钾等钾盐矿物外，还形成大量交代成因的杂卤石，石膏脱出水和压密过程的层间水对盐类溶滤使易溶钾盐转为液态钾矿——地下富钾卤水。表生淋滤阶段，浅部含钾盐类被淋滤殆尽，在现今的剖面中未发现易溶钾盐。除部分含钾盐矿物经变质形成新的钾盐矿物外(无水硫酸钾等)，由石膏脱出水和压密过程的层间水对盐类的溶滤，对于易溶钾盐转为液相卤水是十分重要的。

## 二、钾盐时间分布

盐矿是四川的优势矿种，主要分布在四川盆地，其次是盐源盆地，盐矿受古地理、古构造条件控制，常成群成带展布，有震旦纪、寒武纪和三叠纪共3个成盐地质时代9个含盐层位。其中尤以三叠纪最为重要，并且达到了成钾阶段(表5-15)。

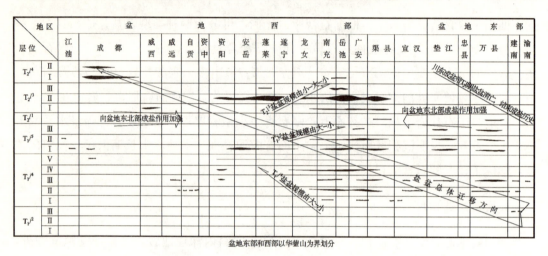

图 5-15 四川盆地三叠纪盐盆发展分布图

四川盆地三叠系是我国重要的海相含盐岩系之一，主要成盐期为早三叠世晚期—中三叠世早期($T_1j^4$~$T_2l^1$)(蔡克勤等，1986)。四川盆地三叠纪时期盐盆分布达15万余平方千米，属极具远景的成盐区，也是我国海相成盐规模最大的地区，并达成钾阶段。四川盆地具有多期次成盐作用，自嘉二段($T_1j^2$)起至雷四段($T_2l^4$)共发育五个成盐期，其发展分布如图 5-15 所示，分别是嘉二段($T_1j^2$)、嘉四段($T_1j^4$)、嘉五段—雷一段($T_1j^5$~$T_2l^1$)、雷三段($T_2l^3$)和雷四段($T_2l^4$)，总厚达1 000 m，最厚为1 400 m。而$T_1j^4$、$T_1j^5$~$T_2l^1$、$T_2l^4$为主要成盐(钾)期。

1. $T_1j^4$ 成盐(钾)期

在此时期，不断有海源补充，盆地中钾总量不断增加，对成钾很有利。即使在其中海退大环境下，远离海源补给区，其外围有大范围的石膏沉积区水体浅、蒸发量大、蒸发浓缩快，浓卤水密度大，运动极为缓慢，加之台缘隆起阻隔及早三叠世形成东高西低的地势，因此即使海平面下降，海水向台地内补给时，浓卤水总体上只能向西汇聚于成盐盆地中，不致于向广海外溢。

## 2. $T_1j^5 \sim T_2l^1$ 成盐(钾)期

四川盆地由于海水不断补给盆地,使盆地中钾含量不断增加,加之早三叠世末开始形成东高西低的地势和台缘隆起的阻隔。盆地卤水不至于外泻,形成高咸化的 Br·$10^3$/Cl 值及杂卤石广布和出现钾镁硫酸盐矿物,有利于成钾的标志。

## 3. $T_2l^4$ 成盐(钾)期

该时期是四川最后一个成盐(钾)期。此时,江南古陆和大巴山古陆活跃、抬升,完全封闭了东部海水与盆地联系通道,并向盆地提供大量物源,所以盆地东部形成陆相及海陆交互相的红色碎屑沉积。在盆地内由于泸州古陆和开江古陆继续不断上升隆起、扩大范围,形成横亘于盆地中部的屏障,使盐盆西迁同时阻隔东部物源西进,保障西部成盐作用进行。这样就形成接近于大陆盐湖环境沉积,蒸发岩沉积厚度大(480~570 m)。矿化度高达 375 g/L,Br·$10^3$/Cl 高达 20,$K^+$ 含量为 52 g/L,这是四川目前蒸发岩较发育,成钾条件比较好的层位。

# 三、钾盐空间分布

### 1. 含(钾)盐盆地

四川省盐矿资源丰富,据《四川省区域矿产总结》,省内有南充、成都、江油、旺苍、通江、宣汉(钾)、威西、自贡、威远、资中、长宁、达县、开江、盐源等 14 个盐盆。其中含钾的主要有南充、自贡、宣汉、成都 4 个盐盆。

#### 1)南充(川中)盐盆

南充盐盆位于川东北地区,是四川盆地规模最大的一个成盐盆地,该盐盆沉积中心稳定,成盐持续时间长,咸化浓缩程度高。该区大地构造上位于四川盆地与川东(华蓥山)褶皱带交接部位,以北东向的华蓥山褶皱带为界,其西总体为一负向构造,以褶皱为主,舒展宽缓;以东为紧密的褶皱,断裂比较发育。该盐盆地表主要为侏罗—白垩系地层覆盖,含盐层深埋地下,有 $T_1j^4$、$T_1j^5$、$T_2l^1$、$T_2l^3$、$T_2l^4$ 五个成盐期,其中,下中三叠统嘉五段($T_1j^5$)和雷一段($T_2l^1$)为主要含钾(杂卤石)层位。含钾岩系有两种组成形式。一种由碳酸盐(白云石)、硬石膏、石盐、杂卤石组成,咸化程度不断增高,属正常蒸发岩沉积;另一种在成岩过程中,遭受风化淋蚀,易溶盐类矿物被淋蚀和热溶交代而形成碳酸盐岩(白云岩)、硬石膏、杂卤石组合,缺乏石盐岩。

南充盐盆可进一步划分出 4 个次级盐盆。龙女寺次级小盆地位于南充盐盆西部,地表褶皱平缓、开阔,含矿层为 $T_1j^5 \sim T_2l^1$,矿层埋深 2 500~3 000 m,为硬石膏、石盐、杂卤石组合。渠县-广安次级小盆地位于川东褶皱带西缘,褶皱开阔平缓,矿层埋深

2 800~2 900 m。含矿层为 $T_1j^5$~$T_2l^1$，亦为硬石膏、石盐、杂卤石组合。农乐—板桥次级小盆地位于南充盐盆东部，北接宣汉盐盆，矿层赋存于倾伏端或较缓翼部，埋深 300~2 600 m，一般为 1 500~2 000 m，为硬石膏、杂卤石组合，无石盐产出。亭子铺-沙罐坪次级小盆地位于南充盐盆东北部，川东(华蓥山)褶皱带北倾伏端的斜坡地带，南东为开江古陆，北西为宣汉次级盐，矿层埋深 2 100~2 900 m，为硬石膏、石盐、杂卤石组合，

2)自贡盐盆

该盐盆位于四川盆地南部，属扬子陆块四川盆地南缘泸州古陆与威远隆起之间的自流井凹陷，北连威远—龙女寺隆起，东南与泸州古陆相毗邻，西南邻凉山褶皱带。总的构造特点是地表以平缓开阔的褶皱为主，断裂次之。深部构造展布与地表基本一致。区内背斜轴向成北东向，大致分为三排展布，第一排自流井黄家场，第二排孔滩兴隆瓦宅铺，第三排邓井关。为箱状背斜或穹状低背斜。断裂以北西向为主，北东次之，北东向近轴断裂控制含(富)钾卤水富集。

自贡盐盆可进一步划分出 3 个含(钾)卤水次级构造。自流井构造位于自贡盐盆中北部，近轴部北东向断裂，纵贯全区，控制卤水富集。含卤层以嘉五段($T_1j^5$)白云质灰岩、白云岩为主，次为嘉四段($T_1j^4$)和雷一段($T_2l^1$)。含卤层岩石孔隙发育，后期溶蚀常见，属岩溶-裂隙水。卤层顶板埋深 800~1 200 m。兴隆构造位于自贡盐盆中部，背斜轴线北东方向，轴线与北西向断裂交汇部控制卤水富集。含卤地层为下中三叠统嘉五段($T_1j^5$)和雷一段($T_2l^1$)的针孔状白云岩、白云质灰岩。含卤岩系厚 53~82 m，顶板埋深 1 000~1 250 m。邓井关构造位于自贡盐盆南部，泸州古陆与自流井凹陷斜坡地带，背斜轴向北东，沿轴断裂带控制卤水富集。含卤层以嘉五段($T_1j^5$)针孔状白云岩、白云质灰岩为主，次为雷一段($T_2l^1$)针孔状灰岩、白云岩，岩溶裂隙发育。卤层埋深 676~1 311 m。

3)宣汉盐盆

宣汉盐盆位于川东北地区，北起通江以北，南近平昌，东达宣汉，西至巴中，呈北西西向展布。该区北部比较复杂，主要有东西向的米仓山构造带，北东向的川东褶皱带或大巴山弧形褶皱带等，这些构造带具有交汇复合和多期活动的特点。成盐盆地既是构造凹陷，又是当时地形洼地。断裂构造控制着区内三叠系蒸发岩和夹与其间的碳酸盐岩含卤层分布，在局部地区形成蒸发岩聚集的成盐构造。在背斜近轴部和两翼，逆断层、以及两组构造交汇复合，有强烈的构造变形条件，造成卤层中褶断构造复杂，并使其中裂隙更为发育，有利于卤水运移和富集，对成钾有利。储卤层主要为中下三叠统雷一段($T_2l^1$)和嘉五段($T_1j^5$)，次为雷二段($T_2l^2$)，由白云质灰岩、含白云质灰岩、灰岩、白云岩等碳酸盐岩组成；隔层为硬石膏或含泥质岩、凝灰岩等；岩相古地理环境为滨岸潮上盐湖环境，碳酸盐-硫酸盐-氯化物亚相。川 25 井中见含钾卤水。

4)成都(邛崃—洪雅)盐盆

成都盐盆位于四川盆地西部，为川西拗陷西部的一个次级凹陷区(成都凹陷)，其西

邻龙门山前山盖层逆冲带，北止于崇州、大邑，东界为龙泉山，西南抵洪雅，呈北北东向延伸。含卤岩系为雷四段（$T_2 l^4$），以硬石膏为主，夹白云岩、石盐岩、杂卤石岩、钙芒硝岩、泥质菱镁岩等。盐盆地表均为第四系和中生代地层覆盖，含盐岩系伏于数千米深部，且厚度、岩相变化大。目前在该盐盆内仅于隐伏平落坝构造近轴部的平落 4 井和平落 20 井见富钾卤水。平落坝构造两翼 NE 向逆断裂发育，轴部裂缝发育，断裂和裂隙控制卤水富集。此外，倒马坎、水口场、王家场、观音寺、苏码头和三苏场等 6 处构造也较有远景。

由于印支运动的影响，东部抬升，迫使四川盆地卤水向西迁移，最后汇集于成都凹陷，海水滞留，在干旱天气配合下，构成一个与海洋联系不畅的蒸发岩盆地，因而造成极为有利的成盐环境，成为四川盆地内三叠系蒸发岩最发育，含盐系厚度最大（258~660 m）的含盐盆地，该时期也是三叠纪最后一个成盐期。

### 2. 成盐（钾）盆地的变迁

四川盆地成盐（钾）期空间分布上严格受古地理和古构造控制，主要集中分布在四川盆地内，其他地区分布局限。随盆地构造发展，成盐盆地具有逐步西迁，成盐作用渐次增强的特点。

成盐（钾）构造在空间上由东向西迁移，从震旦纪的盆地东南、寒武纪的盆地东部和中部，到三叠纪的盆地东部、中部西南和盆地西部，再到侏罗纪的盆地中部、西部，最后至白垩纪的盆地西部地区。在三叠纪成盐（钾）期内部，这种自东向西的规律也十分明显。

嘉一段（$T_1 j^1$）形成时期，成盐盆地仅见于湖北建始一带；嘉四段至雷一段（$T_1 j^4 \sim T_2 l^1$）形成时期，海退加剧，成盐（钾）作用急速发展，盐盆扩大遍及整个四川盆地，次级盐盆众多，形成硫酸盐岩（硬石膏）十分发育的盆地。随区域构造演化，东部江南古陆不断上升扩大，迫使成盐盆地向西迁移，并在总的海退背景环境下，在雷二段至雷三段形成时期，发生短暂海侵，盆地内碳酸盐岩比较发育；此后海退再次加剧，盆地东部成盐作用停止，成盐（钾）盆地主体迁至西部蒲江，洪雅一带。以上反映随构造作用发展，成盐作用呈现由弱到强，并不断西迁的总趋势。

## 四、成钾机制分析

### 1. 钾盐成矿过程

四川盆地从古生代后期开始，到中三叠纪早期为广阔的陆源海，其东南为江南古陆，西南接康滇古陆，西北邻龙门山古陆，北靠秦岭大巴山古陆。盆地靠这些古陆之间的海峡与外海相通，形成了半封闭的海盆。其成钾过程分为下述六个阶段。

### 1)沉积阶段

四川盆地在三叠纪经历了多次海侵和海退，并伴有火山凝灰岩的喷发，周围古陆上的岩石经历了多次风化、淋滤使其含盐(钾)风化物大量注入海盆，在地壳外营力的作用下，构成了许多大小不等的潟湖和盐湖，加之盆地气候炎热、干燥，蒸发作用强烈，由于海水的频繁振荡，使碳酸盐岩和蒸发岩交替叠置沉积。在此阶段原生含盐水不断浓缩，成为高矿化度的古海水；蒸发岩按沉积序列递次沉积，析出钾镁盐；当遇淡水掺杂部分则形成杂卤石和菱镁矿层。

### 2)压密成岩阶段

当沉积物不断堆积，由于重力的作用产生压密成岩。在此过程中，沉积物脱水固结，岩石孔隙被压缩，孔隙水结晶水大量排出逃逸或补给上部沉积，石膏脱水变为硬石膏，脱出水对易溶盐产生溶蚀作用，也就产生杂卤石、硬石膏和浓卤水。

### 3)上隆溶蚀阶段

由于地壳的差异化抬升，出露水面部分就遭受风化淋滤剥蚀，可溶盐被溶蚀，形成岩溶地貌为沉积水排泄地带，使硬石膏水化转化为石膏，使浓卤水淡化，开始新的沉积循环。

### 4)深埋变质阶段

在成岩过程中，由于上覆层不断增加而产生高温、高压，矿物结晶水大量脱出溶滤易溶盐，形成富含一定钾、镁离子卤水，携入相邻(尤其是上覆层)储层，这种卤水与硬石膏发生交代，形成交代杂卤石，未产生交代作用的卤水则形成卤水和含钾卤水；而沉积阶段形成的盐类(石盐、钾盐)则在溶滤交代的水溶变质过程中被渐渐被移走，残留下杂卤石、硬石膏，其他含结晶水的矿物脱水形成高温新矿物，如硬石膏、硫镁矾、无水钾镁矾等。

### 5)构造变形阶段

在地壳营力作用下，沉积岩层发生构造变形，使塑性较强的蒸发岩类形成各类盐丘构造，卤水会在背斜区的碳酸盐岩构造裂隙发育部位聚积赋存，形成固相的杂卤石、多钙钾石膏、硫锶钾石、天青石和重晶石，液相的卤水和富钾卤水。在此阶段进一步产生热变质，卤水产生溶蚀、交代作用，形成杂卤石和地下卤水富集。

### 6)表生淋滤阶段

四川盆地变为陆地之后，盆地内地层广泛遭受剥蚀，背斜区盐系地层常形成剥蚀窗直接遭受冲刷淋滤，岩溶发育，并沿构造向纵深影响到一定深度，形成现今面貌。使卤水淡化，并形成表生矿物如多钙钾石膏、硫锶钾石、半水石膏钙芒硝、次生交代的杂卤石等。

### 2. 成矿模式

早、中三叠世盐类沉积，一般经过上述6个阶段的地质作用。在钾盐沉积过程中，盆地中的钾是由海源水中的钾不断进行补给，以及火山凝灰岩受风化淋滤带出的部分钾离子，这些是沉积中钾盐的主要物源。一部分钾赋存同生或准同生沉积形成的杂卤石中，但大部份形成含钾盐类沉积物；由于上覆物不断加厚，埋深不断加大，进入深埋变质阶段，在高温高压双重作用下，含钾盐类沉积物经水溶、热溶变替叠加的变质作用。形成大量交代成因杂卤石。当矿物结晶水大量脱出，溶滤易溶盐，进入相邻卤层，变成含钾或含(富)钾卤水。含结晶水矿物脱水，变成硬石膏、无水钾镁矾、硫镁矾等；表生淋虑阶段，浅部钾盐被淋蚀殆尽，因此至今尚未发现易溶钾盐。易溶钾盐部份已变质成新的钾盐矿物外，结晶脱出水和层间水对易溶盐溶解，转成为液相含(富)钾卤水是十分重要原因。综合成矿模式如图 5-16 所示。

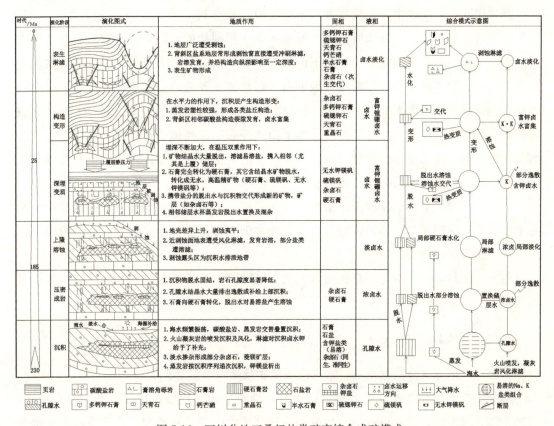

图 5-16　四川盆地三叠纪盐类矿产综合成矿模式

## 五、找钾方向探讨

四川盆地主要产钾层位为 $T_1j^4$、$T_1j^5 \sim T_2l^1$、$T_2l^3$、$T_2l^4$，以 $T_1j^5 \sim T_2l^1$、$T_2l^4$ 最为重要。从空间上看，主要方向是盆地西部邛崃—蒲江—洪雅一带和东部广安—达县—宣汉地区。

### 1. 四川盆地西部

找钾方向主要集中于成都凹陷内的蒲江—洪雅次级盐盆西北缘，已有平落坝查明 KCl 资源量 451.8 万吨。该区 $T_2l^4$ 沉积厚度大($258\sim660$ m)，埋藏深 4 228~4 815 m，蒸发岩发育(蒸发岩比高达 90%)，有巨大的石盐岩及杂卤石的存在。其矿化度为 382.22 g/L，$K^+$ 含量为 49.95 g/L，含 $B_2O_3$ 15.35 g/L。该区卤水品质优良，伴生组份多，处于成都凹陷南东缘的油罐顶构造，已发现在 $T_2l^{4+1}$ 卤层，$K^+$ 含量达 3 g/L，埋深 3 100~3 151 m，富含 $B_2O_3$、Br 等，虽不及平落坝，但远高于邓井关地区。

据"川西拗陷南段中三叠统富钾卤水富集模式及有利区预测"(王帅成，2011)，邛崃地区平落坝构造之油气勘探所获得中型地下卤水型钾盐矿，硼矿达大型的研究结果表明，平落坝构造中三叠统雷口坡组地下卤水型钾硼矿富集有七大条件：①膏、盐盆地是地下卤水形成的基础条件；②断层是地下卤水运移的主要通道；③夹持在膏盐岩层之间的碳酸盐岩层是地下卤水的良好储层；④缝洞是地下卤水储集的主要空间；⑤构造高点是地下卤水储集的主要场所；⑥温度是地下卤水钾硼品位高低的重要因素；⑦厚度大的膏盐岩层是地下卤水保存的可靠屏障。地下卤水的富集储藏是上述地质、地球物理和地球化学等多种因素长期共同作用的结果。

以平落坝地区地下富硼钾卤水富集模式为基础，结合岩相古地理、古构造和现今构造综合分析，在四川盆西部地区划分出了三个聚钾中心：①邛崃聚钾中心；②彭山聚钾中心；③洪雅聚钾中心。

可见，四川盆地西部地区是我国海相地下富钾硼卤水的有利勘探地区之一，值得进一步勘查和研究。

### 2. 广安—达县—宣汉地区

该区包括南充次级盐盆东部，宣汉次级盐盆及众多小盐盆。

南充次盐盆属萨勃哈成盐环境，范围广、地势平坦、盐层单层厚度薄，分布稳定，反映水浅，蒸发快，成盐母液咸化程度高，但盆地内构造分异不大，缺乏高咸化卤水最后聚集场所，多为岩盐和杂卤石分布和零星钾镁硫酸盐出现。

宣汉次级盐盆，属大陆盐湖沉积，与南充次盐盆之间被平昌、达县两个低凸起相隔。在嘉五段和雷一段($T_1j^5\sim T_2l^1$)形成时期，由于南西方向的泸州古陆不断上升、隆起，地势升高，使成矿母液向北东方向移动，补给宣汉成盐盆地，而宣汉盆地内部构造分异明显，有高咸化含(富)钾卤水聚集场所，所以宣汉盐盆成钾十分有利。在罗家坪南部双石庙背斜与月儿梁背斜构造复合的双石 1 井，仅打到 $T_2l^1$ 的上部，未达目的层，已有较好的富钾异常显示(朱洪发等，1985)，再加深到目的层可能见富钾卤水。该区埋深多为 2 000~3 000 m，最深为 3 500 m，个别小于 1 000 m。

### 3.华蓥山背斜北段

渠县农乐是已经发现并经勘查的杂卤石矿床，虽然三叠系固态钾盐（杂卤石）一般埋藏较深，但四川盆地东部背斜构造两翼的局部地段，也可能找到埋藏浅的杂卤石矿。据盆地东部地质构造和水文地质条件分析，华蓥山背斜北段具有相对有利的保存条件和找矿条件，而且具有与渠县杂卤石矿可类比的成矿条件。

### 4.液态钾盐调查

四川盆地三叠系虽具备成钾地质条件，形成有钾盐矿体，但是由于沉积后经历复杂的地质作用，在浅部易溶盐类已被淋滤殆尽，仅残留了少量难溶的杂卤石，深部杂卤石勘查和开采难度大，而且盐类沉积后的水溶、热溶变质作用，已使相当一部份盐类（包括钾盐）被转移到卤水中，使卤水钾含量增高，甚至形成含（富）钾卤水。由于四川盆地卤水多能自溢地表，或以一般抽汲设备即可抽汲开采，开发利用可不受硐采深度限制，因此，找寻液态钾盐具有现实意义，应该是普查找矿的主要对象。

# 参考文献

白富正，王一伟，罗绍强，等. 2015. 北川陈家坝一带辉绿岩脉锆石测年及地质意义[J]. 四川地质学报，35(2)：261—264.

蔡克勤，袁见齐. 1986. 四川三叠系钾盐成矿条件和找矿方向[J]. 化工地质，2.

陈继洲. 1990. 试论四川盆地下、中三叠统钾盐矿物的形成[J]. 化工地质，2.

陈毓川，王登红，等. 2010a. 重要矿产预测类型划分方案[M]. 北京：地质出版社.

陈毓川，王登红，等. 2010b. 重要矿产和区域成矿规律研究技术要求[M]. 北京：地质出版社.

成都理工大学地质调查研究院. 2009. 1：50 000名山幅、马岭幅、草坝幅、洪雅幅区域地质调查报告[R].

成都理工学院. 1995. 夹关幅 H-48-63-A、火井幅 H-48-51-C 1/5 万区域地质调查报告及地质图说明书[R].

东野脉兴，郑文忠，等. 1996. 大水闸与青龙哨陆相磷块岩[J]. 沉积学报，14(4).

东野脉兴. 2001. 扬子地块陡山沱期与梅树村期磷矿区域成矿规律[J]. 化工矿产地质，23(4)：193—209.

甘朝勋. 1985. 猫场式黄铁矿矿床地质特征及成因探讨[J]. 矿床地质，4(2)：51—57.

甘朝勋. 1985. 西南硫矿带的矿床类型及找矿方向[J]. 化工地质，3：1—11.

辜学达，刘啸虎，等. 1997. 四川省岩石地层[M]. 武汉：中国地质大学出版社.

关铁麟. 1982. 叙永式高岭土矿床地质特征及其成因探讨[J]. 矿床地质，2：69—79.

郭强，李德俊，杨群，等. 2006. 四川省磷矿资源潜力调查评价报告[R].

郭强，张君，赖贤友，等. 2011. 四川省磷矿资源潜力评价成果报告[R].

郭强，杨奎，李斌斌，等. 2012. 四川省硫矿资源潜力评价成果报告[R].

郭强，武敏建，李斌斌. 2012. 四川的梅树村阶磷矿[J]. 化工矿产地质，34(4)：193—200.

郭强，夏文俊，李斌斌，等. 2013. 四川省芒硝资源潜力评价成果报告[R].

胡威. 1980. 川西红盆晚白垩世—早第三纪成盐条件的探讨[J]. 四川地质学报，1：50—56.

焦凤辰. 1989. 越西县硫铁矿地质特征及找矿前景[J]. 四川地质学报，9(3)：53—58.

矿产资源工业要求手册编委会. 2010. 矿产资源工业要求手册[M]. 北京：地质出版社.

赖贤友，肖懿，马红燧，等. 2011. 四川省钾盐资源潜力评价成果报告[R].

李厚民，张长青. 2012. 四川盆地富硫天然气与盆地周缘铅锌铜矿的成因联系[J]. 地质论评，58(3)：495—510.

李悦言. 1941. 四川叙永县之含水火坭矿[J]. 地质论评，6(Z2)：285—290.

李悦言，罗益精，东野脉兴，等. 1994. 中国磷矿床[M]//中国矿床(下册，非金属). 北京：地质出版社，23.

李敬泽，李勇，赵国华，等. 2015. 四川盆地熊坡背斜构造特征及其成因机制[J]. 现代地质，28(4)：761—771.

李学仁，杨绍清，等. 1984. 中国什邡式磷块岩矿床的成因环境与时代探讨[M]//第五届国际磷块岩讨论会论文集. 北京：地质出版社.

林耀庭，何金权. 2003. 四川省岩盐矿产资源研究[J]. 四川地质学报，23(3)：154—159.

刘成林，焦鹏程，王弭力，等. 2007. 罗布泊盐湖巨量钙芒硝沉积及其成钾效应分析[J]. 矿床地质，26(3)：322—329.

刘树根，罗志立. 1991. 四川龙门山地区的峨眉地裂运动[J]. 四川地质学报，11(3)：174—180.

刘秀清，刘建生. 1989. 四川兰家坪磷矿区硫磷铝锶石的矿物学特征[J]. 化工地质，2：100—105.

卢炳. 1984. 中国硫铁矿地质[M]. 北京：地质出版社：56-58.

卢贤志，陈雄，杨锡强，等. 2002. 四川省绵竹市龙王庙磷矿区天井沟矿段详查地质报告[R].

吕莉，张允湘. 2004. 汉源磷钾矿矿石性质及工艺特性研究[J]. 矿产综合利用，2.

钱逸，陈孟莪，何廷贵，等. 1999. 中国小壳化石分类学与生物地层学[M]. 北京：地质出版社.

冉启瑜，张加飞，廖阮颖子，等. 2012. 四川省石墨矿单矿种资源潜力评价成果报告[R].

四川盆地陆相中生代地层古生物编写组. 1984. 四川盆地陆相中生代地层古生物[M]. 成都：四川人民出版社.

四川省地质矿产局. 1990. 四川省区域矿产总结[R].

四川省地质矿产局. 1991. 四川省区域地质志[M]. 北京：地质出版社.

四川省地质局川西北地质大队. 1982. 四川省米仓山西段南缘地区地质矿产总结报告书[R].

四川省地质局一○一地质队. 1967. 四川省绵竹县龙王庙磷矿区详细普查地质报告[R].

四川省地质矿产局二○七地质队. 1989. 四川省马边老河坝磷矿床地质研究报告[R].

四川省地质矿产局化探队. 1995. 绵竹县幅 H-48-17-C 1/5 万区域地质图说明书[R].

四川省地质矿产局化探队. 1995. 清平幅 H-48-17-A 1/5 万区域地质图说明书[R].

四川省地质局第二区域地质测量队. 1966. 1/20 万广元幅区域地质调查报告[R].

四川省地质局第二区域地质测量队. 1976. 1/20 万宝兴幅 H-48-XⅢ 区域地质调查报告[R].

四川省地质局第二区域地质测量队. 1974. 城口幅 H-49-Ⅰ 巫溪幅 H-49-Ⅱ 区域地质调查报告[R].

四川省地质局第二区域地质测量队. 1970. 绵阳幅 H-48-3 1/20 万区域地质测量报告[R].

四川省地质局第二区域地质测量队. 1976. 1/20 万邛崃幅 H-48-ⅩⅣ 区域地质调查报告[R].

四川省国土资源厅. 2015. 四川省矿产资源年报(2014)[R].

四川省区域地层表编写组. 1978. 西南地区区域地层表·四川省分册[M]. 北京：地质出版社：98，671-672.

斯米尔诺夫. 1985. 矿床地质学[M]. 《矿床地质学》翻译组译. 北京：地质出版社：290-291.

孙枢. 1966. 沉积岩中的含硫和钙的磷锶铝石[J]. 地质科学，1：22-31.

孙枢，陈其英，陈开会. 1973. 川西磷酸岩[J]. 地质科学，3：196-216.

谭冠民，莫如爵. 1994. 中国石墨矿床[M]//中国矿床(下册，非金属). 北京：地质出版社：463-479.

汤中立，钱壮志，任秉琛，等. 2005. 成矿体系与评价丛书：中国古生代成矿作用[M]. 北京：地质出版社.

王全伟，阚泽忠，梁斌，等. 2006. 四川盆地西部雅安地区陆相中—新生代地层划分和区域对比[J]. 四川地质学报，26(2)：65-69.

王全伟，阚泽忠，刘啸虎，等. 2008. 四川中生代陆相盆地孢粉组合所反映的古植被与古气候特征[J]. 四川地质学报，28(2)：89-95.

王素纨. 1989. 四川金河磷矿马槽滩矿区磷酸盐矿物研究[J]. 化工地质，2：69-90.

王政. 2015. 马边磷矿资源及开发利用研究[J]. 化工矿产地质，37(1)：55-60.

王帅成. 2011. 川西坳陷南段中三叠统富钾卤水富集模式及有利区预测[J]. 成都理工大学学报(自然科学版).

夏学惠，郝尔宏. 2012. 中国磷矿床成因分类[J]. 化工矿产地质，34(1)：1-14.

熊先孝，薛天星，商朋强，等. 2010. 重要化工矿产资源潜力评价技术要求[M]. 北京：地质出版社：143-145.

谢建强，帅德权. 1988. 四川江油杨家院黄铁矿矿床的金属矿物生物组构及其对矿床成因意义的探讨[J]. 四川地质学报，8(2)：29-33.

徐兴国，钱桂华，蒲显成. 1989. 上扬子区二叠系上统底部硫、锰、铁、铝矿产系列及其含矿岩段的成因探讨[J]. 四川地质学报，9(2)：32-39.

徐无恙，汤勇，尹明德，等. 1985. 四川省磷矿成矿远景区划及资源总量预测报告[R].

阎俊峰，邹传刚，余太勤，等. 1994. 中国硫矿床[M]//中国矿床(下册，非金属). 北京：地质出版社：124-125.

阎俊峰. 1982. 我国主要硫矿床类型及成矿若干规律[J]. 矿床地质，2：59—68.

郁国城. 1939. 四川之滑石[J]. 地质论评，4(1)：39—42.

郁国城. 1940. 四川"滑石"为叙永质[J]. 地质论评，5(Z1)：53—56.

袁见齐，朱上庆，翟裕生. 1984. 矿床学[M]. 北京：地质出版社：180—181.

袁见齐，蔡学勤，陶维屏，等. 1994. 中国盐类矿床[M]//中国矿床(下册，非金属). 北京：地质出版社：203—205.

张云湘. 1996. 中国矿床发现史·四川卷[M]. 北京：地质出版社.

郑直. 1994. 中国矿床(下册，非金属)[M]. 北京：地质出版社.

曾良鑫，吴荣森. 1991. 四川省寒武纪岩相古地理及沉积层控矿产[M]. 成都：四川省科学技术出版社.

曾允孚，何廷贵，沈丽娟，等. 1993. 滇东下寒武统生物磷块岩的形成机制[J]. 矿物岩石，13(2)：49—56.

曾照祥，刘爱玉. 1985. 四川叙永大树的纤维状地开石的矿物学研究[J]. 矿物岩石，5(1)：111—116.

曾云，贺金良，等. 2015. 四川省成矿区带划分及区域成矿规律[M]. 北京：科学出版社.

翟裕生. 2004. 地球系统科学与成矿学研究[J]. 地学前缘，11(1).

中华人民共和国国土资源部. 2014. 中国矿产资源报告2014[M]. 北京：地质出版社.

中华人民共和国国土资源部. 2003. 磷矿地质勘查规范(DZT 0209—2002)[M]. 北京：地质出版社.

中华人民共和国国土资源部. 2003. 盐湖和盐类矿产地质勘查规范(DZT 0212—2002)[M]. 北京：地质出版社.

朱洪发，刘翠章. 1985. 从世界大型钾盐矿床形成的控制条件评述我国几个重要含盐系找钾前景[J]. 矿物岩石，5(3).

卓君贤. 1991. 川南地区晚二叠世硫铁矿矿床成因初探[J]. 四川地质学报，11(4)：276—278.